KB183650

새 관찰자들이 꼭 알아야 할 조류학 입문서
Essential Ornithology 2E

새의 기원과 진화 그리고 생활사

지오**북**
GEOBOOK

ESSENTIAL ORNITHOLOGY 2E
© Graham Scott 2020

ESSENTIAL ORNITHOLOGY 2E was originally published in English in 2020.
This translation is published by arrangement with Oxford University Press.
GEOBOOK is solely responsible for this translation from the original work
and Oxford University Press shall have no liability for any errors, omissions
or inaccuracies or ambiguities in such translation or for any losses caused by
reliance thereon.

Korean translation copyright © (2024) by GEOBOOK
Korean translation rights arranged with Oxford University Press
through EYA Co.,Ltd.

이 책의 한국어판 저작권은 EYA(에릭양 에이전시)를 통해
Oxford University Press 사와 독점계약한 지오북(**GEO**BOOK)에 있습니다.
저작권법에 의하여 한국 내에서 보호를 받는 저작물이므로
무단전재 및 복제를 금합니다.

매우, 매우 참을성 있게 기다려준 리사(Lisa)와 아담(Adam)에게,

새에 대한 나의 열정을 기꺼이 받아주신 부모님 마리(Mary)와 빌(Bill)께,

그리고 내가 계속 새를 만날 수 있게 해준 윌(Will)에게.

머리말

    이 책 『새의 기원과 진화 그리고 생활사(원서명: Essential Ornithology 2E)』를 출간하는 목적은 초판과 마찬가지로 조류학의 핵심이라고 생각되는 내용을 소개하는 것입니다. 이 책은 조류학을 공부하는 학생들이 새에 관한 생물학에서 알아야 할 최소한의 내용으로 꾸려졌습니다. 2판을 내면서 저는 학생들과 선생님들로부터 많은 피드백을 받으려 노력했습니다. 『새의 기원과 진화 그리고 생활사』가 유용한 자료가 된다면 제게 큰 기쁨이 될 것입니다. 저는 이 책의 어떤 내용에서는 깊이를 더할 수 있었고, 또 어떤 내용에서는 더 넓은 논의를 다룰 수도 있었습니다. 그러나 이 책의 목적은 비교적 짧게, 유용한 정보를 제시하는 데 있습니다. 그렇기에 제가 얼마나 좋아하는지에 관계 없이 모든 생각의 가지들을 다룰 수는 없었습니다.

    그 대신 저는 더 폭넓은 자료를 다루고, 서술 범위를 모두가 이해할 수 있는 연구사례로 한정하여, 독자들에게 조류학이라는 학문으로 가는 '길잡이'를 제시하고자 합니다.

감사의 말

이 책의 저자가 한 명일 수는 있습니다. 하지만 조류학 분야에서 활동하는 연구자, 작가들이 발표한 저작을 참고하지 않고 이와 같은 책을 쓰는 일은 불가능할 것입니다. 저 또한 그들 모두에게 빚을 졌습니다. 저는 친구와 동료들에게 빚을 졌으며 이들에게 감사의 말을 바칩니다. 이들은 원고의 각 부분에 그들의 의견을 제시해 주었고, 이 책에 삽입된 그림 대부분을 제공해 주었으며, 출판 과정을 도와주었습니다.

도움을 주신 분들은 다음과 같습니다(혹시 제가 빠뜨린 분이 있다면 용서를 바랍니다) 리사 스콧(Lisa Scott), 윌 스콧(Will Scott), 빌 스콧(Bill Scott), 필 휠러(Phil Wheeler), 마거릿 보이드(Margaret Boyd), 제임스 스펜서(James Spencer), 로빈 아룬데일(Robin Arundale), 피터 듄(Peter Dunn), 이안 로빈슨(Ian Robinson), 이안 그리어(Ian Grier), 레스 해튼(Les Hatton), 셜리 밀러(Shirley Millar), 앤디 고슬러(Andy Gosler), 스타니슬라브 프리빌(Stanislav Privil), 쉴크 기츠(Sjirk Geerts), 카일 엘리엇(Kyle Elliott), 호세 텔라(José Tella), 시몬 테노리오(Simon Tenório), 그리고 오래 기다려주신 이안 셔먼(Ian Sherman)입니다.

차례

일러두기

* 이 책에 등장하는 새의 국문 명칭은 국내 기록종의 경우 〈한국의 새〉(2차 개정 증보판, 이우신 외, 2020)에 따라 기재하였고 국내에 기록이 없는 종의 경우 분류군 및 영명을 참고하여 번역하였으며, 학명을 병기하였습니다.

* 분류체계 변동에 따라 원문에 기재된 분류군의 명칭이 달라진 경우 각주로 이를 나타냈습니다. 이 경우 학명은 IOC World Bird List v. 13.1(Gill et al., 2023; https://doi.org/10.14344/IOC.ML.13.1)에 기초하여 기재하였습니다.

* 분류군명의 경우 한글맞춤법 규정에도 불구하고 사이시옷을 표기하지 않았습니다.

* 주석의 주 40, 42, 53, 54, 61은 편집자주이며, 이외 모두 옮긴이주입니다.

* 사진, 그림, 표, 그래프의 A, B 또는 (A), (B) 등은 원서의 표시를 따랐습니다.

1장

새의 진화

"창조는 결코 끝나지 않는다. 그것은 시작이 있되, 끝은 없다."

-이마누엘 칸트(Immanuel Kant),

『일반 자연사와 천체이론 Universal Natural History and Theory of Heavens(1755)』

나는 종종 학생들에게 "새는 무엇인가?"라고 묻는다. 이 질문은 내가 학생일 때 들었던 것인데, 가장 흔한 답변은 '날아다니는 척추동물'이다. 물론 이 답은 부분적으로만 옳다.

새는 어류, 양서류, 파충류 그리고 포유류와 같이 척추(그리고 이 분류군을 정의하는 모든 다른 특징들)가 있는 동물이다. 그러나 모든 조류가 날지는 않으며, 날아다니는 척추동물이 모두 새도 아니다. (예를 들면 박쥐는?) 실제로 조류가 무엇인지 우리 모두 알더라도 '조류'를 정의하기는 매우 어렵다. '깃털 달린 척추동물'이라는 정의는 그 답이 될 수도 있는데, 조류는 현존하는 유일한 깃털 달린 척추동물이기 때문이다. 그러나 오르니토미무스(*Ornithomimus*), 시노사우롭테릭스(*Sinosauropteryx*)와 같이 깃털 달린 공룡 화석이 다수 발견된 이래로 깃털은 더 이상 조류만의 특징이라고 할 수 없다. 새를 정의하는 다른 수많은 특징들은 이같이 대부분 하나 이상의 다른 척추동물 분류군과 공유하고 있다. 그러므로 이제부터 새만을 따로 논의해보도록 하겠다.

새는 대부분의 파충류와 같이 알을 낳고, 어미의 몸 밖에서 초기 발생이 진행되며, 악어, 포유류와 같이 심장이 4개의 공간으로 구분된다. 또 새는 포유류가 그렇듯 온혈 동물로 대사율이 높아서 먹이를 정기적으로 섭식해야 한다. 그리고 척추동물로는 유일하게 이빨이 없는 대신 부리가 있다. 새의 뼈는 공기로 가득 차 있어(이 뼈에는 공기 주머니가 있다) 다른 척추동물의 단단한 뼈에 비해 가볍다. 빗장뼈(clavicle)는 융합하여 V자 모양의 창사골(furcula, wishbone)을 이루며, 흉골(sternum)은 용골(keel)로 솟아나 커다란 비행 근육이 부착되어 있다. 이를 비롯해 조류만의 여러 특징들이 비행과 관련되는데, 2장에서 더 자세히 다룰 것이다. 여기 1장에서는 조류의 정의를 조금만 다루고 대신, 조류의 진화 역사를 탐구해보고자 한다.

"새는 무엇인가?"에 대한 내 대답을 알려달라고? "새는 살아남은 마지막 공룡이다!" 선생님께서 웃으며 선언하셨을 때 내가 가졌던 의아함이 지금도 기억에 선명하다.

✒ 이 장의 구성

1.1 새는 공룡이다
1.2 시조새
1.3 현생 조류의 진화
1.4 새의 계통분류
1.5 적응 방산과 종분화

1.1 새는 공룡이다

새가 파충류와 연관되어 있다는 견해는 시조새가 발견된 1860년대부터 등장했다. 하지만 20세기 후반에 이르러서야 새가 공룡에서 진화했다는 생각이 널리 받아들여지기 시작했다. 처음에 새의 진화적 기원을 설명하는 두 주요 가설이 있었다. 새가 단궁류에서 기원했다는 가설과 이궁류에서 기원했다는 가설이다. 두 가설 모두 조류가 포유류와 마찬가지로 파충류로부터 갈라져 나왔다고 주장한다. 하지만 단궁류 조상을 둔 포유류와 달리 조류는 이궁류에서 진화한 것으로 생각된다. 도마뱀, 뱀을 비롯한 수많은 현생 파충류 종이 이궁류에 속한다. 하지만 조류의 진화적 뿌리를 찾으려면 지금은 멸종했지만, 역사적으로 가장 성공한 이궁류 계통으로 여겨지는 조치류(thecodonts), 익룡(pterosaurs)과 함께 공룡이 기원한 지배파충류(archosaurs)로 거슬러 올라가야 한다. 새가 수억 년에 걸쳐 공룡에서 진화했으며 점진적으로 현대 조류의 특징들을 진화시켰다는 사실은 화석 기록이 쌓여갈수록 점차 분명해졌다(그림 1.1). 또 새의 가장 가까운 공룡 친척은 작고, 빠르고, 깃털이 있으며 아마 (커다란 뇌 크기로 미루어 볼 때) 상대적으로 지능적인 드로마이오사우루스류(dromaeosaurs), 즉 벨로키랍토르(Velociraptor)를 포함하는 계통이라는 점도 분명하다.

🦜 **개념정리 단궁류 vs 이궁류(Synapsids vs Diapsids)**
파충류는 두개골의 형태, 더 정확히는 두개골에 있는 구멍(fenestrae)의 배열에 따라 둘 중 하나로 분류된다. 단궁류는 눈 뒤에 하나의 구멍이 있는 반면, 이궁류는 이 구멍 위에 다른 구멍 하나가 더 있어 구멍이 2개이다. 그 결과 이궁류는 일반적으로 더 가볍고 '개방된' 두개골을 갖는다. 또 이들은 골격이 가볍고 체형이 날씬한 경향이 있는데, 이는 조류와 닮은 특징이다.

🕊️ **날아가기**
깃털과 비행의 진화. 65쪽(2.3 깃털색), 104쪽(2.8 비행과 비행 불능의 진화)

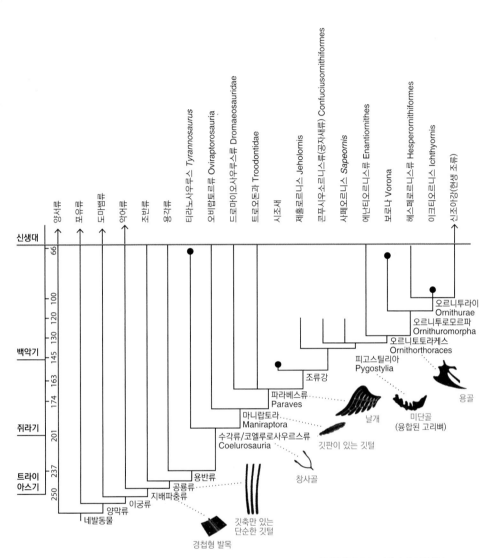

그림 1.1 조류의 계통분류. 이 계통수는 조류, 조류의 공룡 조상과 다른 다양한 척추동물 사이의 유연관계를 표현하며, 이를 통해 수억 년의 시간 동안 조류의 해부학적 특성들이 진화한 경로를 볼 수 있다. 백악기와 신생대 사이 굵은 선은 소행성 충돌로 인한 대멸종을 표현하며, 그 위에 그려진 화살표는 이때 어떠한 계통이 살아남았는지 보여준다. 그림 출처는 Brusatte, S., O'Connor, J., and Jarvis, E. (2015). The Origin and Diversification of Birds. *Current Biology* 25(19), R888-R898.이며, Elsevier의 사용 허가를 받았다.

1.2 시조새

찰스 다윈(Charles Darwin)의 세상을 바꾼 책 『종의 기원(On the origin of Species)』이 출간된 지 1년이 지난 1860년, 독일 남부 졸른호펜의 석판 석회암층(lithographic limestone)에서 발견된 화석이 일대 파란을 일으켰다. 이 화석은 둘째날개깃 화석 한 점으로 고대 조류의 존재를 증명하는 첫번째 화석이었다. 그로부터 얼마 지나지 않아 1861년에 같은 지역에서 두번째 화석이 발견되었는데, 이는 깃털이 달린 골격 화석으로 거의 온전한 상태로 발견되었다(이 화석은 런던 자연사박물관에서 소장 중이며, '런던 표본'이라 불린다. 그림 1.2는 더 완전한 상태의 '베를린 표본'이다). 파충류 혹은 공룡의 특징이 함께 있는 이 새는 바로 다윈이 『종의 기원』에서 예상했던 '잃어버린 고리'로 추정되었다. 이 화석은 조류 연구 역사상 가장 유명하며, 또 가장 격렬한 논쟁의 대상이 될 운명이었다. 내가 지금 시조새(*Archaeopteryx*)를 언급하면서 '새'라고 표현한 것은 중요하다. 나는 이를 현생 조류인 신조아강(Neornithes)으로 대표되는, 현존하는 동물 분류군인 조강(Aves)의 일원으로 보았기 때문이다.

지금까지 발견된 수많은 시조새 표본을 통해 우리는 이들이 넓은 의미에서 조류와 유사한 골격(그림 1.3)과 비행에 적합한 깃털을 가졌다는 사실을 알 수 있다. 특히 퇴화된 골반과 발달된 창사골, 오훼골(coracoid), 편평한 흉골은 날 때 팔을 위아래로 펄럭이는 동작에 유리한 형태이다. 그러나 현생 조류에게 발달된 용골(sternal keel)이 없다는 점에서 이들이 활공 비행을 넘어 날갯짓 비행을 할 수 있었는지 확신할 수 없다.

이들은 주로 들판에 서식했던 것으로 보이며, 비교적 길고 강해 달리기에 적합한 다리를 가졌다는 점에서, 섭금류였거나 현대의 로드러너(*Geococcyx* sp.)처럼 관목 사이를 뛰어다녔을 수도 있다. 이들이 현대의 참

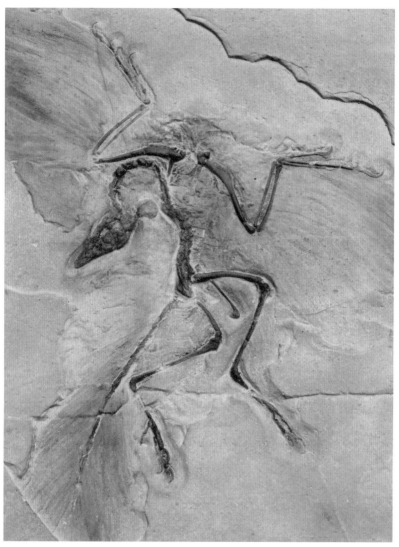

그림 1.2 베를린 표본의 시조새(*Archaeopteryx lithographica*)

그림 1.3 시조새(A)와 현생 집비둘기(B)의 골격 비교. 현대 조류의 특징으로 두개골 확대(1), (날개의) 손뼈 융합(2), 골반뼈 융합과 꼬리의 퇴화를 통한 현대의 미단골(pygostyle)[1] 형성(3과 4), 커다란 비행 근육의 고정을 돕는 흉골의 발달(5), 흉강 확장(6)이 확인된다. (출처: Colbert, E.H. (1955) *Evolution of vertebrates*. John Wiley and Sons Inc, New York.)

---

1   현대 조류에서 꼬리깃을 지탱하는 융합된 꼬리뼈.

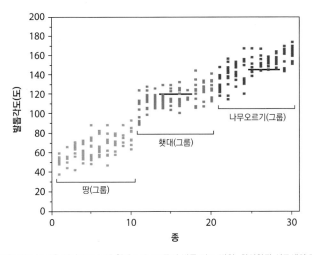

그림 1.4 생활 양식 특성을 기반으로 묶인 현생 조류 30종의 발톱 각도 범위. 화석화된 시조새의 평균 발톱(뒷발) 각도는 횃대(그룹)의 범위에 굵은 선으로 표시했다. 앞발(날개)의 평균 발톱 각도는 나무오르기(그룹) 범위에 굵은 선으로 표시되어 있다. Feduccia, A. (1993) Evidence from Claw Geometry Indicating Arboreal Habits of Archaeopteryx. *Science* 259, 790-793.에서 가져왔다. AAAS의 사용 허가를 얻었다.

새목 조류와 비슷하게 3개의 발가락은 앞쪽을 향하고 하나가 뒤를 향하는 발가락 배열이라는 점은 주목할 만하다. 엄지발가락(hallux)이라고 불리기도 하는 뒤로 향한 발가락은 조류가 아닌 공룡에서는 전혀 발견되지 않는 특징이기 때문이다. 이들은 잘 발달된 앞다리를 가졌는데, 뒷다리보다 길고 강하며 발톱이 있는 앞다리는 어쩌면 움직임에 뒷다리보다 더 중요한 역할을 했을지도 모른다. 어쩌면 수영을 잘 하는 어린 호아친(*Opisthocomus hoazin*)처럼 헤엄쳤을 수도 있다. 또한 오르기에 적합한 손가락과 현대 참새목 조류에서 전형적으로 나타나는 각도의 발톱을 가졌는데(그림 1.4), 이 사실은 방대한 현생 조류 계통에서 발톱 각도를 측정한 데렉 얄덴(Derek Yalden)과 앨런 페두치아(Alan Feduccia)의 연구를 통해 알 수 있다. 이 연구자들은 조류를 세 가지 그룹으로 나누었다. 펭귄과 같이 땅바닥에 주로 서식하며 비교적 곧은 발톱을 가진 그룹, 딱다구리류를 포함하여 크게 구부러진 발톱으로 나무를 오르는 그룹, 그리고 되새류처럼 비교적 중간 정도의 발톱 각도를 가진 횃대에 앉는 그룹이다. 시조새의 평균 발톱 각도는 세번째 그룹에 해당하며, 이는 뒤로 향한 엄지발가락의 존재와 함께 그들이 참새목 조류처럼 횃대에 앉았을 가능성이 크다고 짐작하는 근거가 된다.

주요 참고문헌

Yalden, D.W. (1985) Forelimb function in *Archaeopteryx*. In *The Beginning of Birds*. Hecht, M., Ostrom, J., Viohl, G., and Wellenhofer, P.(eds) Freunde des Jura-museum, Eichstätt.

커다란 두 눈이 앞쪽에 위치하여 두 눈으로 동시에 보는 양안시야의 범위가 넓은 동물로 보인다는 점과 이빨이 뾰족하다는 점은 시조새가 육식성일 가능성을 보여준다. 현생 조류에는 미치지 못하지만, 비교적 뇌용량이 크다는 점 또한 시조새가 포식자일 것이라는 가설을 추가적으로 지지한다. 이러한 측면에서 시조새는 발톱이 난 발을 대형 무척추동물 혹은 소형 척추동물을 움켜쥐는 데 사용했을지도 모른다. 화석이 발견된 지층에 대한 고생태학적 재구성 결과 이들의 서식지가 얕은 늪에 자리한 섬의 관목지대일 가능성이 높다고 나온 것으로 보아 어류를 잡아먹었을지도 모른다.

비록 시조새가 조류의 진화를 밝히는 데 중요한 역할을 하지만, 우리가 지금 만나는 새들의 조상은 아니다. 아마도 조류의 계통수에 있는 하나의 막다른 계통에 해당할 가능성이 높으며, 쥐라기가 끝난 약 1억 4,550만 년 이전에 모두 멸종한 것으로 보인다.

조류의 분류와 명명법 **집참새**
강: 조강 Aves / 아강: 신조아강 Neornithines
상목: 신조상목 Neognathae / 목: 참새목 Passeriformes
과: 참새과 Passeridae / 속: 참새속 *Passer* / 종: 집참새 *domesticus*

1.3 현생 조류의 진화

시조새가 발견된 이후 새롭게 발견된 화석들은 공룡 조상으로부터 현생 조류가 진화한 과정에 관한 우리의 이해를 상당히 진전시켰다. 그림 1.1에서 볼 수 있듯 조류는 수백만 년이 넘는 시간 동안 공룡에서 점진적으로 진화했으며, 조류만의 특징들 중 상당수가 공룡 조상으로부터 유래했다는 것이 명확해지고 있다. 1990년대 중국 동북부의 랴오닝 지방에서 엄청난 수의 깃털 공룡 화석이 발견되었다(여기에서 발견된 화석들을 통틀어 '제홀 생물군(Jehol biota)'이라고 한다). 여기에서 시조새와 어느 정도 비슷한 원시 조류의 화석과 현생 조류의 특징을 더 많이 갖춘 화석들이 함께 발굴되었는데, 이를 통해 우리는 초기 백악기(1억 4,500만~1억 년 전)에 이미 조류의 계통이 상당히 분화했음을 알 수 있다.

이 화석들 중에는 작고(몸길이 약 1m) 이족보행을 하는 공룡 시노사우롭테릭스(*Sinosauropteryx prima*, 1억 2,500만 년 전)가 포함되어 있었는데, 이 공룡은 외가닥의 선형 깃털로 추정되는 뻣뻣한 털과 같은 구조로 덮여 있었다. 랴오닝 지방의 화석 중에는 미크로랍토르(*Microraptor gui*)도 있었다. 이 화석에는 머리와 몸통에 솜털이, 꼬리와 앞다리, 뒷다리(이들은 날개를 4개나 가졌다!)에 전형적인 깃털 모양의 비대칭이고 긴 뻣뻣한 깃털이 있었는데, 이 뻣뻣한 깃털은 현생 조류의 깃털과 매우 흡사했다. 미크로랍토르는 활공할 수 있었던 것이 분명하며, 현생 조류와 흡사한 깃털이 있었기 때문에 어느 정도 비행을 조절할 수 있었을지도 모른다. 그러나 이들에게는 커다란 가슴 근육을 부착할 수 있는 골격 구조가 없었으며, 길고 휘청거리는 꼬리(비행을 조절하기에는 불리하다)를 가졌기 때문에 아마 진정한 의미의 날갯짓 비행은 불가능했을 것이다.

현생 조류의 꼬리뼈는 배아 발생기에 융합하여 미단골(pygostyle)을 형성한다. 미단골은 꼬리깃을 단단히 지탱하여 비행 중에 꼬리깃이 움직일 수 있도록 하는데, 이를 통해 새는 비행 경로를 계속 제어할 수 있다. 미단골과 유사한 구조는 백악기 초기에 살았던 콘푸시우소르니스(공자새, *Confuciusornis*)와 같은 화석들에서 첫 사례를 찾을 수 있는데, 이 원시 조류는 또한 이빨이 없는 부리를 가지고 있었다. 흥미롭게도 콘푸시우소르니스와 같은 시대에는 어류를 먹으면서도 부리 안에 이빨이 있는 이크티오르니스류(갈매기와 닮은 비행 조류)와 헤스페로르니스류(아비와 닮은, 일부 날 수 없는 조류) 또한 살고 있었다. 물론 현생 조류는 ('암탉의 이빨'[2]만큼 없다는 의미에서) 이빨이 없다. 이크티오르니스류와 헤스페로르니스류의 화석 기록은 백악기가 끝나기 직전 등장했지만 다음 지질시대인 신생대 제3기부터는 전혀 발견되지 않는다. 이는 6,600만 년 전 백악기와 신생대 제3기의 경계(K/T)에 소행성이 지구와 충돌하여, 공룡과 현생 조류의 조상 격인 원시 조류를 포함해 75%의 생물이 사라진 대멸종을 일으켰기 때문이다.

주요 참고문헌

Feduccia, A. (2014) Avian extinction at the end of the Cretaceous: Assessing the magnitude and subsequent explosive radiation. *Cretaceous Research* 50, 1-15.

Jarvis, E.D., Mirarab, S., Aberer, A.J., et al. (2014) Whole-genome analyses resolve early branches in the tree of life of modern birds. *Science* 346(6215), 1320-1331.

Jetz, W., Thomas, G., Joy, J., Hartmann, K., & Mooers, A. (2012) The global diversity of birds in space and time. *Nature* 491, 444-448.

이 대멸종으로 인해 백악기에 진화한 대다수의 조류 계통이 멸종했다는 강력한 화석 증거가 있다. 앨런 페두치아와 같은 학자는 K/T 전환기의

---

2 영미권에서 '매우 희귀한, 거의 없는'이라는 의미로 쓰인다.

화석 기록이 단편적이기 때문에, 고생물학적인 증거에 기초하여 어떤 종류의 조류가 대멸종에서 살아남았고, 이에 따라 어떤 조류들이 그에 앞서 분화했는지 현 시점에서 확신하기 어렵다고 주장했다. 그러나 현생 조류 계통이 백악기 말 이전에 진화했으며, 섭금류와 물새류가 대멸종에서도 살아남았음을 시사하는 화석 증거들이 있다.

에리히 자비스(Erich Jarvis)와 동료들은 분자 기법을 사용해 이 시기 조류의 진화를 자세히 연구했다. 이들은 현존하는 조류 목(Order)을 대상으로 한 전장 유전체 분석을 통해 현생 조류가 후기 백악기에 그들의 조상 종으로부터 분화했음을 밝혀냈다. 그들의 분석에 따르면 현생 조류를 구성하는 두 분류군인 고악하강(Palaeognathae, 티나무류(Tinamous)와 타조류)과 신악하강(Neognathae, 고악하강의 두 목을 제외한 모든 현생 조류)은 후기 백악기(약 1억 년 전)에 분화했다. 신악하강은 이후 약 9,000만 년 전 갈로안세라에(Galloanseres, 수금류)[3]와 신조류(Neoaves)로 분화했다. 그리고 K/T 전환기(약 6,600만 년 전) 중 일정 기간에(약 1,000만~1,500만 년 동안) 소행성 충돌로 인해 발생한 다양한 생태적 지위(niche)의 공백을 이용하여 신악하강이 빠른 속도로 적응 방산(adaptive radiation)하면서 현생 조류의 모든 하위 분류군이 등장하게 된다. 더 나아가, 발터 예츠(Walter Jetz)와 동료들이 수행한 계통분류학 분석은 지난 5,000만 년 동안 특히 참새목(Passeriformes)과 기러기목(Anseriformes)에서 종분화 빈도가 눈에 띄게 증가했음을 보여준다.

---

3 기러기목과 닭목을 포함하는 단계통 분류군.

🐦 개념정리 **진화적 변화의 연대 측정**

고생물학자들은 화석을 이미 알려진 연대의 지층 구성과 비교함으로써 화석의 연대를 측정할 수 있다. 반면 분자생물학자들은 진화적 시간 동안 생명체에 축적된 유전자의 변이 속도에 눈금을 매겨 연대를 측정한다. 즉, 고생물학자는 연대를 측정하는데 지질 시계를 이용하는 반면, 분자생물학자는 분자 시계를 이용한다.

1.4 새의 계통분류

1.4.1 형태학적 계통분류

지금 시점에서 널리 받아들여지는 단일한 현생 조류의 계통수는 존재하지 않는다. 즉, 우리는 아직도 여러 분류군의 새들 사이에 진화적 유연관계를 확고하게 설명하지 못한다. 전통적으로 분류학자들은 형태적 형질을 비교하여 진화적 유연관계를 밝히려 시도했다. 그림 1.3은 그러한 시도의 한 예시로, 시조새와 현생 집비둘기가 공유하는 기본 형질들인 골격이 강조되어 있다. 만약 우리가 여기에 여행비둘기(*Ectopistes migratorius*)를 더한다면, 시조새-여행비둘기 혹은 시조새-집비둘기 간의 유사성에 비해서 여행비둘기와 집비둘기가 더 밀접하게 닮았다는 점을 이용해 이들이 진화적 의미에서 더 가까운 쌍이라고 추론할 수 있을 것이다.

1.4.2 형질의 보존과 진화적 수렴

하지만 공유하고 있는 특징의 유사성이 항상 밀접한 진화적 연관성을 의미하는 것은 아니다. 참새목에는 현존하는 조류 종의 절반이 넘는 5,000종 이상이 속한다. 그러므로 이들이 세계 조류상의 우점 분류군이라고 자연스럽게 말할 수 있다. 또 참새목 조류는 엄청나게 다양한 생태적 지위를 차지하고 있으며 그 형태 또한 놀라울 정도로 다양하다. 그러나 우리는 그들 모두가 단계통군을 이룬다고, 즉 모든 현존하는 참새목 조류가 같은 공통 조상에서 진화했다고 자신 있게 말할 수 있다.

우리가 그러한 사실을 알 수 있는 이유는 모든 참새목 조류들이 이들만의 고유한 특징을 공유하기 때문이다. 예를 들어 대부분의 새는 등 뒤쪽 꼬리 바로 위에 꼬리샘(preen gland)이 있다. 이 분비샘은 깃털의 물리적 특성을 유지하고, 깃털에 기생하는 진균 및 세균 군집을 조절하는 기름을

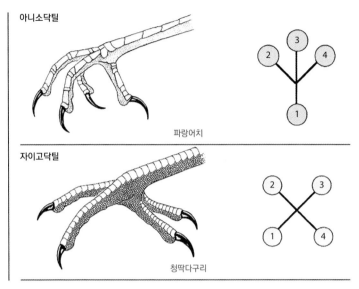

그림 1.5 현생 조류의 발가락 배열의 두 가지 사례. 아니소닥틸에 해당하는 참새목의 파랑어치(*Cyanocitta cristata*)와 자이고닥틸에 해당하는 '나무오르는 새'인 청딱다구리(*Picus canus*). 조류의 서로 다른 발가락 배열 15가지 중 2가지를 보여준다. Proctor, N.S. and Lynch, P.J. (1993) *Manual of Ornithology: Avian Sturcture and Function.* Yale University Press, New Haven.에서 가져왔다.

분비한다. 물에 사는 조류는 이 꼬리샘이 특별히 크게 발달하며, 여기에서 분비하는 기름은 깃털 방수에 특히 중요하다. 꼬리샘의 구조는 다양하지만, 참새목 조류들은 고유한 형태의 꼬리샘을 공유한다. 또 참새목 조류는 고유한 정자(精子)의 형태도 공유한다. 대부분의 조류 목의 정자는 곧은 형태인 반면 참새목의 정자는 나선형이며 회전을 통해 앞으로 나아갈 수 있다. 그러므로 참새목의 꼬리샘과 정자 형태는 '보존 형질' 즉, 참새목의 공통 조상에서 한 번 진화한 후 모든 참새목 조류에서 유지된 형질인 것이다.

생태적 적응의 과정을 거치면서도 변하지 않고 고정된 형질들을 '보존 형질'이라고 부르는데, 이들은 일반적으로 분류에 유용하다. 반면 생태계의 수렴하는 진화압에 잘 반응하는 형질은 유연관계를 밝히는 데 혼란을 줄 수 있다. 예를 들어 모든 참새목 조류는 '횟대에 앉는' 데 적응한 발을 가진다. 3개의 발가락이 앞을 향하고 하나의 발가락이 뒤를 향하는 이러한 발가락 구조를 아니소닥틸(anisodactyly)이라 한다(그림 1.5).

아니소닥틸은 어떤 새를 참새목으로 분류하는 근거가 될 수 있는 보존 형질[4]이다. 왜냐하면 이 특징은 참새목의 다른 모든 고유한 특징들을 보여주는 새들에게서만 관찰되기 때문이다. 이 형질은 참새목의 공통 조상에서 한 번 진화했으며 이후 유지되었다. 그림 1.5는 다른 발가락 배치인 자이고닥틸(zygodactyly) 또한 보여준다. 자이고닥틸은 새가 어느 한 목에 속해 있다고 말하지 않는다. 실제로 발을 이루는 뼈의 배열을 면밀히 조사한 결과 자이고닥틸이 진화적 수렴의 예시로 드러났다. 즉, 이 형질은 물수리(*Pandion haliaetus*), 딱따구리과(Picidae), 올빼미과(Strigidae), 일부 칼새과(Apodidae) 등 서로 유연관계가 없는 다양한 분류군들에서 수차례 독립적으로 진화했다.

분류에 사용되는 모든 형질이 골격을 이용한 형질이거나 해부학적인 형질은 아니다. 연구자들은 깃, 행동, 음성은 물론 심지어 외부기생생물까지 비교하여 조류의 진화적 유연관계를 연구한다. 그러나 조류의 계통수를 그리기 위한 최근의 노력 중 가장 흥미로운 진전은 유전자와 그 화학적 산물에 대한 정보인 분자생물학적 정보를 이용하게 된 것이다.

1.4.3 분자생물학적 계통분류

1990년 시블리(C. G. Sibley)와 알퀴스트(J. E. Ahlquist)는 'DNA-DNA 혼성화 기법(DNA-DNA hybridization)'을 이용하여 처음으로 조류의 계통수를 발표했다. 쉽게 말하자면 이들은 서로 다른 종의 새들이 가진 DNA의

---

4 본문의 설명은 아니소닥틸을 참새목 조류에만 나타나는 공유파생형질(symapomorphy)로 오해하게 할 여지가 있다. 아니소닥틸은 닭목, 비둘기목, 수리목 등 다양한 조류 계통에서 나타난다.

화학 구조를 직접 비교했다. 이 연구는 생화학(분자생물학)적 기법을 조류 계통분류에 이용한 선구적 시도였지만, 결과적으로 제대로 된 계통수를 제시하지는 못했다. 이 연구는 너무 작은 DNA 조각을 사용하였기 때문에 계통수 재구성에 이용한 형질의 수가 너무 적었다는 한계가 있었다. 이 분야의 후속 연구자들은 더 진보한 분자생물학 기술을 이용해 미토콘드리아와 핵의 유전자 서열을 비교하여 계통 연구를 수행하고 있다. 그 중에서도 두드러진 것은 종 수준에서 서로 다른 분류군들의 차이를 더 잘 규명하기 위한 연구다. 나는 이 단원에서 널리 합의된 단 하나의 조류 계통수는 없으며, 완전한 조류 계통수는 아직 연구 대상으로 남아 있다고 선언했다. 첫 분자계통분류학 논문이 출간된 이래로 지금 내가 이 책을 쓰기까지 30

🐦 **개념정리   DNA, 디옥시리보오스 핵산(Deoxyribonucleic acid)**

잘 알려져 있다시피 사람의 세포핵에는 서로 짝을 이뤄 배열된 이중 나선 DNA 가닥인 염색체가 있다. 이 가닥들의 기본 단위인 뉴클레오타이드(nucleotide)의 배열은 단백질을 만들 때 '주형' 역할을 하는데, 이 '주형'을 유전자라고 한다. 우리는 염색체의 DNA 가닥 중 하나는 아버지에게, 다른 하나는 어머니에게 물려받았다.

또한 세포의 에너지 공장인 미토콘드리아에는 작은 원형 DNA가 있는데, 이 DNA는 어머니에게서만 물려받는다. 유전자가 전달되는 과정에서 부모님에게 물려받은 핵 DNA 사이에 재조합이 일어나거나 우연히 발생하는 복제 오류로 인해 핵 DNA 혹은 미도콘드리아 DNA(mtDNA)에 돌연변이가 발생하면 유전자가 달라질 수 있다.

주요 참고문헌

Sibley, C.G. and Ahlquist, J.E. (1990) *Phylogeny and classification of birds*. Yale University Press, New Haven.

Jarvis, E.D., Mirarab, S., Aberer, A.J., et al. (2014) Whole-genome analyses resolve early branches in the tree of life of modern birds. *Science* 346(6215), 1320-1331.

Prum, R.O., Brev, J.S. Field, D.J., et al. (2015) A comprehensive phylogeny of birds(Aves) using targeted next-generation sequencing. *Nature* 526, 569-573.

년 동안 현존하는 조류 분류군의 진화적 관계를 자세히 밝히기 위한 수많은 시도가 있었으며, 300여 개에 달하는 잠정적인 계통수가 제시되었다. 하지만 정확한 계통수를 향한 시도는 가용 자료의 문제와 연구에 사용한 방법과 자료에 따라 계통수가 달라진다는 문제에 부딪히며 어려움을 겪고 있다. 그러나 수샤마 레디(Sushama Reddy)와 동료들은 근래에 제시된 여러 계통수와 그 방법을 분석하여 종합한 계통수를 제시했다(그림 1.6). 하지만 빠르게 발전하는 이 역동적이고 흥미로운 분야에 관심이 있는 학생들에게는 관련 웹사이트 https://tree.opentreeoflife.org와 Encyclopedia of Life https://eol.org를 정기적으로 확인하여 갱신되는 내용을 참고하길 추천한다.

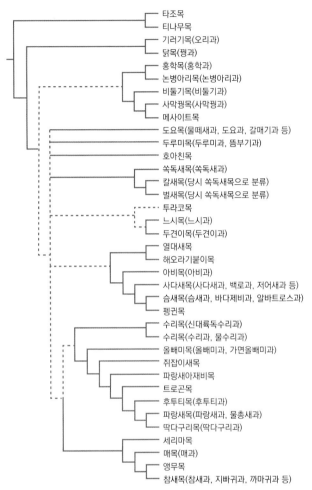

타조목
티나무목
기러기목(오리과)
닭목(꿩과)
홍학목(홍학과)
논병아리목(논병아리과)
비둘기목(비둘기과)
사막꿩목(사막꿩과)
메사이트목
도요목(물떼새과, 도요과, 갈매기과 등)
두루미목(두루미과, 뜸부기과)
호아친목
쏙독새목(쏙독새과)
칼새목(당시 쏙독새목으로 분류)
벌새목(당시 쏙독새목으로 분류)
투라코목
느시목(느시과)
두견이목(두견이과)
열대새목
해오라기붙이목
아비목(아비과)
사다새목(사다새과, 백로과, 저어새과 등)
슴새목(슴새과, 바다제비과, 알바트로스과)
펭귄목
수리목(신대륙독수리과)
수리목(수리과, 물수리과)
올빼미목(올빼미과, 가면올빼미과)
쥐잡이새목
파랑새아재비목
트로곤목
후투티목(후투티과)
파랑새목(파랑새과, 물총새과)
딱다구리목(딱다구리과)
세리마목
매목(매과)
앵무목
참새목(참새과, 지빠귀과, 까마귀과 등)

그림 1.6 조류의 계통수. Reddy, S., Kimball, R.T., Pandey, A. et al. (2017) Why do phylogenetic data sets yield conflicting trees? Data type influences the avian tree of life more than taxon sampling. *Systematic Biology* 66(5), 857-879.에서 가져왔으며 Oxford University Press의 사용허가를 받았다. 이 계통수는 레디의 연구진이 발표한 Early Bird II 계통수와 에리히 자비스(Erich Jarvis)와 리차드 프룸(Richard Prum)이 기존에 발표한 계통수를 종합한 것이다.[5]

---

5   본문에서도 언급되었듯이 큰 차원에서 조류의 계통분류는 계속 갱신되고 있다. 2024년 6월 기준으로 가장 최신의 연구결과가 궁금한 독자는 다음을 참고하라. Stiller, J., Feng, S., Chowdhury, AA., et al. (2024) Complexity of avian evolution revealed by family-level genomes. *Nature* 629, 851-860.

1.5 적응 방산과 종분화

탐조인들이 가장 먼저 알게 되는 사실은 유연 관계가 아주 가까운 종들로 이루어진 분류군 안에서도 놀라운 다양성이 존재한다는 것이다. 바닷가에 사는 사람으로서 도요물떼새(wading birds)의 부리는 내가 가장 좋아하는 예시이다. 나는 정기적으로 해안가 같은 곳에서 최대 수십 종의 도요물떼새들을 관찰하곤 한다. 이 새들은 모두 같은 도요목(Charadriiformes)에 속하지만, 부리 형태는 해안선을 오가며 등각류(isopod)[6]를 먹는 꼬마물떼새(*Charadrius dubius*)의 작고 곧은 부리부터, 젖은 모래를 깊이 찔러 큰 갯지렁이(다모류, polychaetes[7])를 파먹는 마도요(*Numenius arquata*)의 길고 구부러진 부리, 조개(이매패류)의 껍데기를 두드려서 깨트려 여는 데 이상적인 검은머리물떼새(*Haematopus ostralegus*)의 굵은 부리까지 다양하다(그림 1.7).

🕊 **날아가기**
먹이 활동과 생태적 지위의 개념, 331쪽(7.2.2 생태적 지위 분화)

이렇듯 다양한 부리 모양 덕분에 이 새들은 심한 먹이 경쟁 없이 공존할 수 있다. 즉, 이들 각각은 먹이 활동에서 이들만의 생태적 지위를 가졌다. 이들의 부리 그리고 이에 따른 먹이 활동 방식은 종간 경쟁을 줄여 개체 생존을 높이려는 진화적 적응으로 볼 수 있다.

적응 방산(adaptive radiation)의 실제 예시 중 하나가 앞에서 설명한 부리 형태의 다양성이다. 우리는 과거 어떤 시점에 도요목 공통 조상의 부리

---

6 갯강구, 쥐며느리 등을 포함하는 절지동물 계통.
7 다계통 분류군(polyphyletic group)으로 현대 계통분류체계에서는 인정되지 않는다. 다만 관용적으로 지렁이, 거머리 등 지상성 환형동물을 제외한 해양성 환형동물(갯지렁이류)을 통칭한다.

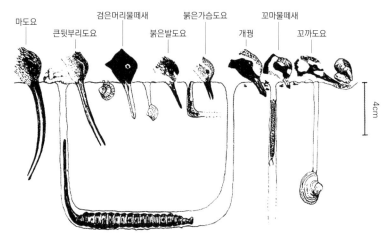

마도요
큰뒷부리도요
검은머리물떼새
붉은발도요
붉은가슴도요
개꿩
꼬마물떼새
꼬까도요

4cm

그림 1.7 도요물떼새류는 다양한 부리 형태 덕분에 경쟁을 최소화하면서 함께 먹이 활동을 할 수 있다. Gill, F.B. (2007) *Ornithology*. 3rd edn Freeman, New York (Gross-Custard, J.D. (1975) Beach feast. *Birds* September/October 23-26.에서 인용)에서 가져왔다.

가 꽤 비슷했으리라 추정할 수 있다. 그러나 진화적 시간에 걸쳐 다양한 도요물떼새 종이 진화하면서 자연선택에 의해 이러한 다양성이 나타나게 되었을 것이다.

1.5.1 갈라파고스핀치 무리

위 사례는 적응 방산의 가장 상징적인 예시인 갈라파고스 군도와 코고스 군도의 갈라파고스핀치(Darwin's finch)[8]의 적응 방산과 같은 현상으로 볼 수 있다. 갈라파고스핀치라고 일컫는 무리에는 15종이 속해 있으며 14종은 갈라파고스 군도의 고유종이고 1종은 코코스 군도에서만 발견된다. 갈라파고스핀치 혹은 흔히 '다윈핀치'(찰스 다윈이 이들의 첫 표본들을 채집한 것은 사실이지만, 일반적으로 추정하는 바와 달리 그의 아이디

---

8 구대륙에서 핀치(finch)는 되새과(Fringillidae)에 속한 새들을 지칭하여 일부 문헌은 이들을 갈라파고스되새로 번역하고 있지만, 실제 갈라파고스핀치(다윈핀치)는 풍금조과(Thraupidae)에 속하는 조류이다. 여기에서는 국문 번역으로 인한 계통의 혼동을 피하기 위해 갈라파고스핀치로 표기했다.

어에 이들이 그리 중요한 역할을 한 것은 아니다)라고도 불리는 이 새들은 1,000km 떨어진 남아메리카 대륙에서 도래해 어쩌다 이 고립된 섬들을 개척한 조상종에서 진화한 것으로 생각되고 있다. 사토(A. Sato)와 동료들은 갈라파고스핀치와 이들의 본토 친척으로 예상되는 종들의 핵 DNA와 미토콘드리아 DNA 염기 서열을 비교하여 옅은멧풍금조(*Tiaris obscura*)를 이들과 가장 가까운 본토 친척 종으로 지목했다. 이 종은 베네수엘라, 콜롬비아, 에콰도르 서부, 페루 서부 및 남부의 습한 숲 가장자리와 밭, 관목 지대에 서식하는 종으로, 섬에 정착한 종들과 서식지가 크게 차이나지 않는다. 옅은멧풍금조는 갈라파고스핀치 무리의 직접 조상은 아니지만, 공통 조상을 공유했을 가능성이 크다.

🌿 개념정리 종(Species)

종은 우리가 생물 다양성을 측정할 때 쓰는 단위이다. 일반적으로 종은 잠재적으로 서로 번식이 가능한 개체들을 포함하는 개체군의 집합으로 정의되며, 서로 다른 종은 생식적으로 격리되어 있다(생물학적 종 개념).

주요 참고문헌

Sato, A. Tichy, H. O'hUigin, C., et al. (2001) On the origin of Darwin's Finches, *Molecular Biology and Evolution* 18(3), 299-311.

아마 초기 개척자는 이 섬들 중 하나에 도착하여 잠재적인 자원이 풍부하지만 경쟁이 전혀 없는 환경을 만났을 것이다. 이들은 그곳에서 지속 가능한 개체군을 형성했을 것이며, 이중 어떤 개체가 우연히 다른 섬을 개척했을 것이다. 이 고립된 섬들에서 생존한 각각의 개체군들은 서로 다른 자원을 이용하는 데 특화했을 것이며, 자연선택의 과정을 통해 생태적으로, 행동학적으로, 그리고 결정적이게도 유전적으로 서로 다르게 분화했을 것이다. 시간이 지나 이 두 개의 고립된 개체군들은 같은 섬에 다시 이주하여 공존하게 되더라도 서로 생식적 격리를 유지하는 정도까지 분화 즉, 서로 다른 종으로 진화했을 것이다.

한 섬에 두 종 이상의 갈라파고스핀치가 공존할 때 각각의 종은 종간 경쟁을 피하기 위해 서로 더 특화함으로써 행동·생태적 격리를 더 강화했을 것이며, 그 결과 각 종 사이 분화 정도는 더 커졌을 것이다. 아래 박스 1.1은 자연선택에 관한 추가적인 정보를 제시하며, 지금도 진행 중인 진화를 입증하는 자연 실험의 결과를 보여준다.

[박스 1.1] 진행 중인 진화: 자연선택과 갈라파고스핀치의 부리 형태

시간을 들여 개체군의 특징에 관해 생각해 본다면, 다음 명제를 받아들일 수 있으리라 확신한다.
- 모든 개체가 서로 동일하지는 않다. 즉, 종 내에는 유의한 수준의 변이가 있다.
- 자손은 부모를 닮는다. 이는 유전되는 변이가 부모에서 자손으로 유전자를 통해 전달되기 때문이다.
- 과잉 번식은 흔하다. 성숙하여 번식할 때까지 살아남는 개체보다 훨씬 많은 개체들이 태어난다.

찰스 다윈은 이러한 기본적인 관찰과 엄청난 양의 끈질긴 연구, 그리고 아마 신의 손길로, 그의 자연선택에 의한 진화 이론을 성립할 수 있었다. 유전자의 중요성이 밝혀지기 한참 전에 그는 어떤 개체가 지닌 유전적인 형질 덕분에 그 개체가 같은 종의 다른 개체보다 유리해질 수 있음을 깨달았다. 개체 간에 생존율 차이가 계속 유지될 때, 시간이 지남에 따라 결과적으로 이점을 지니지 못한 개체들은 점점 더 적어지는(혹은 사라지는) 반면, 이점을 가진 개체들은 점점 더 많아질 것이다(그림 1.8). 그는 개체에게 이득이 되는 형질은 선택되고, 해로운 형질은 도태되는 시나리오를 제시했다.

이제 앞서 제시한 방식에 따라 선택이 강한 방향성을 띠어서 어떤 형질이 더 우점하거나 점차 제거될 수 있으며(방향성 선택), 혹은 서로 반대 방향으로 선택이 작용하여 매우 다르지만 동등하게 성공적인 표현형을 지닌 두 개체군이 형성될 수 있다(분단

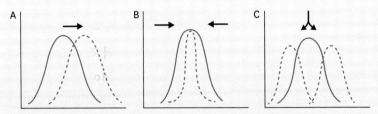

그림 1.8 가상의 개체군에 대한 방향성 선택(A), 안정화 선택(B), 분단성 선택(C)의 효과. 각각에서 화살표는 선택이 이루어지는 방향을 지시하며, 굵은 실선은 선택 이전의 개체군을, 점선은 선택 이후의 개체군(들)을 나타낸다. Scott, G.W. (2005) *Essential Animal Behavior*. Blackwell Science, Cambridge.에서 가져왔다.

성 선택). 또 선택은 현재 상태를 유지하는 안정화 방식으로 작동할 수도 있다(안정화 선택).

그렇다면 실제로 자연선택에 의한 진화가 일어나는 과정을 관찰할 수 있을까? 피터 그랜트(Peter Grant)와 피터 보아그(Peter Boag)가 이끄는 연구팀의 업적 덕분에 직접 눈으로 확인할 수 있다. 이 연구자들은 갈라파고스 군도의 작은 섬인 다프네메이저(Daphne Major)섬에서 중간땅핀치(*Geospiza fortis*) 개체군에 대해 매우 자세한 연구를 수행했다. 1970년대 중반부터 섬에 서식하는 거의 모든 중간땅핀치에 가락지를 달고, 다양한 측정을 수행했으며, 매년 생존율을 기록하고 정기적으로 이들을 포획하여 같은 측정을 다시 수행했다. 연구자들은 체중, 날개 길이, 부척 길이[9] 그리고 부리 길이와 두께 등을 측정하여 기록했다. 연구 초반 몇 년 동안 다프네메이저섬에서는 규칙적인 계절성 호우가 내렸으며(연간 약 130mm), 이때 중간땅핀치 개체군은 꽤 잘 살았다. 그러나 1977년 우기 강수량이 겨우 24mm에 그친 심각한 가뭄이 섬을 덮쳤는데, 이 가뭄은 새들에게 엄청난 영향을 끼쳤다. 이 새들은 번식을 시도하지 않았고, 많은 새들이 깃갈이를 늦추거나 아예 하지 못했으며, 기록적인 수준의 폐사율이 나타났다(한 계절 동안 개체군 85% 감소).

이 가뭄은 섬에 서식하는 새들에게만 영향을 준 것은 아니었다. 많은 식물이 결실에 실패한 결과 중간땅핀치의 먹이가 급감했으며, 중간땅핀치 개체군의 폐사율은 대부분 직간접적으로 굶주림과 관련이 있었다. 하지만 일부 새들은 살아남았다. 살아남은 새들은 대체로 개체군 내에서 크기가 크고 부리도 큰 개체들이었다(그림 1.9).

---

9 새의 다리에서 정강이뼈와 발가락 사이의 부분.

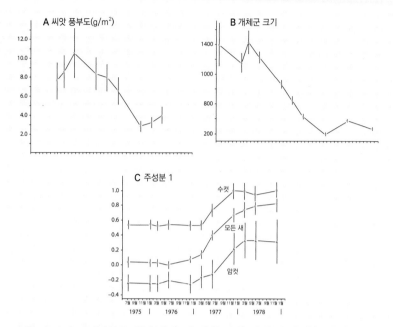

그림 1.9 1977~1978년 가뭄 동안 갈라파고스 군도의 씨앗 생산량은 감소했다(A). 먹이가 없어지자 중간땅핀치 개체군은 급감했다(B). 그러나 일부는 살아남았다. 도표 C에 제시된 주성분(principal component)은 중간땅핀치 개체군의 형태를 수치화한 값이다. 가뭄을 거치며 새들의 형태는 확실히 달라졌다. 실제로 1978년에는 몸집과 부리가 큰 새들만 살아남았다. Boag, P.T. and Grant, P.R. (1981) Intense natural selection in a population of Darwin's finches (Geospizinae) in the Galapagos. *Science* 214, 822-825. AAAS의 사용 허가를 받았다.

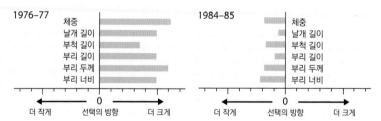

그림 1.10 기후에 따른 중간땅핀치 형질의 진동 선택. 건조한 시기(1970년대 중반과 같은)에 자연선택은 큰 새를 선호했다. 그러나 이어지는 습한 시기(1982~1983년의 엘니뇨 시기와 같은)에는 작은 크기가 선호되었다. Gibbs, L.H. and Grant, P.R. (1987) Oscilliating selection on Darwin's finches, *Nature* 327, 511-513.에서 가져왔다.

이 개체군에 실제로 발생한 일은 급격한 방향성 선택이었다. 초기에 이 개체군에는 상당한 변이, 즉 몸집과 부리가 작은 새들과 몸집과 부리가 더 큰 새들이 있었다. 씨앗 생산이 흉년을 맞으며 이용 가능한 씨앗은 빠르게 소진되었다. 초기에는 새들이 작은 씨앗들을 더 선호했으며, 작은 씨앗이 더 빠르게 소비되었다. 씨앗이 드물어지자 큰 새들은 더 큰 씨앗을 소비하는 방향으로 먹이행동을 바꾸었으나, 더 큰 씨앗을 공략할 수 있는 부리를 가지지 못한 작은 새들은 결국 굶어 죽고 말았다. 그러면서 그 이전에 개체군에서 관찰되었던 부리 크기의 변이는 상당 부분 상실되었으며, 큰 새들이 우점했다. 하지만 이 해의 가뭄이 역사적으로 섬에 발생한 첫번째 가뭄은 당연히 아니었을 것이다. 그렇다면 개체군 내에서 작은 개체들이 어떻게 존재할 수 있었을까? 다프네메이저섬의 중간땅핀치 연구를 계속한 이 헌신적인 연구자들은 그 답을 찾은 것 같다. 비록 자연선택은 가뭄에서 큰 새들을 선호했지만, 평소보다 습한 해와(이때는 작은 씨앗이 큰 씨앗보다 훨씬 많다) 생후 1년 이내의 새들에서는(물질대사와 관련되었을 가능성이 있다) 작은 새가 더 유리했다. 그러므로 실제 중간땅핀치의 크기는 극단을 오가는 기후와 이와 관련된 먹이 조건의 변동에 따라 서로 반대 방향으로 급격한 방향성 선택이 반복되는 '진동하는 선택'의 사례로 보인다(그림 1.10). 이 연구는 두 가지 중요한 사실을 증명한다. 실시간으로 진행되는 진화를 관찰할 수 있다는 사실과 장기적인 연구가 매우 중요하다는 사실이다.

1.5.2 유전자와 진화

유전자 수준 분석법의 발전은 진화 과정에서 변화에 직접 관여하는 유전자에 관한 흥미로운 통찰을 제공한다. 예를 들어 사람의 두개골과 얼굴 특징 발달에 관여하는 유전자로 알려진 *ALX1* 유전자의 변이와 갈라파고스핀치의 부리 형태가 연관되어 있다는 사실이 최근 입증되었다(아직 이 유전자의 정확한 역할은 밝혀지지 않았다). 또 서로 다른 두 유전자 CaM, BMP4와 그 산물들의 상호작용이 이 새들의 부리 형태 결정에 중요한 역할을 한다는 점 역시 밝혀졌다. 칼모둘린(calmodulin, CaM)은 칼슘 결합 단백질이고, 뼈형성단백질(BMP4)은 뼈와 연골 발달에 관여하는 단백

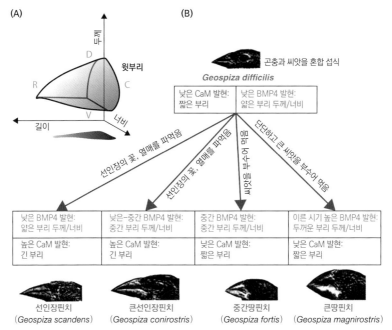

그림 1.11 부리의 형태는 두께, 너비 그리고 길이 세 가지 축을 따라 달라질 수 있다(A). BMP와 CaM에 의존하는 신호전달은 이 세 축의 부리 성장을 조절하며, 그 결과로 부리 형태 변이가 폭넓게 나타난다(B). 이 그림은 CaM/BMP의 변이가 어떻게 부리 형태의 변이로 귀결되는지 나타낸다. Abzhanov, A., Kuo, W.P., Hartmann, C. et al. (2006) The calmodulin pathway and evolution of elongated beak morphology in Darwin's finches. *Nature* 442, 563-567.에서 가져왔다.

실이다. 이 유전자들의 발현과 단백질 산물의 작용에서 나타나는 변이가 갈라파고스핀치의 서로 다른 부리 성장과 연관되어 있는 것으로 나타났다(그림 1.11). 그러므로 이 유전자들은 갈라파고스핀치의 종분화에 중요한 역할을 했을지도 모른다. 이와 유사하게 유럽에 서식하는 검은머리흰턱딱새(*Sylvia atricapilla*)에서 새로운 이동 전략들이 진화함에 따라 격리된 개체군에서 형태 변화가 나타났는데, 이와 연관된 유전자를 동정하는 연구는 종분화가 진행되면서 일어나는 유전적 변화에 대한 새로운 통찰을 제공할 수 있다. 3장에서 이 주제를 다시 논의할 것이다.

🕊️ 날아가기

새의 이동과 진화, 122쪽(3.2 이동과 유전자)

주요 참고문헌

Abzhanov, A., Protas, M., Grant, B.R., et al. (2004) Bmp4 and morphological variation of beaks in Darwin's Finches. *Science* 305, 1462-1465.

Lamichaney, S., Berglund, J., Almen, M.S., et al. (2015) Evolution of Darwin's finches and their beaks revealed by genomic sequencing. *Nature* 518, 371-375.

1.5.3 잡종

두 종 사이의 유전적, 행동학적 격리가 불완전할 때 잡종화(hybridization)가 일어날 수 있다. 어떤 경우 이러한 잡종들은 불임으로 그 이후 세대에 아무런 유전적 기여를 할 수 없다. 즉 잡종들은 엄밀한 의미로 진화의 막다른 골목이며, 호기심의 대상 이상으로 생각하기 어려울 수 있다. 그러나 어떤 잡종들은 생식 능력이 있어 잡종들끼리, 혹은 부모 종과 번식할 수 있다. 이때 그 결과는 크게 두 가지로 나타난다. 먼저 지리적으로 인접한 두 종의 서식지가 겹치는 지역에서 안정적인 잡종 지대(hybrid zone)가 형성될 수 있다. 다른 경우는 과도기적 잡종화 또는 '유전적 오염'으로, 한 종이 분포권을 확장하여 고립된 분포권을 가진 다른 종과 만날 때 발생한다.

안정적인 잡종 지대의 대표적인 사례는 두건까마귀(*Corvus cornix*. 북유럽과 동유럽에 서식하며, 검은색 깃과 회색 깃이 함께 나타난다)와 까마귀(*C. corone*, 유럽 남부에 서식하며, 몸 전체가 검다) 사이의 잡종 지대이다. 이 두 종의 까마귀 개체군은 분포권 사이에 형성된, 길이 2,100km, 폭 50~120km의 폭이 좁은 잡종 지대에서 빈번하게 교잡하며, 이들의 잡종은 중간 형태(회색의 짙은 정도를 달리하는 검정)에 해당하는 깃을 가진다.

과도기적 잡종화의 멋진 사례 중 하나는 북미의 푸른날개미주솔새

(*Vermivora pinus*[10])와 노랑날개미주솔새(*V. chrysoptera*)이다. 200년 전의 조류학자들이라면 푸른날개미주솔새를 더 남쪽에 서식하는 종으로, 노랑날개미주솔새를 북쪽에 서식하는 종으로 보았을 것이다. 그러나 오늘날 두 종의 분포권은 서로 겹치며, 푸른날개미주솔새는 증가하는 반면 노랑날개미주솔새는 점점 줄어들고 있다. 푸른날개미주솔새의 분포권 확장은 대체로 인간의 산림 벌채로 인해 이 종이 선호하는 서식지인 이차 관목림이 증가했기 때문에 일어났다. 관목림의 증가는 초기에 노랑날개미주솔새에게도 유리한 조건으로 작용했지만, 두 종의 분포권이 겹치게 되면서 결국 노랑날개미주솔새는 자취를 감추고 말았다. 이러한 현상은 50여 년에 걸쳐 일어났으며, 단순히 푸른날개미주솔새가 경쟁에서 즉시 우위를 점했기 때문에 발생한 일로 보기 어렵다. 실제로 초기에는 두 종이 공존했으나, 동시에 새로운 '종'들이 등장했다. 이들은 바로 잡종이다. 먼저 브루스터미주솔새(*V. chrysoptera* × *pinus* 또는 *V. 'leucobronchialis'*)는 노랑날개미주솔새의 몸깃과 푸른날개미주솔새의 얼굴 패턴을 가지고 있다. 또한 로렌스미주솔새(*V. pinus* × *chrysoptera* 또는 *V. 'lawrencei'*)는 노랑날개미주솔새의 얼굴 패턴과 푸른날개미주솔새의 몸깃을 가졌다(그림 1.12).

이 잡종들의 출현 양상은 두 부모 종이 만날 때 언제든 예측 가능하다. 초기 개체군에는 노랑날개미주솔새가 다수를 차지한다. 그러나 이입종인 푸른날개미주솔새가 늘어남에 따라 브루스터미주솔새 타입의 잡종이 함께 증가한다. 이 잡종은 생식 가능하며 두 부모 종 모두와 역교배하여 중간 형태와 드물게 로렌스미주솔새 형태의 2세대 잡종을 낳는다. 이 교잡과 역교배의 과정이 계속되면서 노랑날개미주솔새는 점점 드물어진다. 결과적으로 푸른날개미주솔새가 군집에서 우점하게 되며, 노랑날개미주솔

---

10 푸른날개미주솔새는 현재 *V. cyanoptera*로 분류한다.

로렌스미주솔새
(*Vermivora pinus*
× *chrysoptera* 또는 *V. 'lawrencei'*)

브루스터미주솔새
(*Vermivora chrysoptera*
× *pinus*
또는 *V. 'leucobronchialis'*)

노랑날개미주솔새
(*Vermivora chrysoptera*)

푸른날개미주솔새
(*Vermivora pinus*)

그림 1.12 푸른날개미주솔새, 노랑날개미주솔새와 그 잡종들. Proctor, N.S., & Lynch, P.J. (1993). *Manual of ornithology: avian structure & function*. Yale University Press, New Haven.에서 가져왔다.

새는 모두 사라지고 드물게 잡종형이 나타나게 된다. 하지만 노랑날개미주솔새의 유전자는 푸른날개미주솔새 개체군 내에 계속 존재할 수 있는데, 그 결과로 가끔 이상형(異狀型)이 나타날 수 있다. 이러한 과정으로 일어나는 유전적 전이를 '오염'이라고 한다. 어떤 종이 자연 서식지가 아닌 곳에 이입된 경우 이러한 잡종화는 중대한 문제가 될 수 있다. 박스 1.2는 실제로 잡종화가 문제가 된 사례를 제시하며, 자연환경 관리자들이 종종 맞닥뜨리는 어려운 결정과 행동을 보여준다.

흰머리오리(*Oxyura leucocephala*)는 주로 동유럽과 중앙아시아에 분포하고, 스페인에 작은 고립된 개체군이 서식하는 종이다. 이 종의 개체군은 파편화되어 있으며, 서식지 상실로 인해 점점 더 큰 압력을 받고 있다. 또 이들은 개체군 규모가 작고 감소하는 추세로 국제적으로 멸종 위기에 처해 있다(스페인 개체군은 1977년 겨우 22마리만이 남을 정도로 감소했으며, 중앙아시아의 큰 개체군은 1930년대 10만 마리에서 2000년에 1만 마리 규모로 감소했다). 유럽에서 이 종은 또 다른 위협을 받고 있다. 바로 침입종과의 잡종화에 의한 유전적 오염이다!

문제가 되는 침입종은 꼬까오리(*O. jamaicensis*)로 흰머리오리의 가까운 친척 종이지만 대서양에 의해 서식지가 분리되어 있었다. 이 종은 자연 서식지인 아메리카 대륙에서 개체수가 증가하고 있으며, 현재 50만 마리를 훌쩍 넘는 개체군을 이룬 성공적인 종이다. 또한 오랫동안 야생조류 수집가들에게 인기 많은 수집 대상이었을 만큼 매력적인 오리이기도 하다. 1950년대 혹은 1960년대 초 영국에서 아마 수집용으로 도입되었을 꼬까오리가 우연히 야생에 방사(유기)되었다. 몇몇 초기 개체로 시작한 이 사육 조류 개체군은 빠르게 늘어나 50년이 지나자 약 6,000마리에 이르게 되었다.

만약 이 영국 꼬까오리 개체군이 영국에만 머물렀다면 큰 문제를 야기하지 않았을 수도 있다. 그러나 이 종의 개체군이 성장하면서, 영국에서 기원한 것으로 추정되는 꼬까오리들이 상당수의 유럽 국가에서 보고되기 시작했다. 1980년대 스페인에서 첫 사례가 보고되었으며, 바로 뒤이어 1991년 침입종 꼬까오리와 스페인 흰머리오리 사이의 첫 교잡 사례가 보고되었다. 이 잡종은 생식 능력이 있었으며, 잡종 2세대가 관찰되었다. 이 경우 꼬까오리의 유전자와 스페인의 흰머리오리의 유전자는 분명히 뒤섞일 것이며, 또 다른 귀중한 개체군 역시 사라질 수 있다. 만약 꼬까오리가 유럽을 가로질러 중앙아시아까지 확산된다면, 독립된 종으로서 흰머리오리는 사라질 수도 있다.

유전적 오염에 의한 멸종은 너무 멀리 나간 이야기처럼 들릴 수 있지만, 주디스 맹크(Judith Mank)를 비롯한 연구자들은 이 현상이 적어도 다른 오리류 한 종에서 실제로 일어나는 일임을 입증했다. 맹크와 동료들은 미국오리(*Anas rubripes*)와 유럽 원산의 청둥오리(*A. platyrhynchos*)의 유전체를 비교했다. 청둥오리는 초기 아메리카 정착민들에 의해 아메리카 대륙으로 이입된 것으로 보며, 아메리카에 매우 성공적으로 정착했다.[11] 청둥오리는 미국오리와 계통상 매우 가까운 관계에 있는 종이므로, 맹크와 동료들이 이들 사이의 유전적 유사성을 찾은 것은 그리 놀라운 일은 아니다. 그러나 연구진은 현재의 개체군뿐만 아니라 1900년부터 1935년까지 수집된 박물관 표본에 대해서도 분석을 진행했으며, 이를 통해 이 두 종의 현재뿐만 아니라 역사적인 관련도를 밝힐 수 있었다. 그녀의 연구 결과에 따르면 두 종 사이의 유전적 차이는 감소하고 있으며, 이는 계속된 잡종화와 유전적 오염에 따른 것으로 추정되었다. 맹크는 논문의 결론에서 "우리의 발견이 미국오리의 보전에 시사하는 바는 암울하다. 잡종화를 막지 않고서, 미국오리의 자연 서식지를 보전하는 것은 이 종의 보전에 효과적이지 않을 것이다."라는, 어찌 보면 우울한 주장을 제시한다. 그렇다면 이런 상황에서 잡종화를 막을 수 있을까?

흰머리오리의 경우 너무 늦지 않았을 수도 있다. 국제 사회에서는 각 국가가 보전을 위한 행동을 취하도록 압박하는 여러 국제 규약이 있다. 이 경우와 관련된 것은 본 협약(Bonn Convention), 즉 이동성 야생동물의 보전을 위한 협약이다. 이 협약에 따라 '아프리카-유라시아 이동 경로의 철새 보전을 위한 국제협정'(AEWA)이 체결되었는데, 이 협정은 생태적으로 습지에 의존하는 172종의 조류를 보전하고 관리하기 위한 법적인 토대를 제공한다. 유럽, 아프리카, 캐나다 동북부 극지방, 그린란드, 소아시아, 중동, 카자흐스탄, 투르크메니스탄, 우즈베키스탄 등 116개국이 협정에 가입했다. 이 중에는 흰머리오리 개체군이 서식하는 국가도 꽤 포함되어 있다. 다른 보전 조치들과 마찬가지로 AEWA는 가입국에 습지에서 영향을 미칠 수 있는 침입종의 영향을 평가하도록 권장한다. 부속서 III은 가입국에 자생하지 않는 물새의 의도적인 도입을 금지하고, 비의도적인 방사(유기)를 막기 위한 모든 합리적인 조치를 취하도록 요구한다. 이는 매우 긍정적이지만, 이러한 조치가 꼬까오리의 문제를 해결하지는 못할 것이다. 이미 그 새들은 그곳에 있기 때문이다. 하지만 동시에 AEWA는 가입국들에게 "비자생종 혹은 잡종이 서식지에 이미 도입되었을 경우, 그 종 혹은 잡종이 이 협정에서 정하는 물새의 개체군에 잠재적인 위협이 되지 않도록 보장해야 한다."라고 요구한다. 이로써 유럽의 꼬까오리 문제를 관리하기 위한 법적인 토대가 마련되었다. 또 이

---

11 신대륙 청둥오리를 구대륙에서 최근 정착한 침입종으로 보는 저자의 견해와 달리, 다수 연구결과에 따르면 청둥오리의 신대륙 정착은 진화적 시간에서 일어난 훨씬 오래된 사건으로 미국오리 등 신대륙 근연종들의 분화 이전으로 거슬러 올라간다. 신대륙 청둥오리와 근연종들은 미토콘드리아 DNA에서 구대륙 청둥오리와 명확히 구별되는 그룹을 이룬다. Avise, J.C., Ankney, C.D., & Nelson, W.S. (1990). Mitochondrial gene trees and the evolutionary relationship of mallard and black ducks. *Evolution* 44(4), 1109-1119.를 참고하라.

조치만으로 부족할 경우에 대비하여 유럽 평의회(Council of Europe)는 흰머리오리 보전을 위한 특별 계획을 발표했으며, 베른 협약(Bern Convention)[12]은 서부 구북구 (Western-Palaearctic)권에서 꼬까오리를 구제하기 위한 전략을 보다 진전시켰다. 현재 꼬까오리 조절을 위한 조치들이 가동되고 있으며, 유럽 전역에서 이 종은 쇠퇴하고 있다. 스페인과 영국에서 진행된 제거 조치는 특히 효과적이어서, 이제 스페인과 영국 개체군에서 꼬까오리와 그 잡종은 거의 절멸 수준에 이르렀다. 2013년 유럽에서 꼬까오리의 개체군 규모는 2000년의 7% 수준에 불과하다. 물론 현재 그 수준은 국가별로 다르지만, 유럽 대륙에서 꼬까오리를 완전히 제거한다는 장기적인 계획은 달성 가능해 보인다. 물론 향후 흰머리오리의 안전은 서식지와 개체군을 지키기 위한 다른 보전 노력들에 좌우되겠지만, 우리는 이들이 처한 지금의 특정한 위협은 극복 가능하다는 낙관론에 힘을 실을 수 있다.

참고문헌과 더 읽어볼 자료들

Mank, J.E., Carlson, J.E., and Brittingham, M.C. (2004) A century hybridization: Decreasing genetic distance between American black duck and mallards. *Conservation Genetics* 5, 395-403.

Rehfisch, M.M., Blair, M.J., McKay, H., and Musgrove, A.J. (2004) The impact and status of introduced waterbirds in Africa, Asia Minor, Europe and Middle East. *Acta Zoologica Sinica* 52, 572-575.

Robertson, P.A., Adriaens, T., Caizergues, A., et al. (2015) Towards the European eradication of North American ruddy duck. *Biological Invasions* 17, 9-12.

요약

새는 수각류(theropod)에서 진화한 것으로 보이는 특화된 척추동물이다. 현생 조류의 진화적 유연관계는 아직 완전히 밝혀지지 않았지만, 계통분류학의 발전과 새로운 분자생물학 기술로 이 유연관계를 밝힐 수 있을 듯하다. 다른 모든 생물처럼 조류는 환경의 압력에 반응하여 적응, 진화를 계속하고 있다.

---

12 1982년 발효된 Bern Convention on the Conservation of European Wildlife and Natural Habitats이다.

부록 1 현생 조류의 목과 과 단위 일반명 목록

아래 목록은 Joseph del Hoyo와 Nigel Collar의 *Illustrated Checklist of the Birds of the World* volume 1(2014, 참새목 외 조류), volume 2(2016, 참새목 조류), Lynx Edicions, Barcelona.를 따른 것이다. 앞선 단원에서 강조했듯이, 조류 계통분류학은 빠르게 발전하고 있는 분야이므로 이 목록을 확정적인 것으로 간주해서는 안 된다.

분류군 학명	국문 분류군명	영문 일반명	국문 일반명	비고
Struthioniformes	타조목			
Struthionidae	타조과	Ostrich	타조	
Rheidae		Rheas		
Tinamidae	티나무과	Tinamous	티나무	
Casuariidae	화식조과	Cassowaries and Emu	화식조, 에뮤	
Apterygidae	키위과	Kiwis	키위	
Galliformes	닭목			
Megapodiidae	무덤꿩과	Megapodes	무덤꿩	
Cracidae		Curassows, Guans, and Chachalas		
Numididae		Guineafowl		
Odontophoridae	신대륙메추라기과	New World Quail	신대륙메추라기	
Phasianidae	꿩과	Pheasants, Partridges, Grouse Turkeys, Old World Quail	꿩, 들꿩, 메추라기 (구대륙), 뇌조	
Anseriformes	기러기목			
Ahnhimidae		Screamers		
Anseranatidae	까치기러기과	Magpie Goose	까치기러기	
Anatidae	오리과	Ducks, Geese, and Swans	오리, 기러기, 고니	
Podicipediformes	논병아리목			
Podicipedidae	논병아리과	Grebes	논병아리	
Phoenicopteriformes	홍학목			
Phoenicopteridae	홍학과	Flamingoes	홍학	
Phaethontiformes	열대새목			
Phaethontidae		Tropicbirds		
Eurypygiformes	해오라기붙이목			
Euripygidae	해오라기붙이과	Sunbittern	해오라기붙이	
Rhynochetidae		Kagu		
Mesitornithiformes	메사이트목			
Mesitornithidae		Mesites		
Columbiformes	비둘기목			
Columbidae	비둘기과	Pigeons and Doves	비둘기	
Pterocidiformes	사막꿩목			
Pteroclididae	사막꿩과	Sandgrouse	사막꿩	
Caprimulgiformes	쏙독새목			
Steatornithidae		Oilbirds		

분류군 학명	국문 분류군명	영문 일반명	국문 일반명	비고
Podargidae	개구리입쏙독새과	Frogmouths	개구리입쏙독새	
Nyctibiidae		Potoos		
Caprimulgidae	쏙독새과	Nightjars or Goatsuckers	쏙독새	
Aegothelidae		Owlet-nightjars		
Apodidae	칼새과	Swifts	칼새	
Trochilidae	벌새과	Hummingbirds	벌새	
Opisthocomiformes	호아친목			
Opisthocomidae	호아친과	Hoatzin	호아친	
Cuculiformes	두견목			
Cuculidae	두견과	Cuckoos, Roadrunners, and Anis	두견, 뻐꾸기, 로드러너	
Gruiformes	두루미목			
Hellornithidae		Finfoots		
Rallidae	뜸부기과	Rails, Gallinules, and Coots	뜸부기, 물닭	
Psophiidae		Trumpeters		
Aramidae		Limpkin		
Gruidae	두루미과	Cranes	두루미	
Otidiformes	느시목			
Otididae	느시과	Bustards	느시	
Musophagiformes	투라코목			
Musophagidae	투라코과	Turacos	투라코	
Gaviiformes	아비목			
Gaviidae	아비과	Divers or Loons	아비	
Sphenisciformes	펭귄목			
Spheniscidae	펭귄과	Penguins	펭귄	
Procellariiformes	슴새목			
Oceanitidae		Southern Storm-petrels		
Hydrobatidae	바다제비과	Northern Storm-petrels	바다제비	
Diomedidae	알바트로스과	Albatrosses	알바트로스	
Procelariidae	슴새과	Shearwaters and Petrels	슴새	
Ciconiiformes	황새목			
Ciconiidae	황새과	Storks	황새	
Pelecaniformes	사다새목			
Threskiornithidae	저어새과	Ibises and Spoonbills	따오기, 저어새	
Ardeidae	백로과	Herons, Egrets, and Bitterns	왜가리, 백로, 해오라기	
Scopidae		Hamerkop		
Balaenicipitidae		Shoebill		
Pelicanidae	사다새과	Pelicans	사다새	
Suliformes	얼가니새목			
Fregatidae	군함조과	Frigatebirds	군함조	
Sulidae	얼가니새과	Boobies and Gannets	얼가니새	
Phalacrocoracidae	가마우지과	Cormorants	가마우지	
Anhingidae		Anhingas		

분류군 학명	국문 분류군명	영문 일반명	국문 일반명	비고
Charadriiformes	도요목			
Burhinidae		Thick-knees		
Chionididae		Sheathbill		
Pluvianellidae		Magellanic Plovers		
Pluvianidae		Egyptian Plovers		
Haematopodidae	검은머리물떼새과	Oystercatchers	검은머리물떼새	
Ibidorhynchidae		Ibisbill		
Recurvirostridae	장다리물떼새과	Avocets and Stilts	장다리물떼새	
Charadriidae	물떼새과	Plovers	물떼새	
Pedionomidae		Plains-wanderer		
Thinocoridae		Seedsnipe		
Rostratulidae	호사도요과	Painted-snipe	호사도요	
Jacanidae	물꿩과	Jacanas	물꿩	
Scolopacidae	도요과	Sandpipers	도요	
Turnicidae	세가락메추라기과	Button-quails	세가락메추라기	
Dromadidae		Crab-plover		
Glareolidae	제비물떼새과	Coursers and Pratincoles	제비물떼새	
Laridae	갈매기과	Gulls, Terns, and Skimmers	갈매기, 제비갈매기	
Stercorariidae	도둑갈매기과	Skuas	도둑갈매기	
Alcidae	바다오리과	Auks	바다오리	
Strigiformes	올빼미목			
Tytonidae	가면올빼미과	Barn Owls	가면올빼미	
Strigidae	올빼미과	Typical Owls	올빼미, 부엉이, 소쩍새	
Cathartiformes	신대륙독수리목			(현재 수리목으로 병합됨)
Cathartidae	신대륙독수리과	New World Vultures	신대륙독수리, 콘도르	
Accipitriformes	수리목			
Sagittariidae		Secretary-bird		
Pandionidae	물수리과	Osprey	물수리	
Accipitridae	수리과	Hawks, Eagles, Kites, Old World Vultures	새매, 수리, 솔개, 말똥가리, 독수리 (구대륙)	
Coliiformes	쥐잡이새목			
Coliidae		Mousebirds		
Leptosomiformes	파랑새아재비목			
Leptosomatidae		Cuckoo-roller		
Trogoniformes	트로곤목			
Trogonidae		Trogons		
Bucerotiformes	후투티목			
Bucerotidae		Hornbills		
Upupidae	후투티과	Hoopoes	후투티	
Phoeniculidae		Woodhoopoes		
Coraciiformes	파랑새목			

분류군 학명	국문 분류군명	영문 일반명	국문 일반명	비고
Meropidae		Bee-eaters		
Coraciidae	파랑새과	Rollers	파랑새	
Brachypteraciidae		Ground-rollers		
Todidae		Todies		
Momotidae		Motmots		
Alcedinidae	물총새과	Kingfishers	물총새, 호반새	
Piciformes	딱다구리목			
Galbulidae		Jacamars		
Bucconidae		Puffbirds		
Ramphastidae		Toucans		
Capitonidae		New World Barbets		
Semnornithidae		Prong-billed Barbets		
Megalaimidae		Asian Barbets		
Lybiidae		African Barbets		
Indicatoridae	꿀잡이새과	Honeyguides	꿀잡이새	
Picidae	딱다구리과	Woodpeckers and allies	딱다구리	
Cariamiformes	세리마목			
Cariamidae		Seriemas		
Falconiformes	매목			
Falconidae		Falcons and Caracaras	매, 황조롱이	
Psittaciformes	앵무목			
Strigopidae		New Zealand Parrots		
Cacatuidae	왕관앵무과	Cockatoos	왕관앵무	
Psittacidae	앵무과	Parrots	앵무	
Passeriformes	참새목			
Acanthisittidae		New Zealand Wrens		
Pittidae	팔색조과	Pittas	팔색조	
Philepittidae		Asites		
Eurylamidae		Typical Broadbills		
Sapayoidae		Sapayoa		
Calyptomenidae		African and Green Broadbills		
Thamnophilidae		Typical Ant Birds		
Conopophagidae		Gnateaters		
Melanopareiidae		Crescentchests		
Grallariidae		Antpittas		
Rhynocryptidae		Tapaculos		
Formicariidae		Ground-antbirds		
Furnariidae		Ovenbirds		
Pipridae	마나킨과	Manakins	마나킨	
Cotingidae		Cotingas		
Tityridae		Tityras and allies		
Tyrannidae		Tyrant-flycatchers		
Menuridae		Lyrebirds		
Atrichornithidae		Scrub-birds		

분류군 학명	국문 분류군명	영문 일반명	국문 일반명	비고
Ptilonorhynchidae	정자새과	Bowerbirds	정자새	
Climacteridae		Australasian Treecreepers		
Maluridae		Fairywrens		
Dasyornithidae		Bristlebirds		
Meliphagidae	꿀새과	Honeyeaters	꿀새	
Pardalotidae		Pardalotes		
Acanthizidae		Thornbills		
Orthonychidae		Logrunners		
Pomatostomidae		Australian Babblers		
Mohouidae		Mohouas		
Eulacestomidae		Ploughbill		
Neosittidae		Sittellas		
Oriolidae	꾀꼬리과	Old World Orioles	꾀꼬리(구대륙)	
Paramythiidae		Painted Berrypeckers		
Oreoicidae		Australo-Papuan Bellbirds		
Cinclosomatidae		Quail-thrushes and Jewel-babblers		
Falcunculidae		Shrike-tits		
Pachycephalidae		Whistlers		
Psophodidae		Whipbirds and Wedgebills		
Vireonidae	비레오과	Vireos	비레오	
Campephagidae		Cuckoo-shrikes		
Rhagologidae		Berryhunter		
Artamidae	숲제비과	Woodswallows and Butcherbirds	숲제비, 호주까치	
Machaerirhynchidae		Boatbills		
Vangidae		Vangas and allies		
Platysteiridae		Batises and Wattle-eyes		
Aegithinidae		Ioras		
Pityriasidae		Bristlehead		
Malaconotidae		Bush-shrikes		
Rhipiduridae		Fantails		
Dicruridae	바람까마귀과	Drongos	바람까마귀	
Ifritidae		Ifrit		
Monarchidae	긴꼬리딱새과	Monarch-flycatchers	긴꼬리딱새	
Platylophidae		Crested Jay		
Laniidae	때까치과	Shrikes	때까치	
Corvidae	까마귀과	Crows and Jays	까마귀, 까치, 어치	
Melampittidae		Melampittas		
Corcoracidae		Australian Mudnesters		
Paradisaeidae	극락조과	Birds-of-paradise	극락조	
Callaeidae		New Zealand Wattlebirds		
Notiomystidae		Stitchbird		
Melanocharitidae		Berrypeckers and Longbills		
Cnemophilidae		Satinbirds		

분류군 학명	국문 분류군명	영문 일반명	국문 일반명	비고
Picathartidae		Picathartes		
Eupetidae		Rail-babbler		
Chaetopidae		Rockjumpers		
Petroicidae		Australasian Robins		
Hyliotidae		Hyliotas		
Stenostiridae	요정딱새과	Fairy Flycatcher and allies	요정딱새(회색머리 노랑딱새)	
Paridae	박새과	Tits and Chickadees	박새	
Remizidae	스윈호오목눈이과	Penduline-tits	스윈호오목눈이	
Alaudidae	종다리과	Larks	종다리	
Panuridae	수염오목눈이과	Bearded Reedling	수염오목눈이	
Nicatoridae		Nicators		
Macrosphenidae		Crombecs and allies		
Cisticolidae	개개비사촌과	Cisticolas and allies	개개비사촌	
Acrocephalidae	개개비과	Reed-warblers	개개비	
Pnoepygidae		Cupwings		
Locustellidae	섬개개비과	Grasshopper-warblers and Grassbirds	섬개개비	
Donacobiidae		Donacobius		
Bernieridae		Tetrakas		
Hirundinidae	제비과	Swallows and Martins	제비	
Pycnonotidae	직박구리과	Bulbuls	직박구리	
Phylloscopidae	솔새과	Leaf-warblers	솔새	
Scotocercidae	휘파람새과	Bush-warblers	휘파람새	(현재 휘파람새를 비롯한 이 과의 대부분의 종은 Cettidae로 재분류되었으며 Scotoceridae에는 Streaked bush warbler 1종만 남아 있음)
Aegithalidae	오목눈이과	Long-tailed Tits	오목눈이	
Sylviidae	흰턱딱새과	Old World Warblers and Parrotbills	흰턱딱새, 꼬리치레, 붉은머리오목눈이	(현재 꼬리치레, 붉은머리오목눈이 등 이 과의 일부 종은 붉은머리오목눈이과 (Paradoxornithidae)로 재분류됨)
Zosteropidae	동박새과	White-eyes	동박새	
Timaliidae		Scimitar-babblers and allies		
Pellormeidae		Ground Babblers		
Leiotrichidae	웃는지빠귀과	Laughingthrushes and allies	웃는지빠귀	
Certhiidae	나무발발이과	Treecreepers	나무발발이	
Sittidae	동고비과	Nuthatches	동고비	
Polioptilidae		Gnatcatchers		
Troglodytidae	굴뚝새과	Wrens	굴뚝새	
Cinclidae	물까마귀과	Dippers	물까마귀	
Buphagidae		Oxpeckers		

분류군 학명	국문 분류군명	영문 일반명	국문 일반명	비고
Sturnidae	찌르레기과	Starlings		
Mimidae		Mockingbirds and Thrashers		
Turdidae	지빠귀과	Thrushes	지빠귀	
Muscicapidae	솔딱새과	Old World Flycatchers	솔딱새	
Regulidae	상모솔새과	Kinglets and Firecrests	상모솔새	
Dulidae		Palmchat		
Hypocoliidae		Hypocolius		
Hylocitreidae		Hylocitreas		
Bombycillidae	여새과	Waxwings	여새	
Ptiliogonidae		Silky-flycatchers		
Elachuridae		Elachura		
Promeropidae		Sugarbirds		
Modulatricidae		Spot-throat and allies		
Irenidae		Fairy-bluebirds		
Chloropseidae		Leafbirds		
Dicaeidae		Flowerpeckers		
Nectariniidae	태양새과	Sunbirds	태양새	
Prunellidae	멧종다리과	Accentors	멧종다리, 바위종다리	
Peucedramidae		Olive Warbler		
Urocynchramidae		Przevalski's Rosefinch		
Ploceidae	베짜기새과	Weavers	베짜기새	
Estrildidae		Waxbills		
Viduidae	와이다비레오과	Whydahs and Indigobirds	와이다비레오	
Passeridae	참새과	Old World Sparrows	참새(구대륙)	
Motacillidae	할미새과	Wagtails and Pipits	할미새, 밭종다리	
Fringillidae	되새과	Finches	되새	
Calcariidae	긴발톱멧새과	Longspurs	긴발톱멧새	
Rhodinocichlidae		Thrush-tanager		
Emberizidae	멧새과	Old World Buntings	멧새	
Passerellidae	신대륙멧새과	New World Sparrows	신대륙멧새	
Zeledoniidae		Wren Thrush		
Teretistridae		Cuban Warblers		
Icteridae	나도지빠귀과	New World Blackbirds	나도지빠귀	
Parulidae	미주솔새과	New World Warblers	미주솔새	(Yellow-breasted Chat(*Icteria virens*)가 독립된 과(Icteriidae)로 분리됨.)
Phaenicophilidae		Hispaniolan Tanagers		
Spindalidae		Spindalises		
Nesospingidae		Puerto Rican Tanagers		
Calyptophilidae		Chat-tanagers		
Mitrospingidae		Mitrospingid Tanagers		
Cardinalidae		Cardinals		
Thraupidae	풍금조과	Tanagers	풍금조	

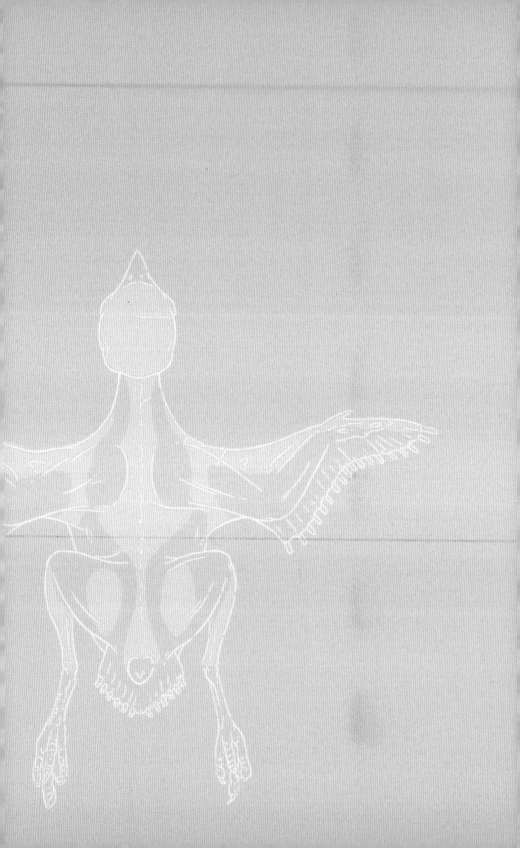

2장

깃털과 비행

"새는 조종사이자 비행기 그 자체이다."

–욘 피델러(John Videler, 2006)

"스스로 나는 새는 얼마든지 높이 올라갈 수 있다."

–윌리엄 블레이크(William Blake, 1793)

비록 조류만의 고유한 특징은 아니지만, 비행과 깃털은 사람들 대부분이 인식하고 있을 정도로 독특한 조류의 특징이다. 이번 장에서 비행을 가능케 하는 깃털을 그 생장, 유지, 깃갈이를 통한 대체까지 자세히 알아보려 한다. 또한 새의 비행에 관련된 해부학적 적응과 비행 과정도 기술할 것이다.

2.1 깃털

한때 깃털은 새를 특징짓는 형질로 여겨졌다. 그러나 이는 최근 현생 조류의 깃털과 구별하기 어려운 공룡의 깃털 화석이 발견되면서 사실이 아닌 것으로 밝혀졌다. 또 깃털이 비행과 밀접하게 연관되어 진화했다는 통념이 있지만, 이 역시 과대포장된 측면이 있다. 현대적인 형태의 깃털은 티라노사우루스의 조상 격인 종처럼 날 수 없는 공룡의 화석에서도 발견된다. 이 중요한 사실에 관해서는 이 장의 마지막에서 다시 논의할 것이다. 여러 종류의 깃털이 효율적인 비행에 적합하도록 진화했다는 점에는 의심의 여지가 없지만, 이 깃털들의 본래 기능은 지금과 매우 달랐을 것이다. 현생 조류에서 깃털은 비행과 방수, 단열에 필수적이다. 깃털은 종종 구애와 경쟁을 위한 의사소통 기능을 하며, 위장을 통한 포식자 회피에 이용된다. 어떤 경우에는 촉각적인 기능도 하는데, 그 예로 일부 충식성 조류와 야행성 조류의 입을 둘러싼 강모가 있다.

날아가기

공룡으로부터 새의 진화, 21쪽(1.3 현생 조류의 진화)

2.1.1 깃털의 종류

깃털이라고 하면 전형적인 이미지가 떠오른다(아마 중세 필경사의 깃펜과 비슷할 것이다). 하지만 시간을 들여 지금껏 경험했던 모든 깃털 종류를 떠올린다면, 그 다양성은 당신을 압도할 수도 있다. 깃털의 종류는 몇몇 솔딱새류의 부리 주위에 있는 외가닥 털(강모)에서 수컷 인도공작(*Pavo cristatus*)의 화려한 장식 꼬리깃, 추운 날씨에 탐조를 나가는 당신을 따뜻하게 지켜주는 겉옷 속에 가득 찬 푹신한 솜털에 이르기까지 매우 다양하다. 이 책은 조류학의 가장 기초적인 내용들을 소개하는 것을 목표로 하므로, 이 엄청나게 다양한 깃털을 가장 기본적인 두 종류, 바로 겉깃과 솜털로 단순화하여 논의할 것이다.

2.1.2 겉깃

겉깃은 새의 외부 윤곽을 이루는 깃털을 통칭한다. 겉깃에는 꼬리깃, 날개깃, 몸깃 그리고 강모가 포함된다. 강모는 크게 변형된 깃털로서, 포유류의 털과 대단히 비슷한 형태를 가지며, 새의 머리 주위에서 종종 관찰할 수 있다. 다양한 깃털의 분포 범위와 배열은 그림 2.1에, 전형적인 깃털의 구조는 그림 2.2에 나타나 있다.

전형적인 겉깃은 깃촉(bare quill)에 기초를 둔다. 깃촉은 깃털낭(feather follicle)에 박혀 있으며 새의 몸에 부착된다. 깃촉은 흔히 길게 확장되어 깃털의 중심축(central shaft)을 이루는데, 일반적으로 이를 깃축(rachis)이라고 한다. 강모 등 털 형태의 깃털을 제외한 대부분의 겉깃은 깃축의 양쪽으로 깃털의 날에 해당하는 두 깃판(vane)이 자리잡고 있다. 깃판은 깃축에서 뻗어 나와 마주보고 늘어선 두 줄의 깃가지(barb)들로 이루어져 있으며, 다시 이 깃가지들에는 서로 평행하게 뻗어 나온 두 줄의 작은깃가지(barbule)들이 자리잡고 있다.

작은깃가지들은 벨크로와 같이 서로 결합할 수 있는 구조인데, 이 구조로 말미암아 깃판은 납작한 판과 같은 특징을 가지게 된다. 특히 깃가지에서 뻗어 나와 깃털의 끝 방향을 향하는 작은깃가지들(먼쪽 작은깃가지)은 갈고리가 빗과 같이 배열된 구조로, 이는 인접한 뒤쪽을 향한 깃가지(몸쪽 작은깃가지)의 돌출부와 결합하게 된다. 대부분의 깃털에는 깃촉에 가까운 기부의 깃판에 작은깃가지가 없는 부분이 있어 푹신하다고 할 수 있는 성긴 구조를 가진다. 이러한 성긴 구조를 가진 깃판 혹은 깃판의 영역

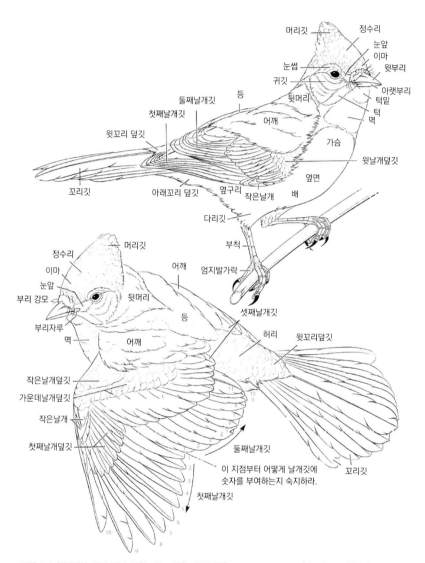

머리깃   정수리

눈앞
이마
눈썹   윗부리
귀깃
뒷머리   아랫부리
턱밑
턱
멱

둘째날개깃   등
첫째날개깃   어깨
윗꼬리 덮깃   가슴
윗날개덮깃

꼬리깃   옆면
아래꼬리 덮깃   배
옆구리   작은날개

다리깃
부척
엄지발가락

정수리   머리깃
이마   어깨
눈앞
부리 강모   뒷머리
부리자루   등
멱   어깨
셋째날개깃
작은날개덮깃   허리   윗꼬리덮깃
가운데날개덮깃
작은날개
첫째날개덮깃   꼬리깃
둘째날개깃
이 지점부터 어떻게 날개깃에
숫자를 부여하는지 숙지하라.
첫째날개깃

그림 2.1 일반적인 새의 외부 명칭. 위 그림은 파랑어치(*Cyanocitta cristata*)를 예로 표현했다. Proctor, N.S. and Lynch, P.J. (1993) *Manual of Ornithology: Avian structure and Function*. Yale University Press, New Haven.에서 가져왔다.

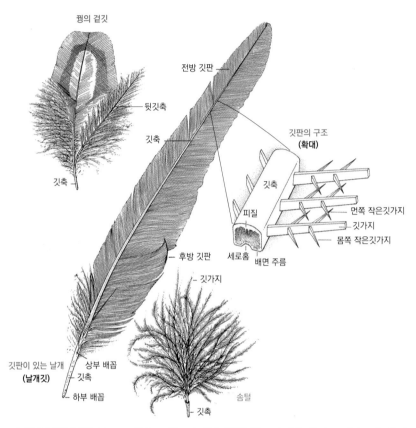

꿩의 겉깃

전방 깃판

뒷깃축

깃축

깃축

깃판의 구조
(확대)

깃축

먼쪽 작은깃가지

피질

깃가지

후방 깃판

세로홈

몸쪽 작은깃가지

배면 주름

깃가지

깃판이 있는 날개
(날개깃)

상부 배꼽

깃촉

하부 배꼽

솜털

깃촉

깃촉

그림 2.2 깃털의 구조. Proctor, N.S. and Lynch, P.J. (1993) *Manual of Ornithology: Avian structure and Function*. Yale University Press, New Haven.에서 가져왔다.

을 일반적으로 솜털부위라고 하며, 반대로 단단히 결합된 판 구조의 깃판을 깃판부위라고 한다. 단단한 깃판 구조는 깃털의 강도를 높인다. 그러므로 외측 깃들은 가볍지만 바람, 물 그리고 마모에 상대적으로 강한 갑옷이 된다. 또한 바깥쪽 날개의 깃판들은 서로 겹쳐져 비행에 꼭 필요한 안정된 에어로포일[13]을 만든다. 딱다구리류와 나무발발이류와 같이 나무를 오르는 종들은 강한 꼬리깃 깃축이 있어 나무줄기를 오를 때 꼬리로 몸을 지지할 수 있다. 털깃(filoplume)은 특별한 겉깃 형태 중 하나로, 다소 비전형적인 구조로 되어 있다. 이 깃털은 깃축이 거의 노출되어 있으며 깃털 끝에만 조그마한 솜털 같은 깃판이 있을 뿐이다. 이 깃털은 다른 깃털보다 돌출되어 바람의 움직임과 깃털의 정렬 상태에 관한 감각 정보를 수용하는 데 중요한 역할을 한다(기부에 있는 움직임 감지 세포로 이를 감지한다).

2.1.3 솜털과 반깃

솜털(down feather)과 반깃(semiplumes, 겉깃과 솜털의 중간 단계로 분류할 수 있다)에는 깃촉, 깃축 그리고 겉깃과 비슷한 깃판 구조가 있지만 깃축은 대체로 짧으며[14] 깃판은 모두 솜털 형태이다. 이 때문에 이 깃털들은 전형적인 깃털보다는 솜뭉치와 더 닮았다. 이 깃털들은 새끼새를 뒤덮이 훌륭한 단열 효과를 제공하며, 어떤 경우 동종포식에 대한 약간의 방어 기능을 한다. 예를 들어 몇몇 무리에서는 갓 태어나 깃털이 젖어 있는 갈매기류 새끼새를 종종 이웃한 성조가 통째로 삼킨다. 하지만 이들이 모두 마르면 깃털 때문에 삼키기 어려워 동종포식률이 감소한다.

성조에서 솜털과 반깃은 대부분 겉깃 밑에 위치해 마찬가지로 단열 기능을 하며, 물새류의 경우에는 부력을 키우는 역할도 한다. 흥미롭게도 북

---

13 aerofoil. 유선형의 단면을 가진 구조로 양력을 형성한다.
14 솜털은 깃축이 거의 없지만, 반깃은 깃축이 있는 경우가 많다.

방 삼림에 서식하는 홍방울새(*Carduelis flammea*)처럼 계절적인 기온 등락을 겪는 종에서는 종종 가을 깃갈이 직후에 더 많은 솜털이 자라나 추운 계절을 견디기 위한 추가 보온 기능을 한다. 이 깃털들은 마모되어 없어지거나, 보온 기능을 줄여야 하는 봄·여름 시기가 오면서 없어지는 것으로 보인다.

솜털의 특별한 종류 중 하나로 가루솜털(powderdown feather)이 있다. 이 깃털은 계속 자라지만 동시에 말단 부분이 끊임없이 부서지면서 깃털 왁스로 이루어진 가루를 생산하기 때문에 '가루솜털'이라고 불린다. 이 가루는 깃털의 방수 유지 기능을 한다고 추정된다.

🦅 **날아가기**

포식압이 높은 환경에서 어린새의 조잡한 깃털은 투자할 만한 가치가 있다. 206쪽(박스 4.4)

2.2 깃털 구역

새들을 일상에서 관찰해 보면 몸 전체에 깃털이 고르게 분포한다고 추정하기 쉽다. 무엇보다 깃털 없이 드러나 있는 다리와 부리, 눈 주위를 제외한 어떠한 피부도 보통 밖에서 보이지 않는다. 그러나 새들의 모습이 '깃털로 뒤덮인 피부'라는 압도적인 인상을 줌에도 불구하고, 사람의 두피에 모낭이 분포하는 방식으로 깃털이 모든 피부에 균등히 분포한다는 생각은 대체로 틀렸다. 매우 드물게 이러한 통념과 같은 균등한 깃털 배치가 나타나기도 하는데, 그 예로는 펭귄과 타조가 있다. 하지만 거의 모든 조류에서 깃털낭은 깃털 구역(feather tract, pterylae)이라고 하는 한정된 피부 부위에 제한되어 분포하며, 이는 깃털이 없는 피부 부위들에 의해 서로 분리되어 있다. 그림 2.3은 전형적인 명금류(Passerine)의 깃털 구역을, 그림 2.4는 유럽방울새(*Carduelis chloris*[15])의 깃털 구역을 보여준다.

각각의 깃털은 깃털 구역을 따라 깃털낭을 구성하는 여러 특화된 피부 세포로부터 자라게 된다. 이 깃털낭은 표피와 진피가 두꺼워진 기원판(placode)에서 시작하여, 깃털눈(feather germ, feather bud) 주위 피부가 동시에 돌출하여 이른바 '닭살' 같은 형태를 가지게 된다. 이후 그 기부에서 세포들이 증식하면서 괸 모양의 원깃털(proto-feather)이 위쪽으로 자라기 시작한다. 깃털눈 중앙에 있는 진피층 조직은 깃털이 성장할 때 필요한 영양소와 고유한 색을 내는 색소를 공급한다. 깃털눈이 길어지면서 관 모양의 원깃털을 구성하는 세포가 분화하기 시작하여 바깥쪽 세포는 새로 자라는 깃털을 보호하는 깃집(sheath)이 되고, 안쪽 세포는 성숙한 깃털에서 깃가지를 형성하게 될 깃가지 돌기(barb ridge)가 된다. 마침내 깃털은 깃

---

15 현재는 *Chloris chloris*로 기록하고 있다.

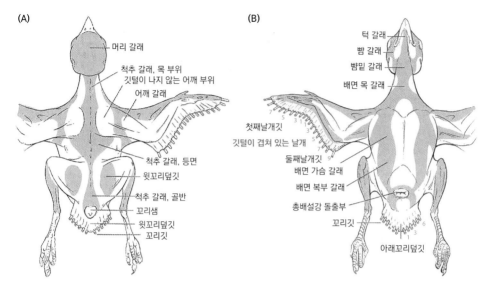

(A)

머리 갈래

척추 갈래, 목 부위
깃털이 나지 않는 어깨 부위
어깨 갈래

척추 갈래, 등면

윗꼬리덮깃

척추 갈래, 골반
꼬리샘
윗꼬리덮깃
꼬리깃

(B)

턱 갈래
뺨 갈래
뺨밑 갈래
배면 목 갈래

첫째날개깃
깃털이 겹쳐 있는 날개

둘째날개깃
배면 가슴 갈래
배면 복부 갈래
총배설강 돌출부

꼬리깃
아래꼬리덮깃

그림 2.3 등 쪽(A)과 배 쪽(B)에서 본 전형적인 명금류의 깃털 구역. Proctor, N.S. and Lynch, P.J. (1993) *Manual of Ornithology: Avian structure and Function*. Yale University Press, New Haven.에서 가져 왔다.

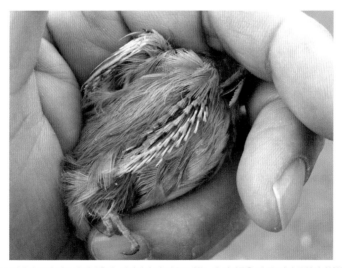

그림 2.4 깃갈이 중인 성조 유럽방울새. 깃집에서 갓 나오고 있는 새 겉깃들은 배 쪽 깃털 구역의 위치를 명확 히 보여준다. © Peter Dunn

집에서 나와 최종 형태로 펼쳐진다. 첫째날개깃의 뻣뻣함이나 솜털의 부드러움 같은 깃털의 종류별 성질은 깃털을 구성하는 단백질의 서로 다른 조합(대체로 각질로 구성된 베타단백질을 필두로 케라틴과 히스티딘이 많은 단백질들의 조합)에 의해 만들어진다. 닭의 유전자를 분석한 결과 이 단백질들을 형성하는 데 130여 개의 서로 다른 유전자가 관여하는 것으로 나타났다. 예를 들어 부드러운 겉깃을 이루는 베타단백질은 25번 염색체에 있는 13개의 FCbetaPs 유전자의 산물인 반면, 단단한 날개깃을 이루는 베타단백질은 2번 염색체에 있는 다른 13개의 FCbetaPs 유전자의 산물이다. 이러한 유전자들은 깃털이 처음 자랄 때 활성화된 후, 깃갈이 시기마다 다시 활성화되어 새로운 깃털이 돋아나는 데 관여한다.

주요 참고문헌

Aibardi, L. (2017) Review: cornification, morphogenesis and evolution of feathers. *Protoplasma* 254, 1259-1281.

Prum, R.O. (1999) Development and evolutionary origin of feathers. *Journal of Experimental Zoology* 285, 291-306.

2.3 깃털색

새는 가장 다채로운 색을 보유한 척추동물로 알려져 있는데, 이러한 평가의 일등 공신은 어마어마하게 다양한 깃털의 색깔일 것이다. 흰색, 녹색, 푸른색 같은 색들은 빛을 반사하는 깃털 구조 때문에 발생한다. 예를 들어 벌새과(Trochillidae)와 찌르레기과(Sturnidae)의 무지갯빛 광택은 반사 색소 과립과 깃털 케라틴의 복잡한 층상 패턴, 관찰자가 새를 바라보는 각도 등이 상호작용하여 만들어진다. 최근 발견된 화석 기록에 따르면 4개의 날개를 가진 미크로랍토르(*Microraptor gui*)를 비롯해 현생 조류의 공룡 조상들이 가진 깃털에서도 이러한 구조색이 나타났다.

갈색, 검은색, 노란색과 붉은색 같은 색들은 깃털이 함유한 색소 때문에 나타난다. 검은색, 갈색, 회색은 아미노산 중 하나인 타이로신(tyrosine)이 산화하면서 조류의 체내에서 합성되는 색소인 멜라닌(구체적으로 유멜라닌(eumelanin)과 페노멜라닌(phenomelanin)) 때문에 나타난다. 어두운 깃털은 밝은 깃털보다 많은 멜라닌을 함유한다. 흰색을 띠는 새들도 날개 끝은 멜라닌이 많고 검은색을 띠는 경우가 많은데, 이는 멜라닌 색소가 깃털을 단단하게 만드는 추가적인 케라틴 축적과 연관되어 있기 때문이다. 날개 끝부분이 단단하지 않다면 더 빨리 마모될 것이며, 이는 곧 비행 효율성 저하로 이어질 것이다.

투라코류의 붉은색, 적갈색 그리고 녹색은 포르피린, 구체적으로는 투라코베라딘(turacoveradin, 녹색), 우로포르피린(uroporphyrin, 붉은색) 그리고 코프로포르피린(coproporphyrin III, 적갈색)에서 유래한다. 포르피린 역시 조류의 체내에서 합성된다. 이는 헤모글로빈의 분해 산물로 간에서 생성된다. 새들은 노란색과 밝은 붉은색 색소(주로 루테인(lutein)과 카로티노이드(carotenoid))를 스스로 합성할 수 없으며, 먹이를 통해 주변 환경에서 이 색소들을 섭취한다. 5장에서 살펴보겠지만, 노란색과 붉은색은 종종 조류의 장식깃에서 두드러지게 나타나는데, 아마 이 색소들이 수컷의 우수함을 드러내는 신호로 기능하기 때문일 것이다.

🕊 날아가기

깃털색, 수컷의 경쟁력과 성선택. 225쪽(5.3 구애행동과 짝 선택)

2.4 깃털의 손상

자라고 있는 깃털에는 혈관도 있고, 다 자란 깃털은 피부 밑 근육을 이용하여 움직일 수도 있지만, 깃털 자체는 재생할 수 없는 죽은(비활성) 조직이다. 깃털은 새들이 싸우거나, 포식자 또는 사냥감과 맞닥뜨렸을 때 손상될 수 있다. 또 깃털은 새들이 몸을 다른 새 또는 어떤 물체에 문지를 때 마모된다(손으로 들장미 혹은 블랙베리 가시덤불을 쓱 쓸어 보고, 그 속에 둥지를 짓는 새들이 겪어야 할 손상을 상상해 보라!). 그림 2.5는 가시덤불에서 여름을 보내고, 번식 후 깃갈이에 들어가기 직전 채집된 흰턱딱새(*Sylvia communis*)의 극심한 꼬리깃 마모 상태를 보여준다. 깃털은 자외선이 케라틴의 물리적 구조를 바꾸는 광화학적 과정을 통해 서서히 분해될 수 있으며, 수많은 세균, 진균 외에도 진드기나 이 등 외부기생충의 공격에 노출되어 있다. 그러나 깃털 마모를 이용해 이득을 얻는 새도 있는데,

그림 2.5 흰턱딱새의 마모된 꼬리깃. © Peter Dunn

이에 관해서는 박스 2.1에서 논의한다.

깃털에 끊임없는 압력이 가해짐에도 불구하고 왜 모든 새들이 이 방면으로 유명한 물닭(*Fulica atra*)처럼 피부가 드러나지 않을까! 새들은 깃털 손상과 마모의 영향을 최소화하기 위해 깃털 관리 행동을 자주 한다. 이는 당연하게도 깃털이 생존에 반드시 필요하기 때문이다. 또 새는 주기적으로 모든 깃털을 떨어뜨리고 새 깃으로 대체하는데, 이 과정을 깃갈이(moult)라고 한다.

[박스 2.1] 깃털 마모에서 이득 취하기

깃털 마모는 주기적인 깃 교체를 강제하기 때문에 보통 부정적으로 여기지만 깃털 마모를 통해 오히려 이득을 얻는 종도 많다.

나는 영국에서 유럽딱새(*Phoenicurus phoenicurus*)를 가을 남하 이동 시기에 가락지 부착을 위해 잡을 때 이들의 수수함에 당황하곤 한다. 번식기 수컷 성조 유럽딱새는 붉은 꼬리, 밝은 주황색 혹은 붉은색의 가슴, 광택을 띤 검은 얼굴과 턱밑, 청회색 정수리와 뒷머리로 화려함을 자랑한다. 그러나 가을에 이 새들은…. 그저 수수하다. 혼인색의 완화된 형태임이 분명하지만, 그 위에 베이지색을 더한 모습인데, 탐조인들은

그림 2.6 봄철에 수컷 유럽딱새는 멱이 광택을 띤 검은색이고, 정수리는 회색이며, 가슴은 녹슨 듯한 붉은색이다(A: © Ian Grier). 이 새는 키프로스에서 잡혀 가락지가 부착되었으며 유럽으로 북상 이동 중이었던 것으로 추정된다. 다른 쪽의 수컷은 영국에서 가을 남하 이동 중에 잡혔으며 깃갈이를 갓 마친 새에서 전형적으로 나타나는 수수한 깃을 보여준다(B: © Peter Dunn).

이를 두고 '가루를 뿌렸다'고 말하기도 한다. 그림 2.6은 두 깃의 차이를 보여준다.

　나도 처음에는 이 깃이 사하라 이남 아프리카 지역의 월동지에서 깃갈이를 통해 교체할 비번식깃이라고 생각했음을 고백한다. 그러나 점차 경험을 쌓고, 추론이 아닌 관련 자료에 의지하면서, 이 생각이 틀렸음을 알게 되었다. 이 종의 성조는 번식기가 끝난 후 영국에서 완전깃갈이를 하고 가을 이동을 시작하며, 이듬해 봄 바로 그 깃털 그대로 번식지로 돌아온다. 그렇다면 어떻게 이 새들의 색이 선명해지는 걸까? 당신이 가을 이동 시기에 이 새를 유심히 관찰한다면 이 새의 얼굴깃이 기본적으로 광택이 있는 검은색이지만, 깃 끝은 그렇지 않다는 사실을 확인할 수 있을 것이다. 깃털의 가장자리에 색이 옅은 부분이 있는데, 이는 새들이 베이지색 가루를 뿌린 듯한 모습으로 보이는 이유이다. 이러한 가장자리 부분은 그 아래 검은색 부분보다 마모에 약하다. 이는 가장자리 부분의 멜라닌 함량이 적기 때문일 수도 있다. 따라서 깃털 가장자리는 월동 중에 마모되어 없어진다. 몸 전체에서 이러한 마모가 일어나기 때문에, 번식기에 가까워질 때 새는 선명한 번식깃을 가질 수 있다. 이런 식으로 유럽딱새는 깃갈이에 시간과 에너지를 많이 소비할 필요 없이 최상의 상태에서 봄을 맞이하여 바로 짝을 유혹하는 중대사에 돌입하면서 겸사겸사 나 같은 탐조인들도 사랑에 빠지게 하는 것이다.

2.5 깃털 관리

깃털을 구성하는 케라틴은 가장 강하고 내구성 있는 생물 재료 중 하나이다. 이 특성은 새들이 탄력 있는 깃털을 갖게 된다는 점에서는 좋지만, 다른 관점으로 보면 문제가 될 수 있다. 아주 흔히 발생하는 예로, 깃털을 잘못 정리했을 경우 깃털들이 주변의 깃털들과 서로 마찰되어 더 빠르게 마모될 수 있다. 그러므로 새들은 가장 기본적인 깃털 관리를 위해 정기적으로 깃털고르기(preening)를 한다. 깃털을 고를 때 새들은 깃털을 부리로 쓰다듬어 제자리에 반듯하게 위치시킨다. 이 행동에는 두 가지 효과가 있는데, 하나는 깃털을 다시 제자리로 보내는 것이고, 다른 하나는 서로 분리된 갈고리와 작은깃가지들을 다시 붙여 잠그는 것이다(이 과정은 벨크로를 반듯이 펴서 붙이는 과정과 비슷하다).

새들은 종종 깃털을 쓰다듬기 전에 부리로 꼬리샘을 문질러 깃털고르기의 효과를 높인다. 꼬리샘은 등 뒤쪽, 꼬리 바로 위에 있다(그림 2.3 A). 이 분비샘은 깃털의 물리적 질을 유지하고 세균과 진균 군집을 관리하는 데 사용하는 기름을 분비한다. 잠수성 조류들의 꼬리샘은 특히 크게 발달하며, 여기에서 분비되는 기름은 깃털 방수에 매우 중요하다. 그림 2.7은 앉아 부지런히 깃털을 고르는 새의 모습을 보여준다. 깃털고르기를 통해 이 새는 먼지 조각을 털어내고, 깃털에 기생하는 진드기와 이는 물론, 벼룩과 이파리(Hippoboscid fly)와 같이 새의 몸에 기생하는 외부기생충을 제거할 수 있다.

비슷하게 모래목욕 또는 물목욕, (부리나 발로) 긁기 그리고 몸 흔들기는 깃털의 재배열에도 물론 유용하지만 주된 목적은 기생생물을 비롯한 다른 생물을 물리적으로 제거하는 것일 수 있다. 햇볕쬐기(해가 나와 있을 때, 깃털을 바깥쪽으로 세운 채 엎드리거나 날개를 펼치고 서는 행동)도

외부기생생물을 줄이는 기능을 할 것이다. 하지만 가장 흥미로운 깃털 관리 행동이 개미목욕과 연기쐬기라는 점에는 의심의 여지가 없다. 후자의 경우 나는 종종 서부갈까마귀(*Corvus monedula*)가 굴뚝 테두리에 앉아 두 날개를 번갈아 펼치면서 불구덩이에서 올라오는 연기를 쐬는 모습을 흥미롭게 관찰한 적이 있다. 연기가 새에게서 기생생물을 제거한다고 추정된다. 연기의 불쾌한 잔여물들이 깃털진드기의 활동을 저해하는 코팅으로 기능하는지도 모른다. 개미목욕을 할 때 새들은 개미 떼 위에 앉아 개미들이 깃털과 몸에 기어오를 수 있도록 하는데, 이때 개미들이 기생생물을 떼어내 제거한다고 추정된다. 새들은 능동적으로 특정 종의 개미를 골라 깃털에 문지를 때도 있는데, 이는 개미가 생산하는 화학물질을 기생생물 퇴치제로 이용하는 행동으로 여겨진다.

그림 2.7 민물도요(*Calidris alpina*)와 같은 새들은 상당한 시간을 정성스레 깃털을 고르는 데 소비한다. © Ian Grier

2.6 깃갈이

깃갈이는 모낭에서 새로운 깃털이 나오기 시작하면서 그 위에 자리 잡은 오래된 깃털을 밀어낼 때 일어난다. 새로운 깃털을 생산하는 일은 물질적으로 큰 비용이 든다. 깃털이 자랄 때 자원이 부족하면 어떤 결과가 나타나는 지는 이제 막 깃털이 자라나기 시작해서 아직 어린새깃을 가진 참새목 조류에서 종종 관찰할 수 있다. 어떤 새들의 꼬리깃을 자세히 살펴보면 꼬리깃 깃판에 횡으로 이어진 한 줄의 선을 쉽게 관찰할 수 있는데, 이것이 바로 깃털성장선(fault-bar)이다(그림 2.8). 깃털성장선은 자원이 부족한 시기를 거치면서 형성된 구조적으로 약한 부분에 해당한다. 이 부분은 어쩌면 부모새가 새끼에게 먹이를 충분히 먹일 수 없었던 유난히 날씨가 궂은 날에 자랐을 것이다. 깃털성장선의 폭은 자원이 부족했던 기간을 알 수 있는 척도이며, 새끼새의 경우 모든 꼬리깃이 동시에 자라기 때

그림 2.8 푸른머리되새(*Fringilla coelebs*) 꼬리깃의 명확한 깃털성장선. 꼬리깃에서 보이는 이 선을 통해 이 새가 어린새임을 알 수 있으며, 둥지에서 꼬리깃들이 같은 속도로 자랐음을 알 수 있다. 오른쪽 꼬리깃 3개에서는 깃털성장선이 보이지 않는데, 이는 이 깃털들이 최근 대체되었음을 알 수 있다. © Peter Dunn

문에 깃털성장선이 선을 이루게 된다. 어린새는 짧은 시간 안에 깃을 모두 갖추어야 하기 때문에 대체로 성조보다 깃털의 질이 낮다. 그러므로 이소 후 얼마 지나지 않아 어린새깃 전체 혹은 대부분을 바꾸는 '어린새 전체깃갈이(post-juvenile moult)'를 흔히 관찰할 수 있다. 새들은 이 깃갈이에서 위장색이나 성조와의 경쟁을 피할 수 있는 색을 지닌 깃을 버리고 그 종의 성조가 지닌 전형적인 색의 깃으로 바꾸기도 한다. 어린 꼬까울새(*Erithacus rubecula*)는 태어난 영역을 떠나 분산하기 전까지 가슴이 붉지 않다. 성조 꼬까울새는 무엇이든 붉은 것이면 공격하려 들기 때문에, 어린새의 이러한 깃갈이 전략은 도움이 된다.

깃털성장선은 성조깃으로 깃갈이를 완료한 새의 꼬리깃에서도 가끔 나타나지만 대체로 깃털 한두 개에서만 나타날 뿐 꼬리깃을 횡으로 가로지르는 선으로 나타나지 않는다. 이는 대다수의 종에서 성조가 깃갈이할 때 꼬리깃을 중앙에서 바깥쪽 순서로 짝을 이뤄 교체하기 때문이다. 성조들은 대부분 이러한 방식을 통해 깃털을 만들어내는 데 드는 물질적 비용을 분산하고 기체 역학적 효율성을 유지할 수 있다(그림 2.9). 또 깃갈이 과정에서 깃털의 기능이 저하되거나 평소처럼 작동하지 못하게 된다는 점에서도 비용이 발생한다. 꼬리깃과 날개깃에서 깃털 간 간격이 벌어진 새는 비행 효율성이 낮을 수밖에 없으며, 먹이를 찾거나 포식자를 피할 때 불리해질 수 있다. 이는 깃갈이 중인 새들이 몸을 숨기거나, 활동을 줄이거나, 특정한 지역으로 이동해서 깃갈이를 하는 이유가 될 수 있다.

🪶 날아가기

무리 짓기는 효과적인 반포식 전략이다. 295쪽(6.4 포식자 회피)

이러한 현상의 극단적인 사례로 연례적으로 깃갈이를 하는 일부 기러기목(오리, 고니 및 기러기)에서 날지 못하는 새들이 번식지나 인근 지역

그림 2.9 흰점찌르레기(*Sturnus vulgaris*)의 날개깃 깃갈이 사례. 이 새는 늦여름에 가락지 부착을 위해 포획되었으며 갈색 어린새깃에서 화려한 성조깃으로 깃갈이 중이다. 그림 2.1에서 설명된 숫자 부여 규칙을 적용할 때, 날개깃은 P1부터 시작하여 탈락 및 교체되며, 이 경우 깃털 3개(P1, P2, P3)가 새깃(더 어두움)으로 교체되었다. 깃털 1개(P4)는 소실되었으며 P5~P9(오래된 갈색 깃털)은 잘 보이지만 작은 크기의 P10은 보이지 않는다. 둘째날개깃의 깃갈이는 아직 시작되지 않았다.[16] © Graham Scott

에서 크게 무리를 이루는 경우가 있다. 이 새들은 번식기가 끝나고 이동을 시작하기 전 몇 주 동안 날 수 없는 상태가 된다(성조들이 비행을 재개하는 시기는 함께 있는 어린새들이 날 수 있게 되는 시기와 일치하는 경우가 많다). 아마도 무리를 이룸으로써 그들이 마주한 포식 위험을 줄이는 듯하다. 작은호사오리(*Polysticta stelleri*)와 같은 일부 해양성 오리들은 강 하구와 먼바다에 번식 후 무리(post-breeding flocks)를 이루는데, 수십만 마리에 이르는 날지 못하는 새들이 깃갈이를 완료하기 위해 이 무리로 모여든다. 어떤 종들은 깃갈이의 영향을 최소화하기 위한 행동을 발달시켰는데, 이에 관해서는 박스 2.2를 참조하길 바란다.

---

16 Pn은 n번째 첫째날개깃을 뜻한다.

새의 날개는 비행 시 양력(lift)과 추력(thrust)을 동시에 형성하는 에어로포일 (aerofoil) 기능을 한다. 새들은 비행 효율성을 위해 날개 비율에 맞추어 체중을 최적화한다고 알려져 있다. 날개를 여러 방법으로 조작한 후 새들이 날 수 있는지 없는지 알아보는 실험이 수없이 수행되었는데, 이 실험들은 깃털 제거, 깃털 자르기, 심지어는 전피막(날개뼈와 나란히 있는 피부 부위로 날개깃이 붙어 있다)을 분리하는 외과 수술 등을 이용해 날개를 변형했다. 이러한 '훼손' 실험의 결과로 예를 들어 비둘기가 바람 없는 실험실 조건에서 전체 날개의 절반 정도만이 온전한 상태에서도 날 수 있다는 사실을 알 수 있었다. 그러나 이러한 연구들은 깃갈이와 같은 자연적인 날개 면적 감소가 미치는 실제 영향에 관해서는 많은 것을 설명하지 못했다. 그동안 깃갈이 중인 새들은 어느 정도 비행 능력이 감소하여 먹이를 찾을 때나 포식자를 피할 때 어려움을 겪을 것이라는 의견이 제시되어 왔다. 그렇다면 우리는 자연선택이 이 문제에 대한 답을 찾았기를 기대할 수 있을 것이다. 후안 세너(Joan Senar)와 동료들은 놀랍도록 기발한 실험을 통해 노랑배박새(*Parus major*)가 실험적인 깃갈이 상황에서 어떻게 비행 효율성을 유지하는지 보여주었다. 그들의 실험은 야외에서 진행되었고, 새들에게 어떠한 훼손도 가하지 않았기 때문에 더욱 주목할 만하다.

연구자들은 야생 노랑배박새들을 붙잡아 A와 B 두 그룹으로 나누었다. 이들은 A그룹 새들의 P5, P6, P7(바깥날개 중앙에 위치하는 깃털들이다)을 이어붙여 날개 면적의 8%를 감소시켰다. 이는 이 종에서 깃갈이 중에 나타나는 전형적인 감소율에 해당한다. 이때 연구자들은 B그룹의 새들에게는 아무것도 하지 않았다. 모든 새들은 체중을 측정한 뒤 풀려났다. 2주 뒤 연구자들은 다시 새들을 붙잡아 체중을 측정했다. 이때 연구자들은 A그룹 새들에 붙였던 테이프는 떼어내고, 대신 B그룹 새들의 P5, P6, P7에 테이프를 붙여 놓아주었다. 그리고 다시 2주 후 이 새들을 세번째로 붙잡았다. 새들은 다시 체중을 측정한 후, 모든 테이프를 제거한 상태로 풀려났다.

가을이 가까워지자 B 그룹의 새들은 이 종의 일반적인 전략에 맞게 최초의 포획 이후 체중이 증가했지만, 테이프를 붙인 A그룹은 그렇지 않았다(그림 2.10). 두번째 포획 이후 A그룹(이제 테이프를 붙이지 않았다)의 새들은 일반적인 가을철 수준까지 체중이 증가했다. 하지만 새로 테이프를 붙인 B그룹 새들은 놀랍게도 체중이 감소했다.

이러한 결과는 새들이 전략적으로 날개 면적의 변화에 따라 체중을 조절해 최적의 날개 면적과 체중 비율을 유지한다는 증거이다.

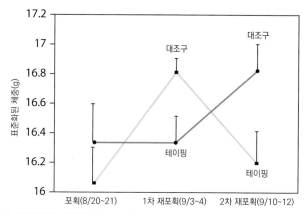

그림 2.10 실험적으로 비행 효율을 감소시킨 새들은 체중을 조절함으로써 이를 보상했다. Senar, J.C., Domènech, J., and Uribe, F. (2001) Great tits (*Parus major*) reduce body mass in response to wing area reduction: a field experiment, *Behavioral Ecology*, 13(6), 725-727. 에서 가져왔으며 Oxford University Press의 허가를 받았다.

2.6.1 깃갈이 전략

앞서 살펴보았듯이 마모되고 손상된 깃을 새깃으로 교체하는 깃갈이는 새들에게 반드시 필요하다. 한 발짝 더 나아가 어떤 종들은 특정 생애 주기에 적합한 모습으로 바꾸기 위해 깃갈이를 활용한다. 예를 들어 오리나 멧새처럼 다양한 종들의 수컷은 해마다 모든 혹은 일부 깃을 깃갈이하여 비번식깃(변환깃)을 번식깃으로 갈아입고 그 반대로도 갈아입는다. 그리고 뇌조(*Logopus muta*)와 같은 산림성, 고산성 조류는 깃갈이를 통해 위장을 위한 흰색 겨울깃을 입고, 또 벗는다.

어떤 종이든 그 종이 가진 특정한 깃갈이 전략은 한정된 자원이나 적정 이동 시기까지 남아있는 시간, 번식과 깃갈이에 자원을 분배해야 할 필요가 있는 등 어떠한 압력이 작용하여 그에 적응하는 반응으로 채택되었을 가능성이 크다. 몇몇, 특히 고위도에 사는 종들은 남아도는 풍부한 자원과 길어진 낮 길이를 이용해 번식과 깃갈이를 동시에 진행한다. 예를 들어 북극흰갈매기(*Pagophila eburnea*)는 알을 낳기 전에 깃갈이를 시작하고, 알래스카의 흰갈매기(*Larus hyperboreus*) 개체군은 포란 도중 깃갈이를 진행한다. 열대 지방에서는 성조의 깃갈이 시작 시기와 번식기 후반부가 겹치기도 하는데, 이는 드문드문 분포하는 먹이에 대한 강한 경쟁으로 인해 양육 기간이 길어진 결과일수 있다. 작은 새들의 깃갈이는 더 큰 새들의 깃갈이보다 빨리 끝나는 경향이 있으며, 일부 대형 종은 다음 깃갈이 주기와 겹쳐 일 년 내내 깃갈이가 진행되는 경우도 있다. 다만 이런 경우에도 특정 시기에만 깃갈이를 하거나 아예 중단하는 경우가 있다. 어떤 종들은 이동 시기에 맞춰서 깃갈이를 한다(박스 2.3).

[박스 2.3] 솔새류의 깃갈이 전략

여러 종의 솔새들은 해마다 유럽 북부의 번식지와 아프리카의 월동지를 오간다. 종마다 깃갈이 시기나 순서, 깃털을 교체하는 정도는 다르지만, 모든 종은 이동의 필요성에 따라 깃갈이 전략을 선택한다.

*Sylvia*속 흰턱딱새류[17] 중에서 비교적 정주성(定住性)이 강한 종들은 먼 거리로 이동하는 종들보다 번식 후 깃갈이에 긴 시간을 소비하는 경향이 있다. 한 예로 검은머리흰턱딱새(*Sylvia atricapilla*) 텃새 개체군의 경우 깃갈이를 완료하는 데 80일 정도가 소요되는 반면, 영국의 이동성 개체군은 그 절반 만에 깃갈이를 마쳤다. 대부분의

---

17 흰턱딱새과(Sylviidae)는 붉은머리오목눈이과(Paradoxornithidae)와 함께 전통적으로 솔새류(Old World Warbler) 그룹으로 분류했으나 계통분류학 연구에 따르면 솔새류와 연관이 없으며 직박구리과(Pycnonotidae), 동박새과(Zosteropidae) 등과 더 가까운 웃는지빠귀(Babbler) 그룹으로 분류된다. 즉 본문 내용과 달리 *Sylvia*속 새들은 솔새류가 아니다. 이를 반영하여 본문의 *Sylvia* warblers를 *Sylvia*속 흰턱딱새류로 번역했다.

Sylvia속 흰턱딱새들은 번식지나 그 가까운 곳에서 깃갈이를 완료하지만, 장거리 이동을 하는 일부 종은 깃갈이를 이동 전에 시작하고, 중단했다가, 이동 중 적당한 곳에서 끝마친다. 유럽 북동부에서 번식하고 남위 30도 부근 아프리카에서 월동하는 정원흰턱딱새(S. borin)처럼 장거리를 이동하는 개체군들은 월동지에 도착할 때까지 깃갈이를 미루기도 한다. 이는 이동 거리가 너무 길어서 번식지에 늦게 도착하고 가을 이동시기에 매우 빨리 출발하다 보니 번식이 끝나고 한 번에 깃갈이를 완료하지 못하기 때문일 것이다. 월동지에서는 번식 활동에 구애받지 않고 여유롭게 깃갈이를 완료할 수 있으며, 그 결과 보송보송한 새 첫째날개깃과 함께 북상 이동을 시작할 수 있다. 봄 이동 시기에는 좋은 번식지 영역을 차지하기 위해 이동을 다소 서두르는 경향이 있는데, 상태가 좋은 첫째날개깃은 이 경주에서 이점이 될 수 있으므로 깃갈이 전략은 중요한 것으로 알려져 있다.

솔새속(Phylloscopus)에 속하는 새들의 깃갈이나 이동 전략에서도 비슷한 경향성이 나타난다. 검은다리솔새(Phylloscopus collybita)는 전형적으로 짧은 거리를 이동하는 종으로, 가을 이동 시기 이전에 깃갈이를 한다. 반면 근연종인 대륙버들솔새[18](P. trochiloides)는 이동 전에 깃갈이를 시작하여 월동 영역에 도착해서야 깃갈이를 완료한다. 여기에서 '월동지'가 아니라 '월동 영역'이라는 표현을 썼다는 데 주목하라. 이는 꽤 의도적인 표현이다. 가장 빨리 도착하는 새가 가장 좋은 영역을 차지한다는 점을 기억하라. 대륙버들솔새는 월동 영역을 차지하고 이를 방어한다. 이 사실로 추론할 수 있듯, 이 새는 봄철에 이 종과 다른 새들이 서두르듯이 가을철 이동 시기에도 서둘러야 한다. 마지막으로 다른 솔새속 새인 연노랑솔새(P. trochilus)는 해마다 한 번이 아니라 두 번 깃갈이를 한다. 연노랑솔새는 가을과 봄 이동 시기 전 각각 빠른 속도로 완전 깃갈이를 한다. 이 종은 검은다리솔새보다 훨씬 더 북쪽에서 번식하고 훨씬 더 남쪽에서 월동하며 굉장히 먼 거리를 이동한다. 이 새들은 날개깃이 이주를 두 번이나 감당할 만큼 튼튼하지 못하기 때문에 일 년에 두 번 깃갈이를 하는지도 모른다.

솔새류를 비롯한 구대륙 종들에서 이동이 깃갈이 전략에 미치는 영향을 알아보기 위해 요제프 키엣(Yosef Kiat)와 닐 사피르(Nir Sapir)는 이스라엘을 거쳐 이동하거나, 텃새로 머무는 참새목 조류 134종을 대상으로 개체 측정 자료를 수집했다. 이 종

---

18 버들솔새(P. plumbeitarsus)는 과거 이 종의 아종으로 보았지만 현재 독립된 종으로 분리되었다.

들에는 상대적으로 짧게 이동하는 종도 있었고, 장거리 이동을 하는 종도 있었다. 더 나아가 성조와 어린새의 깃갈이 전략은 현저히 달랐다. 성조들은 해마다 번식기가 끝나고 이동에 돌입하기 전에 완전 깃갈이를 했다. 반면 어린새들은 대체로 이소 후 부분 깃갈이를 통해 날개깃이 아닌 몸깃만을 교체했으며, 이어지는 겨울철에 날개깃까지 교체하여 깃갈이를 완료했다. 연구자들은 성조와 어린새 모두 1년 주기 중 깃갈이에 쓸 수 있는 시간과 이동 경로의 길고 짧음에 따라 깃갈이 시기와 정도가 달라지리라는 가설을 세웠다. 그림 2.11에 제시된 연구 결과에서 이동 거리가 짧은 종의 성조는 장거리 이동하는 종보다 깃갈이에 더 긴 시간을 들인다는 점을 확인할 수 있다. 마찬가지로 짧은 거리로 이동하는 종의 어린새들이 더 멀리 이동하는 새보다 이동 전에 더 많은 몸깃을 교체한다는 점도 알 수 있다(멀리 이동하는 새들은 겨울철에 깃갈이를 완료한다). 더 많은 깃털을 깃갈이한 어린새는 보다 적게 깃갈이한 어린새보다 더 긴 시간에 걸쳐

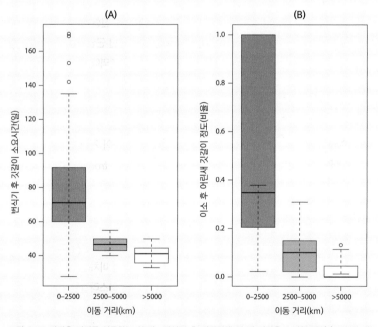

그림 2.11 가까운 거리를 이동하는 성조는 번식기 후 깃갈이에 더 긴 시간을 소비했으며(A), 더 먼 거리를 이동해야 하는 어린새는 이동 전 깃갈이에서 적은 깃털만을 교체했다(B). Kiat, Y., Sapir, N., & McPeek, M. (2017). Age-Dependent Modulation of Songbird Summer Feather Molt by Temporal and Functional Constraints. *The American Naturalist* 189(2), 184-195.에서 가져왔다.

깃갈이를 진행했다. 이와 같은 연구결과는 연중 각 시기별로 달라지는 압력에 대한 각 종들의 연령별 반응을 이해할 수 있도록 한다는 점에서 중요하다.

참고문헌

Shirihai, H., Gargallo, G., & Helbig, A.J. (2001). *Sylvia Warblers*. Helm, London.

Ginn, H.B. and Melville, D.S. (1983) *Moult in Birds*. The British Trust for Ornithology, Tring.

2.7 비행

이 책의 독자 중 날아가는 새를 보고 '쟤들은 어떻게 나는 거지?'라는 질문을 던지지 않은 사람은 한 명도 없으리라고 자신 있게 말할 수 있다. 새는 하늘에 뜨고 날기 위해 양력(lift)과 추력(thrust)이라는 두 힘에 의존한다. 양력은 중력(gravity), 추력은 항력(drag)과 반대 방향으로 작용한다. 그림 2.13 A는 이론적 상황에서 이 힘들이 서로 반대 방향으로 작용하는 것을 보여준다. 중력은 새를 그 질량만큼 땅 쪽으로 끌어내린다. 그러므로 하늘에 뜬 상태를 유지하려면 반드시 충분한 양력을 형성해야 한다. 항력(새가 공기를 뚫고 나갈 때 발생하는 마찰력)은 새를 뒤쪽으로 밀어낸다. 이에 대항하기 위해 새는 힘차게 날갯짓을 하거나, 양력과 항력의 관계를 더 효율적으로 조절해서 충분한 추력을 만들어야 한다.

검은등칼새(*Apus apus*)는 거의 전 생애를 하늘에서 보내며, 오직 번식할 때만 땅에 내려온다. 심지어 잠을 잘 때도 밤에 높은 고도로 상승한 뒤 날갯짓과 활공을 반복하는 방식으로 잔다. 또한 공중에서 곤충을 사냥하는 새이기에 빠른 속도와 민첩함을 필수적으로 갖추어야 한다. 가을 이동 시기 직전에 탄성이 절로 나오게하는 어린 검은등칼새 무리를 보는 순간이 내 탐조 인생의 황홀한 순간들 중 하나임을 인정하지 않을 수 없다. 한바탕 펼쳐지는 이 곡예비행의 한복판에서 사냥에 나선 검은등칼새들을 보고 있노라면 날갯짓을 하지 않고 속도를 내는 이 새들의 능력과 일견 불가능해 보이는 방향 전환에 놀라곤 한다. 이들은 날개를 움직여 형태를 변형함으로써 이러한 동작을 구현한다.

렌틱(D. Lentik)과 동료들은 죽은 검은등칼새(이 새들은 재활 치료 도중 폐사했으며 실험을 위해 희생되지는 않았다)의 날개로 풍동(비행기 등에 공기의 흐름이 미치는 영향을 시험하기 위한 터널형 인공 장치)을 이용한

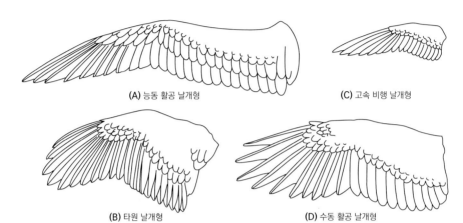

(A) 능동 활공 날개형   (C) 고속 비행 날개형

(B) 타원 날개형   (D) 수동 활공 날개형

그림 2.12 능동 활공 날개형(A)을 가진 알바트로스류, 바다제비류, 슴새류 같은 새들은 빠르게 활공할 수 있다. 타원 날개형(B)은 넓고 둥근 형태로 짧은 순간에 폭발적인 속도를 내고 훌륭한 방향 조절 능력을 선보일 수 있다. 이러한 날개형은 산림성 조류나 다른 새에게 포식당하는 종에서 흔히 관찰된다. 고속 비행 날개형(C)을 가진 새들은 빠른 속도로 민첩하게 날 수 있으며, 제비류와 새매류 등 공중에서 사냥하는 종에서 흔히 관찰된다. 황새류나 독수리류에서 볼 수 있는 수동 활공 날개형(D)은 넓고 칼깃[19]이 있으며, 새가 범상하는데 도움을 주지만 방향 조절 능력에는 한계가 있다. Pough, G.H., Janis, C.M., and Heiser, J.B. (2002) *Vertebrate Life* 6th edn. Prentice Hall, New Jersey.에서 가져왔다.

주요 참고문헌

Lentik, D., Müller, U.K., Stamhuis, E.J., et al. (2007) How swifts control their glide performance with morphing wings. *Nature* 446, 1082-1085.

Videler, J. (2005) *Avian Flight*. Oxford University Press, Oxford.

19 첫째날개깃이 확장되어 손가락처럼 보이는 깃.

실험을 수행했다. 연구자들은 비행하는 새들을 관찰한 결과를 토대로 날개를 이런저런 모양으로 변형하여 쫙 펼친 날개(몸과 수직인, 길고 얇은 형태)는 최대의 양력을 형성하지만 느린 속도와 느리고 부드러운 회전에 적합하다는 점을 발견했다.또 몸에 대해 45도로 뒤로 날개를 젖힌 모양은 양력을 적게 형성하지만 항력을 최소화하여 활공 속도를 높이고 고속에서도 급격히 회전할 수 있게 했다. 그러니까 검은등칼새는 날개의 형태를 여러 단계로 바꾸면서 활공을 조절하는 것이다. 힘찬 날갯짓 비행을 위한 핵심 적응은 박스 2.4에서 찾아볼 수 있다.

줄이자면 날개, 특히 날개의 형태는 비행하는 방식을 설명하는 열쇠이며, 그림 2.12는 가장 기본적인 날개 형태 4가지를 설명한다.

[박스 2.4] 비행을 위한 적응들

새의 몸에서는 효율적인 날갯짓 비행을 위한 여러 핵심 적응을 찾을 수 있다. 이 적응들에 관해 본문에서 더 자세히 살펴보겠지만, 몇몇 주요한 항목들을 여기 요약해 둔다.
1. 에어로포일 형태로 변형된 앞다리('날개'라고 부름)
2. 강하고 단단하지만 아주 가벼운 골격. 이는 새의 뼈가 포유류나 파충류의 뼈보다 밀도가 낮기 때문이다. 새의 뼈는 벌집처럼 공기주머니로 차 있으며, 내부의 골격 구조로 강도를 확보한다.
3. 어깨를 지지하는 오훼골
4. 비대한 흉골. 날갯짓에 사용하는 커다란 근육이 보족하게 튀어나온 용골에 붙어있다.
5. 크고 힘있는 날개 근육들. 대흉근(pectoralis)과 상오훼근(supracoracoideus)은 날갯짓에 힘을 제공한다.
6. 효율적인 호흡 시스템
7. 크게 변형된 앞다리뼈. 손뼈는 융합되어 있는데 어떤 경우에는 관절이 고정되는 반면에 손목 관절이 완전히 돌아가는 경우도 있다.
8. 날갯짓할 때 스프링 역할을 하는 창사골

나는 물리학자가 아니므로 날개와 날갯짓에 관한 기체 역학 이론을 자세히 논의하지는 않을 것이다. 다만 이 분야를 탐구하고자 하는 독자들에게는 욘 피델러(John Videler)의 훌륭한 저서 『조류의 비행(Avian Flight)』을 추천한다. 이 책에서는 이 단원에서 다뤄질 내용들을 아주 자세히 설명한다.

날개가 공기를 밀어내면 날개 전면의 압력이 높아진다. '갈라진' 공기는 하나는 빠르게 날개 위쪽을 통과하고 하나는 날개 아래쪽으로 보다 느리게 통과하여 날개 뒤에서 만나 아래쪽으로 방향을 바꾸면서 압력 차이가 추가로 발생한다. 그 순효과로 공기가 저기압인 곳에서 고기압인 곳으

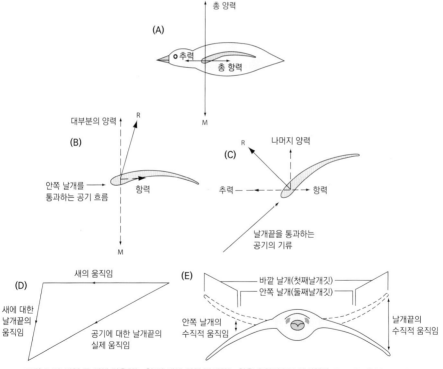

그림 2.13 비행 중 새에 작용하는 힘 및 새에 의해 발생하는 힘을 요약적으로 제시했다. Pough, G.H., Janis, C.M., and Heiser, J.B. (2002) *Vertebrate Life* 6th edn. Prentice Hall, New Jersey.에서 가져왔다.

로 이동하면서 양력과 추력이 발생한다. 이 두 힘의 균형 상태는 기류와 날개의 각도에 따라 달라진다(그림 2.13 A). 그림 2.13 B와 같이, 기류와 날개 간의 각도가 작을 때는 추력이 작게 형성되지만 양력이 발생한다. 날개 앞쪽이 아래로 기울어져 있다면(그림 2.13 C와 D) 양력과 추력이 모두 형성되며 새는 앞으로 움직인다. 위쪽으로 날개를 기울이면 당연히 항력이 커지며, 새의 비행속도는 감소한다. 양력은 주로 공기가 둘째날개깃 표면을 따라 움직이면서 안쪽 날개에서 형성되는 반면, 추력은 주로 바깥 날개 첫째날개깃에서 형성된다는 점을 숙지하라(그림 2.13 E). 첫째날개깃은 비대칭적이며, 각 깃털이 그 자체로 에어로포일 기능을 하여 날개에서 발생하는 양력을 배가시킨다. 날개가 펄럭일 때 첫째날개깃은 비틀어진다. 새가 아래쪽으로 날갯짓할 때 첫째날개깃은 서로 가까워지면서 날개를 견고히 하며, 반대로 위쪽으로 날갯짓할 때는 벌어져 바람 저항을 줄인다.

2.7.1 활공과 범상

새들은 적절한 조건에서 날개를 뻗는 것만으로 양력과 추력을 만들어 최소한의 에너지로 먼 거리를 이동할 수 있다. 에너지가 많이 드는 날갯짓 비행 대신 활공하거나 범상(soaring)하는 행동이 이에 해당한다. 독수리, 황새와 같은 큰 새들은 데워진 공기가 만드는 상승 기류에 편승하여 고도를 높이는 것으로 잘 알려져 있다. 이 새들은 따뜻한 기류 위에서 긴 시간 동안 범상하면서 먹이를 찾거나, 이동 비행의 여로를 밟아갈 수 있다. 이들은 상승기류의 꼭대기에서 또 다른 상승기류의 바닥으로 반복적으로 활공하고 범상하면서 날개를 펄럭일 필요 없이 상당한 거리를 이동할 수 있다. 가장 성공적인 활공 조류로는 남쪽 바다의 알바트로스류와 큰슴새류를 꼽을 수 있다. 이 새들은 매우 길고 날씬한 날개로 아주 먼 거리를 날갯짓도 없이 상당한 속도로 여행할 수 있다. 이 새들의 날개 관절은 날개를 활짝 펼친 상태로 고정할 수 있어서 에너지를 아낄 수 있다. 이러한 관절 구조가 없는 종들은 날개를 고정하기 위해 근육 에너지를 소비해야 한다. 상승기류를 이용해 비행 고도를 높이는 독수리류와는 달리, 바닷새들은 저층의 공기가 해수면과의 마찰로 상층보다 느리게 흐르면서 발생하는 기압 차에 올라탈 수 있다.[20] 이러한 범상은 바람이 안정적으로 분다는 전제하에 가능한 것으로 역동적 범상(dynamic soaring)이라고 하며, 따라서 '로어링 포티스(roaring forties, 남위 40도에서 50도에 이르는 지역으로 강한 서풍이 부는 곳)'에 사는 바닷새들에게 안성맞춤인 전략이다. GPS 추적 장치를 이용해 맹크스슴새(*Puffinus puffinus*)의 비행 행동을 자세히 모니터링한 최근 연구에서 이들이 바람의 변화에 따라 효율성을 극대화하기 위해 날갯짓과 범상을 조절한다는 사실이 밝혀졌다. 로리 깁(Rory Gibb)과 동료들이 슴새들을 추적해본 결과, 뒷바람과 측풍이 초속 8m 이상일 때는 범상하는 경우가 많았고, 그보다 풍속이 약할 때는 날갯짓 비행의 비율이 높았다.

작은 새들은 활공을 주요 비행 유형으로 채택할 만큼 날개가 크지 않다. 그러나 이 새들도 날갯짓 비행을 짧은 활공, 위로 튀어오르는 도약 비행과 반복하면서 어느 정도 에너지 소모를 줄일 수 있다. 이들의 비행 경로는 사인함수의 그래프와 유사한데, 폭발적인 날갯짓으로 높이 올라간 후에 활공하는 시간은 매우 짧지만 새들이 절약하는 에너지는 상당하다. 예를

주요 참고문헌

Gibb, R., Shoji, A., Fayet, A.L., et al. (2017) Remotely sensed wind speen predicts soaring behaviour in a wide-ranging palegic seabird. *Journal of Royal Society Interface* 14, 20170262.

---

20 상층부와 하층부 기류의 속도 차이가 상승기류를 형성하는 원리에 관해서는 베르누이 정리 (Bernoulli's Equation)를 참고하라.

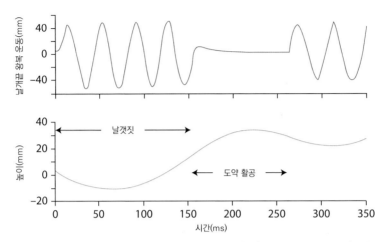

그림 2.14 금화조의 날갯짓 비행과 도약 비행. 날갯짓하면서 높이(고도)와 가속도를 얻은 후에 활공하는 동안 날갯짓하지 않음으로써 에너지를 아낄 수 있다. 날개 끝의 왕복운동은 날갯짓 활동을 의미한다. Tobalske, B.W., Peacock, W.L., and Dial, K.P. (1999) Kinematics of flapping flight in the zebra finch over a wide range of speeds. *Journal of Experimental Biology* 202(13), 1725-1739.을 인용하여 새로 그림.

들어 토볼스키(Bret W. Tobalske)와 동료들은 금화조(*Taeniopygia guttata*[21]) 의 파형 비행에 대한 연구(그림 2.14)에서 금화조가 날갯짓 횟수를 줄임으로서 잠정적인 에너지 소비를 비행 속도에 따라 22%에서 45%까지 줄일 수 있음을 보여주었다.

2.7.2 날갯짓 비행

비행을 위한 힘은 날갯짓에서 나온다. 한 번 날개가 펄럭이는, 어떤 경우 겨우 천분의 몇 초밖에 안 걸리는 시간 동안 날개의 모양과 이에 따른 기체 역학적 특성은 여러 번 바뀐다. 안쪽 날개(둘째날개깃)는 날갯짓 주기 동안 단지 위아래로 오르내릴 뿐이며 그럼으로써 활공할 때 고정된 날개처럼 새에 작용하는 양력을 대부분 형성하는 역할을 한다. 앞서 살펴보

---

21 금화조(*T. guttata*)는 최근 두 종으로 분리되었다. 이 중 다양한 조류학 실험에 모델 생물로 사용되는 종은 *T. castanotis*로 재분류되었다.

앞듯이, 첫째날개깃은 날갯짓 동안 비틀어져, 아래로 날갯짓할 때는 날개 면을 '막고', 위로 날갯짓할 때는 날개면을 '열어' 상승할 때의 공기 저항을 줄인다. 동시에 안쪽 날개와 바깥 날개 사이에 있는 손목 관절을 비틀어 아래로 날갯짓할 때는 날개가 전하방으로, 위로 날갯짓할 때는 후상방으로 움직이도록 한다. 그래서 날개끝은 8자 모양으로 공기를 가르며 움직인다. 날개를 내리쳐서 전하방으로 움직일 때는 바람을 맞는 각도가 커서 양력이 전방을 향하는 추력으로 작용한다.

한 지점에 고정되어 비행하는 행동을 정지비행이라고 하는데, 이때 새는 자신의 체중을 지지하기에 충분한 양력을 형성하면서도 앞을 향한 추력을 만들어서는 안 된다(적어도 자신에게 작용하는 항력을 상쇄하기 위해 필요한 정도보다 많은 추력을 형성하면 안 된다). 일반적으로 이는 매우 어려우며, 착지 직전이나 먹이를 덮칠 때의 아주 짧은 시간 이상 유지하기 힘들다. 하지만 오직 한 분류군, 벌새류는 긴 시간 동안 공중에서 위치를 유지할 수 있다는 점에서 완벽한 정지비행을 할 수 있다. 거기다 이새들은 앞으로, 뒤로, 심지어 옆으로도 날 수 있다. 이는 벌새류가 다른 어떤 새와도 닮지 않은 해부학적 날개 구조를 가지고 있기 때문이다(매우 가까운 계통군인 칼새류는 예외이다). 벌새의 안쪽 날개는 상대적으로 매우 짧으며 몸 가까이에 'V'자로 고정되어 있다. 날개면의 대부분은 날개 바깥쪽에 위치한 10개의 긴 첫째날개깃이 구성하는데, 이 깃털들은 전체 날개 면적의 80%를 차지한다(비교를 위해 예를 들자면, 대륙말똥가리(*Buteo buteo*)는 전체 날개면에서 바깥 날개가 차지하는 면적이 약 40%에 불과하다). 벌새의 주된 비행 근육은 다른 날 수 있는 새들에 비해 체중 대비 비율이 훨씬 크다. 특히 유연한 손목 관절 덕분에 아래 방향으로 날갯짓할 때 바깥날개를 거의 뒤집을 수 있다. 정지비행을 할 때 벌새는 전후 두 방향으로 펄럭이는데 두 동작 모두에서 날개 끝이 거의 붙을 정도로 크게 휘

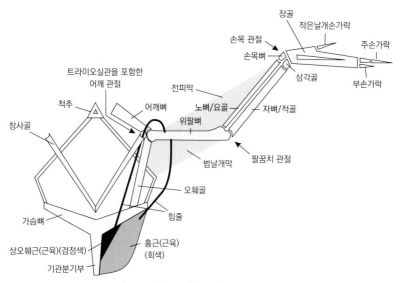

트라이오실관을 포함한
어깨 관절

장골
작은날개손가락
손목 관절
주손가락
손목뼈
삼각골
부손가락

척추
어깨뼈
전피막
노뼈/요골
자뼈/척골
위팔뼈

창사골

범날개막
팔꿈치 관절

오훼골

가슴뼈
힘줄

상오훼근(근육)(검정색)
흉근(근육)
(회색)

기관분기부

그림 2.15 조류의 날개와 흉강(rib cage)의 해부학적 개요. Videler, J.J. (2005) *Avian Flight*. Oxford University Press, Oxford.에서 가져왔다.

두르면서 양력과 추력을 만든다. 이들의 날갯짓은 지면과 거의 수평으로 8 자를 그리는데 그 속도가 놀랍도록 빠르다. 이 계통(과)에서 날갯짓 속도는 보통 초속 10~80회인데, 붉은목벌새(*Archilochus colubris*)의 구애를 위한 정지비행에서는 초속 200회에 달하는 날갯짓 속도가 기록된 사례도 있다.

앞서 살펴본 바와 같이 우리는 새가 날 때 날개가 움직이는 경로를 볼 수 있으며 그것으로 관절의 움직임 등을 추론할 수 있다. 하지만 새의 몸속에서는 어떤 일이 일어날까? 그림 2.15는 날개의 해부학적 구조를 그림으로 보여준다. 새의 날개에는 45가지의 서로 다른 근육이 있지만, 그림에서는 그 중에서도 가장 중요한 역할을 하는 것으로 생각되어 가장 잘 연구되어 있는 두 근육만을 표현했다. 상대적으로 커다란 이 근육들은 대흉근과 상오훼근으로, 흉골(가슴뼈)에서 튀어나온 용골(keel, corina)에 붙어서 날갯짓하는 힘을 만들어 낸다. 대흉근의 수축은 아래로 날갯짓할 때 날

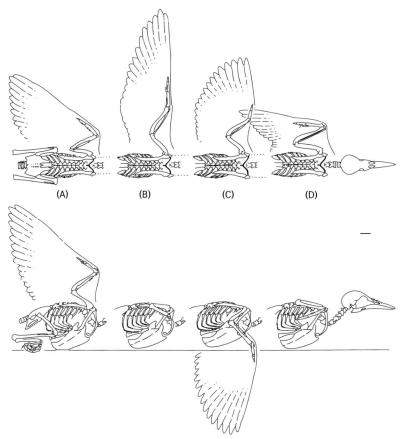

(A)　　　　　(B)　　　　　(C)　　　　　(D)

—

그림 2.16 날갯짓 비행 중인 흰점찌르레기 골격의 움직임. Jenkins F.A. Jr, Dial, K.P., and Goslow G.E. Jr (1988). A cineradiographic analysis of bird flight: the wishbone in starlings is a spring. *Science* 241, 1495-1498.에서 가져왔으며 AAAS의 허락을 받았다.

개를 전하방으로 당긴다. 상오훼근은 위쪽으로 날갯짓할 때 날개를 후상방으로 당긴다.

근육 수축에 따른 뼈의 움직임은 그림 2.16에서 볼 수 있는데, 이는 파리스 젠킨스(Farish Jenkins)와 동료들이 풍동에서 비행하는 흰점찌르레기(*Sturnus vulgaris*)를 방사선 촬영하여 얻은 것이다. 연구자들은 새가 날 때 초당 기본 200장 이상의 엑스레이 사진을 찍었다. 그림에서는 새가 위쪽으로 날갯짓하는 동안 처음에 몸과 거의 평행하던 상완골(humerus)이 상오훼근이 수축함에 따라 위로 들리면서 전방으로 회전하는 모습을 볼 수 있다(그림 2.16 B). 이때 손뼈는 몸에서 90도 정도 각도로 들려 있다. 이 뼈들은 날개를 닫을 때 위치가 고정되어 있으며(그림 2.16 C), 흉근이 수축하면서 아래로 날갯짓할 때 후하방으로 이동한다. 이 연구에서는 창사골이 비행에서 하는 역할도 규명되었다. 위팔뼈가 전방으로 회전했다가 아래로 내려갈 때 창사골의 양쪽 꼭짓점들은 서로 멀어진다. 이때 창사골의 두 팔은 스프링 역할을 하며 아래 방향 날갯짓이 만드는 힘을 일부 저장한다. 이들은 이후 위 방향 날갯짓 때 창사골이 원래 자리로 돌아오면서 저장한 에너지를 방출한다. 이러한 창사골의 움직임이 정확히 어떤 기능을 하는지는 아직 밝혀지지 않았다. 창사골의 에너지가 방출되면서 상오훼근이 다시 날개를 끌어올리는 것을 도울 수도 있으나, 날갯짓 주기와 창사골의 움직임, 기낭의 압력 간에 밝혀진 사실로 미뤄보아 호흡과 관련된 기능을 할 것으로 생각된다.

🦅 **날아가기**

에너지, 비행 그리고 이동. 136쪽(3.3.3 이동과 에너지 충전)

2.7.3 호흡과 비행의 에너지학

지질(지방)과 탄수화물, 단백질을 분해해 생산하는 에너지는 비행을 포함한 모든 생체 활동에 쓰인다. 이 화합물들은 산소를 이용해 연소되면서 세포 내의 ATP(아데노신 삼인산, adenosine triphosphate)를 만들며, ATP는 다시 근육 섬유의 수축을 조절하는 데 필요한 에너지를 제공한다. 그러므로 산소와 먹이(6장에서 다시 논의할 것이다)로부터 얻는 '연료'는 비행에 꼭 필요하다. 육상 척추동물이 들이마신 산소는 폐에서 혈관 내부로 이동한다. 새는 다른 육상 척추동물보다 대사율과 체온이 더 높으며 심장 박동이 빠르다. 또 새가 비행할 때 소비하는 산소의 양은 포유류가 달리기를 할 때 소비하는 산소보다 많다. 그러므로 조류의 폐가 눈에 띄게 클 것이라고 기대할 수 있지만 실제로는 비슷한 크기의 포유류보다 폐가 작다. 이는 아마도 체중을 줄여 효과적으로 비행하기 위해 필요한 적응이었을 것이다. 그렇다면 새는 어떻게 필요한 산소를 얻을까? 물론 새의 폐는 크기가 작지만, 겉으로 보이는 크기에 비해서 산소 수송을 담당하는 내부 표면적은 훨씬 넓다. 포유류의 폐는 들이마신 공기를 세기관지(bronchiole)를 거쳐 폐포(alveoli)로 이동시켜 산소를 흡수한다. 내쉬는 공기는 다시 기관을 따라 같은 경로를 거슬러 나오는데, 이를 양방향 호흡이라고 한다. 새의 폐에는 폐포가 없으며 측기관지(parabronchi)라고 하는 아주 얇은 관들의 네트워크가 폐를 구성한다(그래서 조류의 폐를 측기관지 폐(parabronchial lung)라고 부르기도 한다). 각각의 측기관지는 그보다 더 얇은 미세관(capillary)으로 나뉘어 있으며 이 미세관에서 기체 교환이 일어난다. 들이마시는 공기와 내쉬는 공기는 모두 같은 방향으로 폐를 통과하며(단방향 호흡), 한 번의 완전한 호흡 주기는 한 번이 아닌 두 번의 호흡으로 이루어진다. 이는 새의 폐가 체내의 기낭(공기 주머니) 네트워크와 연결되어 있기 때문에 가능하다(그림 2.17 A).

첫번째 호흡에서 들이마신 공기는 먼저 폐를 통과하여 복부 기낭(abdominal sac)으로 이동한다. 이 공기는 숨을 내쉴 때 복부가 수축하면서 복부 기낭에서 나와 폐의 측기관지로 이동하며, 여기에서 기체 교환이 일어난다(그림 2.17 B). 두번째로 호흡할 때 폐의 오래된 공기는 숨을 들이마시는 동안 전방 기낭(anterior air sac)으로 들어가고, 숨을 내쉴 때 몸 밖으로 배출된다(그림 2.17 B). 그러므로 새의 산소 흡수는 숨을 들이마실 때와 내쉴 때 모두 일어나며, 비슷한 크기의 포유류보다 훨씬 효율적으로 산소를 흡수한다. 흡수한 산소는 운반체 분자인 헤모글로빈과 결합하

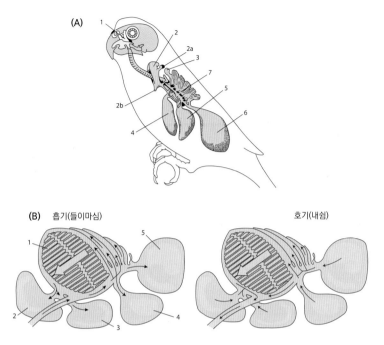

(A)

1
2
2a
3
7
5
2b
6
4

(B) 흡기(들이마심)   호기(내쉼)

5
1
2
3
4

5
1

그림 2.17 새가 호흡하는 동안의 기체 교환. 그림 (A)는 일반적인 새의 측기관지 폐(7)와 기낭(1~6) 시스템을 보여준다. 번호가 부여된 기낭은 1. 눈아래굴(infraorbital sinus) 2. 쇄골 기낭(clavicular air sack) 3. 경추 기낭(cervical air sack) 4. 두흉부 기낭(carnial thoracic air sack) 5. 미흉부 기낭(caudal thoracic air sac) 6. 복부 기낭(abdominal air sac)이다. 그림 (B)는 숨을 들이마실 때와 내쉴 때 호흡계를 따라 공기가 움직이는 패턴을 보여준다. Pough, G.H., Janis, C.M., and Heiser, J.B. (2002) *Vertebrate Life* 6th edn. Prentice Hall, New Jersey.에서 가져왔다.

여 혈관을 따라 체내 조직으로 수송된다. 조류의 헤모글로빈은 포유류보다 산소 친화도가 낮다. 그 결과 비행 근육을 포함한 신체 조직에서 헤모글로빈의 산소 방출률이 높아지기 때문에 대사율이 높은 조류에게 있어서 오히려 이득이 된다. 더욱이 조류의 비행 근육은 부피에 비해서 산소를 매우 효율적으로 흡수한다. 이는 조류의 근육에 포유류보다 더 많은 모세혈관이 있고, 근육 섬유가 더 짧으면서 섬유의 단위 면적당 미토콘드리아 개수가 더 많고 세포 표면에 더 가까이 위치하기 때문이다. 이러한 적응들은 효율적이면서도 효과적인 호흡 시스템을 제공하여 비행을 가능케 한다.

2.7.4 비행 높이

상대적으로 낮은 산소 친화도는 이득이 많지만 문제가 될 때도 있다. 앞서 논의했듯이 친화도가 낮으면 산소가 조직에서 더 효율적으로 방출되므로 세포 호흡에 이득이 될 수 있다. 하지만 이러한 시스템은 지표면 근처의 대기 중 산소 분압에 최적화된 것이다. 대기 중 산소 분압이 낮은 고고도에서는 헤모글로빈의 산소 친화도가 낮으면 효율성이 떨어지면서 세포 호흡에 지장이 생길 수 있다. 그렇다면 해결책은 무엇일까? 조아나 프로젝토-가르시아(Joana Projecto-Garcia)와 동료들은 안데스 지역에 서식하는 벌새들의 헤모글로빈 기능을 비교했는데 낮은 고도에 사는 큰부리벌새(*Phaethornis malaris*)와 해발고도 5,000m 이상에서 사는 푸른멱고산벌새(*Oreotrochilus estella*) 등을 대상으로 연구를 진행했다. 연구자들은 고도와 헤모글로빈-산소 친화도 간에 양의 상관관계를 확인했다. 더 나아가 높은 고도, 중간 고도, 낮은 고도에 사는 근연종 벌새들을 비교한 결과, 헤모글로빈의 동일한 아미노산 2개의 교체가 여러 근연종 그룹들에서 종들간에 나타나는 헤모글로빈 활성의 차이를 설명할 수 있는 것으로 나타났다. 이는 서로 같은 적응이 여러 차례 진화했음을 시사하는 것으로 평행 진화(parallel evolution)의 사례이다.

주요 참고문헌

Projecto-Garcia, J., Natarajan, C., Moriyama, H., et al. (2013). Repeated elevational transitions in hemoglobin function during the evolution of Andean hummingbirds. *Proceedings of the National Academy of Sciences* 110(51), 20669-20674.

2.7.5 비행 속도

[박스 2.5] 편대 비행은 에너지를 절약한다.

내 집은 분홍발큰기러기(*Anser brachyrhynchus*)가 영국으로 향하는 가을철 이동 경로에 자리 잡고 있다. 분홍발큰기러기가 길게 뻗은 V자 대형으로 머리 위를 지나가는 모습을 보면서 울음소리를 듣는 것은 즐거운 일이다. 탐조인이 아닌 사람조차 이 V자 대형을 알고 있으며, 나는 왜 기러기들이 V자로 날아가느냐는 질문을 자주 받는다. 나는 그냥 큰 새들이 에너지를 아끼기 위해 V자로 난다고 이야기한다. 이 글을 읽는 당신도 똑같이 대답했으리라 확신하지만, 이를 뒷받침하는 신빙성 있는 자료가 꽤 드물다는 사실을 안다면 꽤 놀랄 것이다. 그러나 최근 앙리 위메스키슈(Henry Weimerskirch)와 동료들이 훌륭한 자료를 제시했다. 이 연구자들은 큰사다새(*Pelecanus onocrotalus*)가 홀로 날아가거나 무리지어 날아갈 때 심장 박동과 날갯짓 빈도를 자세히 관찰했다. 연구자들은 큰사다새 8마리로 하여금 움직이는 소형 선박을 따라 날아오도록 훈련한 후 이를 촬영했다. 연구팀은 새들에 심박수 측정기를 부착했으며, 이를 통해 얻은 자료(그림 2.18)와 영상을 이용해 모든 개체의 심박수와 날갯짓 빈도를 비교할 수 있었다. 심박수와 날갯짓 빈도는 비행 중의 에너지 소모와 밀접하게 연관되어 있을 것이라고 예상했다.

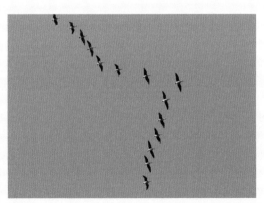

그림 2.18 편대 비행은 이동 중인 분홍발큰기러기 개체의 비행 효율을 높인다. © Will Scott

홀로 수면 위 50m와 1m 높이로 난 새들은 1m 높이에서 대형을 이뤄 난 새들보다 더 많이 날갯짓했으며 더 높은 심박수를 보였다(그림 2.19). V자 대형 선두에 선 새의 날갯짓 빈도는 같은 높이에서 혼자 난 새와 비슷했지만, 선두 뒤에 있는 새들은 확실히 이득을 보았다. 물론 아래 그림을 보면 두번째 자리부터 뒤로 갈 수록 얻는 이득이 조금씩 줄어든다는 것을 알 수 있다. 또한 뒤쪽에 있는 새들이 무리 내에서 자신의 위치를 계속 조정한다는 것을 알 수 있었는데, 이는 개체들이 에너지 절감을 극대화하기 위한 행동으로 추정된다.

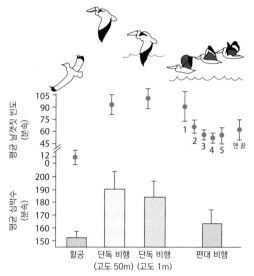

그림 2.19 활공, 단독 비행, 편대 비행하는 큰사다새의 심박수(에너지 소모 측정값) 차이. Weimerskirch, H., Martin, J., Clerquin, Y., Alexandre, P., & Jiraskova, S. (2001). Energy saving in flight formation. *Nature* 413, 697-698.에서 가져왔으며, 사용 허락을 받았다.

어떤 새들은 에너지를 아끼기 위해 무리를 이루는 동료들에 맞추어 비행 속도를 바꾼다(박스 2.5). 이번 장 앞부분에서 검은등칼새가 날개 형태를 바꿈으로써 활공 중에 비행 속도를 바꾸는 방법을 설명했다. 그러나 모든 새들이 검은등칼새만큼 활공에 능숙하지는 않으며, 많은 새들은 빠르게 날기 위해서 더 많이 날갯짓하면서 많은 에너지를 소비한다. 이것은 그

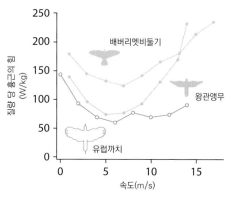

그림 2.20 비행하는 조류 세 종에서 속도와 힘의 관계를 보여주는 U자형 곡선. 세 종 모두에서 비행속도가 너무 낮거나 높은 경우에 에너지 소모가 많아진다(즉, 근육의 힘이 더 많이 필요하다). Tobalske, B.W., Hedrick, T.L., Dial, K.P., & Biewener, A.A. (2003). Comparative power curves in bird flight. *Nature* 421(6921), 363-366. 와 Dial, K.P., Biewener, A.A., Tobalske, B.W., & Warrick, D.R. (1997). Mechanical power output of bird flight. *Nature* 390, 67-70.에서 가져왔으며, 이용 허락을 받았다.

리 놀랍지 않을지도 모른다. 힘(날갯짓)과 속도는 정비례하는 것처럼 보이기 때문이다. 하지만 실은 그렇지 않다. 빠른 비행은 에너지 측면에서 비싸지만 그건 느린 비행도 마찬가지이다. 정지비행은 아주 비싸다는 것을 기억하자. 기체 역학에 따르면 비행할 때 힘과 속도 간의 곡선은 U자형이다. 토볼스키(Bret W. Tobalske)와 디알(Kenneth P. Dial) 연구팀은 풍동에서 날고 있는 유럽까치(*Pica pica*), 배버리멧비둘기(*Streptopelia risoria*)와 왕관앵무(*Nymphicus hollandicus*)의 대흉근 활성도를 직접 측정하여 대략 U자형의 곡선을 도출했다(그림 2.20). 당연한 말이지만 새는 움직이는 먹이를 사냥하거나 포식자로부터 회피하는 상황에서 빠르게 날며, 숨어있는 먹이를 찾거나 과시행동(느리게 날면서 에너지를 허비할 만큼 에너지가 충분하다는 것을 광고)을 할 때는 느리게 난다. 그래서 새들이 상황에 맞춰서 에너지를 아낄 수 있는 비행 속도, 즉 최적 비행속도를 선택하리라고 기대할 수 있다. 하지만 실제 환경에서 새들이 최적 속도로 비행한다는 것을 입증하기는 매우 어려운데, 이는 새들이 우리 예상보다 많은 정보(가

속도나 비행 동기 및 날씨 등)를 토대로 의사 결정을 하기 때문일 것이다. 새들이 외부 정보를 이해하는 능력은 비행 중 충돌 회피 능력에 영향을 준다. 박스 2.6을 보자.

🕊️ 날아가기

먹이 활동, 영역 행동, 구애를 하는 동안의 비행은 과시 혹은 정보 교환 기능을 할 수 있다. 229쪽(5.3.2 장식과 과시)과 276쪽(6.1.1 정보 나누기)

[박스 2.6] 충돌 회피

새들은 어떻게 충돌을 회피하는가?

나는 사냥에 나선 새매(*Accipiter nisus*)가 먹잇감인 명금류를 잡으려고 생울타리를 따라 쏜살같이 움직이거나 먹이 활동 중인 벌새가 꽃 사이를 눈 깜짝할 사이에 옮겨 가는 것을 보면 대단히 놀라곤 했다. 이렇게 빠른 속도에서 어떻게 새들이 서로 부딪히거나 주변 물체와 충돌하지 않을 수 있을까?

곤충은 눈으로 받아들이는 이미지의 움직임을 토대로 주변 환경에 대한 자기자신의 동작을 인식한다고 알려져 있다. 이를 패턴 속도(pattern velocity)라고 하는데, 꿀벌을 대상으로 한 실험에서 이와 같은 방식이 경로를 유지하고, 고도와 속도를 조절하며, 여행한 거리를 가늠하는 데 사용된다는 것이 밝혀졌다. 또한 이 실험들을 통해 벌들이 특히 코와 관자놀이 사이에서의 패턴 속도에 익숙하게 반응한다는 사실이 알려져 있다. 간단히 말해 벌은 주변 환경에서 날아다니면서 옆으로 어떤 물체가 어떤 속도로 통과하는지 감지하여 자신의 비행 행동을 조정한다. 이는 당신이 운전할 때 익숙하게 겪는 현상이다. 전방에 있는 표지판은 가는데 한세월 걸릴 것 같지만 지나가면서 표지판을 읽으려고 하면 순식간에 통과해버린다. 운전자는 여러 표지판의 겉보기 속도 변화를 평가하여 속도의 증감을 알 수 있으며 이를 통해 속도를 조절할 수도 있을 것이다.

로슬린 더킨(Roslyn Dakin)과 동료들은 새들이 비행 중 충돌 회피를 위해 전후 패턴 속도(fore-aft pattern velocity)를 이용하리라는 가설을 시험하기 위해 훈련된 벌새들을 이용하여 명쾌한 실험 몇 개를 수행했다. 연구자들은 애나벌새(*Calypte*

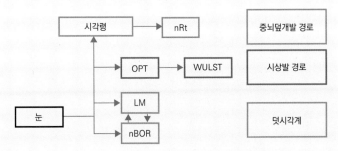

그림 2.21 조류의 시각 시스템을 구성하는 3대 경로인 중뇌덮개발 경로(밝기, 색깔, 패턴, 단순한 동작), 시상발 경로(공간 방위, 동작 인식, 양안시), 덧시각계(accessory optic system, 머리를 움직이지 않은 채로 물체를 계속 보는 능력). 축약어들은 본문에 설명되어 있다. Wylie, D.R., Gutiérrez-Ibáñez, C., & Iwaniuk, A.N. (2015) Integrating brain, behavior, and phylogeny to understand the evolution of sensory systems in birds. *Frontiers in neuroscience* 9(281).에서 가져왔다.

anna)가 통로를 지나 먹이원으로 날아가도록 훈련시켰다. 연구자들은 비행 중 통로 벽에 각각 움직이거나 멈춰 있는 패턴을 투사하고 날아가는 새들의 행동을 관찰했다. 예를 들어 한 실험에서 연구자들은 통로 벽에 수직 막대 패턴을 투사했는데, 한쪽 벽의 패턴은 움직이지 않도록 하고 반대편에는 먹이통 쪽이나 반대쪽으로 패턴을 이동시켰다. 비슷한 조작을 했을 때 벌들은 곡선 경로를 그리며 날겠지만, 벌새의 경우 방향을 바꾸지 않고 통로 중앙에서 먹이를 향해 똑바로 날아갔다. 이는 새들이 벌과 달리 코-관자놀이 패턴 속도를 따라 움직이지 않음을 보여준다. 추가적인 실험은 벌새가 실제로 수직 축의 패턴 속도-통과하는 물체들의 겉보기 높이의 변화-에 더 큰 주의를 기울인다는 것을 드러냈다. 따라서 새는 접근하는 물체의 겉보기 확대율에 따라 속도와 거리, 그리고 이에 따른 반응을 결정할 가능성이 있다(하나는 1m 거리에 있고, 다른 하나는 멀리 떨어진 수평 막대 2개를 향해 달려간다고 생각해 보자-가까운 막대가 더 빠르게 커져 보일 것이다). 그러므로 새는 패턴 속도보다는 주변 환경에 있는 물체들의 정보를 이용해서 충돌을 방지한다.

비둘기를 대상으로 한 실험을 통해 물체의 확장에 관련된 정보를 처리하는 뉴런이 원형핵(nucleus rotundus)에 있다고 특정되었다. 이 부위는 시상(thalamus)의 한 부분으로 조류의 시각 시스템을 구성하는 3대 경로 중 하나인 중뇌덮개발 경로(tectofugal pathway)에 속한다고 알려져 있다(그림 2.21). 중뇌덮개발 경로는 조류의 주요 시각 정보 전달 경로로 망막 투영(망막으로부터 나오는 신경돌기)의 90%

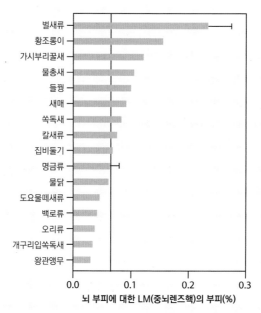

벌새류

황조롱이

가시부리꿀새

물총새

들꿩

새매

쏙독새

칼새류

집비둘기

명금류

물닭

도요물떼새류

백로류

오리류

개구리입쏙독새

왕관앵무

0.0   0.1   0.2   0.3

뇌 부피에 대한 LM(중뇌렌즈핵)의 부피(%)

그림 2.22 눈으로 물체를 쫓는 능력과 연관된 뇌 부위인 LM은 벌새, 황조롱이, 물총새와 같이 정지비행을 하는 조류에서 더 발달해 있다. Wylie, D.R., Gutiérrez-Ibáñez, C., & Iwaniuk, A.N. (2015) Integrating brain, behavior, and phylogeny to understand the evolution of sensory systems in birds. *Frontiers in neuroscience* 9(281)에서 가져왔다.

를 책임지며, 밝기 평가, 색 인지, 패턴 식별, 단순하고 복잡한 동작에 관여한다. 시상발 경로(thalamofugal pathway, 시상과 윗선조체(wulst)의 으뜸시각핵(principal optic nuclei)을 포함한다)는 공간 방위, 동작 인식과 양안시에 관여한다고 생각되어 왔다. LM(nucleus lentiformis mesencephalic, 중뇌 렌즈핵)과 nBOR(nucleus of basal optic route, 기초시신경핵)으로 구성된 덧시각계(accessory optik system)는 스스로의 동작에서 발생하는 시각 흐름(optic-flow) 처리에 관여한다. 이 것들을 비롯한 수많은 경로들을 통합하는 것은 새들의 비행에 필수적이다. 덧시각계의 LM은 OKR(optokinetic response, 시선운동), 즉 머리를 움직이지 않고 눈으로 물체의 움직임을 따라가는 능력에 중요하다고 알려져 있다. OKR은 벌새와 같이 정지비행을 하는 동물에게 꼭 필요하기 때문에 이들에게서 LM이 특별히 발달했을 것이라 기대할 수 있으며 실제로 다른 새들과 비교해보면 이는 명확하다(그림 2.22).

충돌은 발생한다

고속 공중 충돌을 피할 수 있도록 하는 여러 적응에도 불구하고 충돌은 발생하며 대체로 치명적인 결과를 야기한다. 매년 수백만 마리의 조류가 울타리, 건물, 송전 시설, 풍력발전기 등 인위적으로 만들어진 고정된 물체에 충돌하여 죽는다. 어떤 경우는 충돌이 발생하는 이유를 이해할 수 있다. 새가 당신의 집 유리창에 부딪힌다면 아마 유리를 보지 못했기 때문이리라. 하지만 어떻게 주변 식생보다 수십 미터 위에 있는 송전선 철탑이나 풍력발전 터빈을 못 볼 수 있을까? 고정된 물체와의 충돌은 수리, 독수리, 두루미, 황새 같은 커다란 활공 조류들의 가장 주요한 비자연적 폐사 원인으로 추산되었으며, 그 결과로 충돌 저감 대책이 시급한 보전 쟁점으로 떠오르고 있다. 그레이엄 마틴(Graham Martin)은 그의 탁월한 저서인 『새의 감각 생태학(The Sensory Ecology of Birds)』에서 그럴듯한 설명을 제시한다. 즉, 그리폰독수리(*Gyps fulvus*)가 비행과 그 과정에서 겪는 곤란한 상황을 고려하면, 사람이 볼 때 쉽게 인식할 수 있는 장애물을 새들이 피하지 못하는 것은 두 가지 요소의 상호작용으로 설명할 수 있다고 말한다. 우선 먹이를 찾을 때 후각을 이용하는 신대륙독수리류(New World Vultures)[22]와 달리 구대륙 독수리류는 시각에 의존한다. 그 결과, 이 새들은 범상 중에 아래를 내려다보는 데 아주 많은 시간을 할애한다. 그림 2.23에서 볼 수 있듯이, 그리폰독수리는 눈 위치상 머리 위아래로 넓은 사각지대가 있으며, 이 독수리류의 전방 시각도 측면 시각보다 예리하지 않다. 그 결과 구대륙 독수리들은 단순하게 물체를 보지 못해서 충돌하는 것 같다. 하지만 그 외의 무언가 이유가 있을 수 있다. 마틴은 새들이 날 때 자신의 지각 능력의 한계, 혹은 한계 이상의 상황에 처하는 경우가 빈번하다고 말한다. 새는 빠른 속도로 마주치는 시각 정보를 모두 처리할 능력이 없다 보니 자신에게 익숙한 환경에서 비행하는 것으로 간주하고 시각 정보를 받아들일 수 있다는 것이다. 그 결과, 이들은 앞에 있는 사물을 육안으로 보는 대신 추론하거나 예측하는 경우가 많은데, 텅 빈 하늘에 고정된 장애물이 있을 것이라고는 예상하지 못해서 알아차렸을 때는 너무 늦은 것이리라.

---

22 콘도르(*Vultur gryphus*), 칠면조독수리(*Cathartes aura*) 등을 포함하는 계통으로 수리목(Accipitriformes)에 속하지만 구대륙의 독수리류와는 계통분류학적 연관이 적은 집단이다.

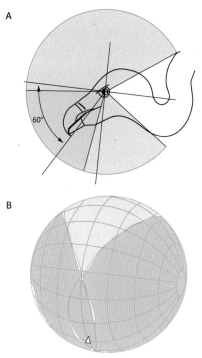

그림 2.23 비행 중인 구대륙 독수리들은 땅을 살피며 썩은 고기를 찾는다. 그러면서도 측면을 둘러보며 먹이를 찾아 날아가는 다른 독수리를 주시해야 한다. 독수리는 그림 A처럼 머리를 60도 정도 기울이고 비행하는데, 그러면 전방과 몸 위쪽 방향의 대부분이 보이지 않는다(그림 A와 B에 파랗게 색칠된 부분). Martin, G.R. (2017) *The Sensory Ecology of Birds.* Oxford University Press, Oxford. 에서 가져왔다.

충돌 저감

충돌 위험을 최소화하기 위해 우리는 무엇을 할 수 있을까? 물론 풍력발전 터빈의 위치를 새가 접근할 가능성이 낮은 곳으로 옮길 수도 있다. 하지만 충돌 위험이 있는 곳이라면 충돌을 막을 활동들이 이루어져야 한다. 장애물 주변의 환경을 조작하여 새들을 그곳에서 우회시키는 방법도 있다. 송전선 앞에 나무를 심음으로써 새들이 그 위로 날도록 할 수도 있다. 몇몇 사례에서 송전선에 깃발이나 원반, 공 등을 붙임으로써 가시성를 높여 충돌 사고를 줄였다. 그러나 앞서 언급했듯이 새들이 자신들의 지각 능력을 벗어나 비행하는 이유로 송전선을 보지 못했다면 송전선에 끼워진 원반 또한 보지 못할 것이다. 풍력발전 터빈의 경우, 새가 자주 찾지 않는 곳에 풍력발전 단지를 조성하여 충돌 위험을 최소화할 수 있다. 예를 들어 이동 경로 상의 병목 지대와, 번식 집단이 번식지를 오가면서 이용하는 비행 경로를 피해 풍력단지를 조성할 수 있을 것이다. 다른 대안으로는, 움직이지 않는 터빈이 움직이는 터빈보다 위험도가 낮을 수 있으므로(회전하는 풍력발전기 날개는 새가 안전하게 날아갈 수 있는 공간을 감소시킨다는 것을 쉽게 생각해 볼 수 있다) 충돌 위험이 적은 시기에만 터빈을 가동하는 것도 도움이 될 수 있다. 현재로서는 충돌을 막을 명쾌한 해법이 없는 것 같다. 하지만 이 분야는 풍력 발전 단지 외에도 대규모의 고정형 구조물이 증가하는 추세에서 빠르게 발전하고 있으며, 희망하건대 머지않은 미래에 중요한 돌파구가 마련될 것이다.

참고문헌

Dakin, R., Fellows, T.K., & Altshuler, D.L. (2016). Visual guidance of forward flight in hummingbirds reveals control based on image features instead of pattern velocity. *Proceedings of the National Academy of Sciences* 113(31), 8849-8854.

Martin, G.R. (2017) *The Sensory Ecology of Birds*. Oxford University Press, Oxford.

Wylie, D.R., Gutiérrez-Ibáñez, C., & Iwaniuk, A.N. (2015) Integrating brain, behavior, and phylogeny to understand the evolution of sensory systems in birds. *Frontiers in neuroscience* 9(281).

2.8 비행과 비행 불능의 진화

🕊 날아가기
공룡으로부터 새의 진화. 21쪽(1.3 현생 조류의 진화)

'새가 공룡으로부터 진화했는가'라는 질문(1장)과 마찬가지로 조류의 비행 능력 진화에 대한 질문 역시 논쟁을 불러일으켰다. 언제 그리고 어떻게 비행이 진화했는가? 우리가 앞선 장에서 논의했던 수많은 공룡, 파라베스류(paravian)[23] 그리고 조류의 화석 기록은 이 질문에 대한 해답을 찾아가는데 도움이 된다(그림 2.24).

첫번째 학설은 비행이 활공에서 출발해 점진적으로 날갯짓 비행으로 진화했다는 것이다. 이들의 가설은 동물이 나무(또는 절벽 등)에 올라갔을 때, 지면으로의 낙하를 느리게 하거나 한 높은 장소에서 다른 곳으로 도약하는 거리를 늘리기 위해 비행을 사용했다는 가설로 '나무에서 내려오기 가설(tree-down hypothesis)' 또는 '수목 가설(arboreal hypothesis)'이라고 한다. 두번째 학설은 '땅 위 가설(ground-up hypothesis)' 혹은 '달리기 가설(cursorial hypothesis)'로, 달리는 동물이 뒤쫓는 포식자로부터 도망치거나 날아다니는 먹이를 잡는 등의 상황에서 먼 거리를 도약할 때 안정성을 높이려는 목적으로 비행이 진화했다는 것이다. 세번째로, '경사면 달리기를 돕는 날개 가설(wing assisted incline running hypothesis, 이하 WAIR)'은 초기 날개가 오르기 힘든 경사면을 오르기 위한 추진력을 제공하는 데 사용되었다는 것이다. 마지막 학설은 날갯짓(나중에는 날갯짓 비행)이 수직 도

---

[23] 조류 및 드로마이오사우루스류 등 조류와 가까운 깃털 공룡을 포괄하는 단계통 분류군으로 쥐라기 중기부터 확인된다.

약 높이를 높이는 맥락에서 진화했다는 것이다.[24] 그렇다면 이 견해들을 지지하는 증거는 무엇이 있을까?

수목 가설을 지지하는 증거들은 다양한 곳에서 나온다. 다수의 초기 조류 화석 기록은 힘찬 날갯짓 비행보다는 활공에 적합해 보인다. 조류의 공룡 조상 다수는 나무 등을 오를 수 있었다. 포유류(박쥐류)에서 비행의 진화는 '나무에서 내려오기'로 여겨진다. 광범위한 척추동물 분류군에서 (나무)오르기와 활공은 연관이 있다. 중력을 이용해서 이륙하는데 필요한 초기 힘을 얻는 것이 중력을 거스르며 땅에서 날아오르는 것보다 더 쉽고 효율적이다. 아마 가장 중요한 증거로, 꽤 많은 현생 조류의 조상종 화석들이 활공에 적합하지만 날갯짓 비행을 할 수는 없는 해부학적 구조와 깃털 종류를 가졌다. 하지만 많은 조류의 조상 및 초기 조류의 뒷다리는 무언가를 타고 올라가는 동물보다는 뛰어다니는 공룡을 닮았기 때문에 수목 가설만으로는 설명이 불충분하다.

초기 조류와 이들의 조상이 달리는 동물이라고 가정했을 때, 달리기 가설과 WAIR 가설, 수직 도약 가설을 지지하는 증거에는 어떤 것들이 있을까? 땅에서 날아오르기 위해서 행하는 이 모든 행동들은 현생 조류에서도 볼 수 있으며 모두 그럴듯하게 보인다. 오리류는 날갯짓을 하면서 수면을 달리고, 참새목 조류는 공중으로 도약한 후에 날갯짓을 하며, 자고새는 비행하지 않고 가파른 산비탈을 오를 때 WAIR 가설처럼 추진력을 얻는다

주요 참고문헌

Dececchi, T.A., Larsson, H.C., & Habib, M.B. (2016) The wings before the bird: an evaluation of flapping-based locomotory hypotheses in bird antecedents. *PeerJ* 4, 2159.

24 이외에도 먹잇감을 놀래켜 날아가게 해서 사냥에 도움을 준다는 가설(flush-pursue)도 있다.

고 보고되었다. 알렉산더 드세치(Alexander Dececchi)와 동료들은 비조류 수각류들이 땅에서 이륙해 현생 조류처럼 날 수 있는 능력을 가졌는지, 또 날갯짓 비행의 진화를 설명할 수 있는 가장 유력한 가설이 무엇인지 규명하기 위해 날개와 몸 크기, 해부학적 구조를 고려한 생물공학적 모델링 기법을 이용했다. 이들은 미크로랍토르(*Microraptor*)와 같은 소수의 파라베스류만이 날갯짓 비행을 할 수 있었을 뿐, 대부분의 날개 달린 조상종들은 그렇지 못했음을 밝혀냈다. 연구자들은 달리기 가설, WAIR 가설 그리고 수직 도약 가설 중에서 특정 가설을 보다 지지하는 증거는 찾지 못했다. 그 중에서도 WAIR 가설은 지지하는 증거가 가장 적었지만 시조새처럼 몸집이 작고 날개가 큰 동물에서는 이 가설을 완전히 배제할 수는 없었다. 하지만 드세치의 분석 결과는 날갯짓 비행이 공룡 혹은 새의 계통에서 여러 차례 독립적으로 출현했기 때문에 비행의 진화에 관한 단일한 설명은 어쩌면 언제나 불충분할 것이라는 사실을 보여준다. 역설적으로 들릴 수도 있지만 화석 기록(1장)과 드세치의 연구 결과에 따르면 깃판을 갖춘 깃털이 달린 날개나 꼬리는 날 수 없는 수각류 공룡에서 진화했다. 그러므로 이들의 초기 기능은 이동 능력과 관련이 없을 가능성이 높다. 우리가 화석 기록으로 알고 있는 것처럼 날개에 있는 깃털이 짙게 착색되어 있는 것으로 보아 이 깃털에는 구애 또는 공격행동에서 과시 기능이 있었을지도 모른다. 또는 어쩌면 이 깃털이 새끼를 돌보는 동안 악천후 등을 막는 용도로 사용되었을 수도 있다.

한때 날 수 없는 새들은 비행 능력이 한 번도 진화한 적 없는 계통에서 진화했다고 추정되었다. 오늘날 우리는 이 추정이 사실과 다르며 현존하는 모든 날 수 없는 조류는 날 수 있던 조상종에서 유래했음을 안다. 현생 조류의 조상에게 비행이 꼭 필요한 이점이었다면, 왜 이들은 훗날 비행 능력을 상실했을까? 물론 이는 비행이 더 이상 이득이 아닌 상황이 있기 때

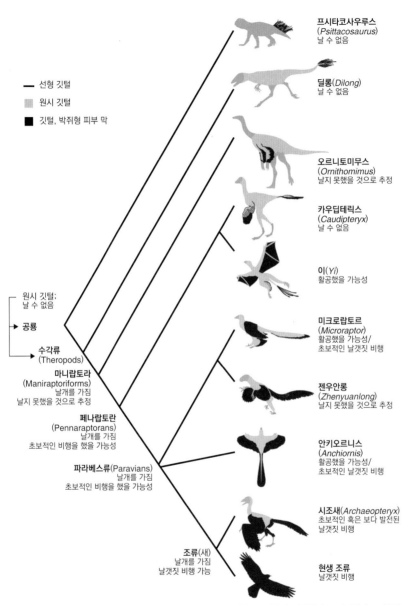

범례:
- ── 선형 깃털
- ▦ 원시 깃털
- ■ 깃털, 박쥐형 피부 막

프시타코사우루스
(*Psittacosaurus*)
날 수 없음

딜롱(*Dilong*)
날 수 없음

오르니토미무스
(*Ornithomimus*)
날지 못했을 것으로 추정

카우딥테릭스
(*Caudipteryx*)
날 수 없음

이(*Yi*)
활공했을 가능성

미크로랍토르
(*Microraptor*)
활공했을 가능성/
초보적인 날갯짓 비행

젠우안롱
(*Zhenyuanlong*)
날지 못했을 것으로 추정

안키오르니스
(*Anchiornis*)
활공했을 가능성/
초보적인 날갯짓 비행

시조새(*Archaeopteryx*)
초보적인 혹은 보다 발전된
날갯짓 비행

현생 조류
날갯짓 비행

원시 깃털;
날 수 없음

공룡

수각류
(Theropods)

마니랍토라
(Maniraptoriforms)
날개를 가짐
날지 못했을 것으로 추정

페나랍토란
(Pennaraptorans)
날개를 가짐
초보적인 비행을 했을 가능성

파라베스류(Paravians)
날개를 가짐
초보적인 비행을 했을 가능성

조류(새)
날개를 가짐
날갯짓 비행 가능

그림 2.24 깃털과 날개는 몇몇 초기 공룡에서 진화했지만 비행은 그 이후에 진화했다고 여겨진다. 또한 완전한 날갯짓 비행을 할 수 있는 계통은 새가 유일한 것으로 보인다. Brusatte, S.L. (2017). A Mesozoic aviary: Biomechanical models are key to understanding how dinosaurs experimented with different ways of flying. *Science* 355(6327), 792-794.에서 가져왔으며, AAAS의 허락을 받았다.

문이다. 비행 불능의 진화는 고립된 섬에 서식하는 지상성 조류 종들에서 흔히 나타난다. 이런 서식지에서는 포식자가 없는 경우가 많아서 회피를 위한 비행이 불필요하고, 먹이를 찾거나 섬을 떠나기 위해 비행할 가능성도 희박하므로, 어떤 이유든 비행이 특별히 중요하지 않다. 일부 해양성 조류는 헤엄을 치다보니 비행이 부차적이며 날개는 물속에서 방해가 될 수도 있다. 그러므로 날개는 퇴화하거나(그 결과로 수영 능력이 좋은 일부 조류는 잘 날지 못한다), 심지어 펭귄의 경우처럼 일종의 물갈퀴가 되는 방향으로 진화의 경로를 완전히 바꿀 수도 있다.

요약

깃털은 단열, 과시 등 여러 기능을 가지고 있지만 그 중에서도 특히 비행에 결정적인 역할을 하며, 지속적으로 관리되고 깃갈이를 통해 정기적으로 교체되어야 한다. 비행은 에너지 측면에서 비용이 많이 들지만, 새들은 구조적, 생리적 그리고 행동의 적응을 통해 그 효율을 극대화한다. 날지 못하는 현생 조류는 비행 능력을 잃는 방향으로 진화했으며, 아직 비행 능력을 얻기 전의 단계는 아니다.

3장
이동과 길찾기

"하늘의 황새는 이동할 때를 안다."

-예레미야서, 8장 7절

이 장을 여는 인용구는 오래전부터 사람들이 이동 현상에 대해 알고 있었음을 보여준다. 이 예언자는 이동을 '청중'을 이해시키기 위한 비유로 활용했다. 이러한 비유는 그 은유인 이동을 청중이 잘 이해하고 있어야 제대로 작동할 것이다.

이 장에서는 독자들이 이동 현상에 대해 꽤 알지만 자세히는 모른다고 가정하겠다. 그러므로 이동에 관한 몇 가지 근본적인 점을 생각해보고자 한다. 이 현상은 왜 발생하는가? 이는 어떻게 조절되는가? 이동을 위해 새의 몸은 어떻게 적응하는가? 이 행동이 새에게 미치는 영향은 무엇이며 또 새의 관리와 보전이라는 관점에서 초래하는 결과는 무엇인가? 그리고 엄밀한 의미에서 이동은 아니지만 많은 공통점을 공유하는 다른 움직임들도 논의하고자 한다. 마지막으로 새들이 이동 도중 길을 찾을 때 시용하는 기제들에 관해 생각해 보고, 새들이 일상생활에서 활용하는 길찾기로 논의를 확장할 것이다.

새에 관해 다른 것은 잘 모르더라도 대부분의 사람들은 새가 이동한다고 말할 수 있을 것이다. 자세한 사항에서는 틀렸을 수도 있지만, 사람들은 새들이 나쁜 날씨를 피하기 위해 남쪽으로(혹은 북쪽. 당신이 사는 곳이 북반구인지 남반구인지에 따라 달라진다) 날아간다고 이야기할 것이다. 이동이라는 일반적인 현상, 즉 정해진 경로를 따르는 종의 대규모 이동은 우리를 경외감으로 가득 채운다. 이 장거리 움직임에 관한 관심은 엄청나서, 2004년과 2005년 한 무리의 태즈메이니아알바트로스 (*Thalassarche cauta*)가 남극해 외해를 거쳐 남아프리카로 향하고, 또 남아프리카에서 출발해 돌아오는 약 10,000km의 이동 여정에 올랐을 때 수백만 명의 사람들이 그 진행 상황을 열렬하게 지켜봤을 정도이다. 이 새들이 전자 위성 추적 장치를 부착하고 있었고, 날마다 이들이 이동한 경로가 개방형 인터넷 사이트 지도에 표시되었기 때문에 이들을 추적할 수 있었다. '빅 버드 레이스(The Big Bird Race)' 프로젝트는 산업계(이 경우 마권 업체 Ladbrokes), 태즈메이니아 주정부, 호주자연보전재단 소속 과학자들 그리고 개인 참가자들이 함께한 획기적인 합작품이었다. 어떤 의미에서 가장 중요했던 것은 지명도 있는 개인 참가자들로 모델이자 여배우인 제

개념정리 이동의 범주들

우리는 새의 이동을 서로 다른 두 범주를 구별할 수 있다.

첫번째 범주는 자원 부족에 따른 즉각적인 반응에 관련된 것이다. 섭식 여행(foraging trip), 소규모 서식지 사이 돌아다니기, 행동권을 형성하기 위해 태어난 공간에서 지역 내 이용 가능한 공간으로 움직이는 분산 등이 이에 포함된다. 이러한 움직임들은 관련된 자원에 대한 필요가 충족되었을 때 종료된다.

두번째 범주의 움직임은 진정한 이동으로, 내적인 리듬 또는 자원이 부족하리라는 전망이 유발한다. 진정한 이동은 자원 요구 반응을 생리적으로 억제하는 특징이 있다. 또한 이동 자체의 결과로 생리적 변화가 나타난다.

리 홀(2004년에 우승한 새인 '아프로디테'를 후원했다), 알바트로스의 운명이 사람의 운명과 연결되어 있다고 예언한 고전적인 시 「오래된 뱃사람의 노래(Rime of the Ancient Mariner)」를 쓴 사무엘 테일러 콜리지(Samuel Taylor Coleridge)의 직계 후손이자 출판인 니콜라스 콜리지(Nicholas Coleridge) 등이 그들이었다. 빅 버드 레이스에서 모인 후원금은 버드라이프 인터내셔널(Birdlife International)이 주관하는 '알바트로스 보전 캠페인(Save the Albatross Campaign)' 기금의 결정적인 부분을 담당했으며, 행사는 자체로 알바트로스류와 전반적인 바닷새들이 처한 역경에 대해 대중적인 관심을 불러일으켰다(박스 3.1).

[박스 3.1] 위기에 처한 알바트로스류

　　알바트로스류가 속해 있는 알바트로스과(Diomedeidae)는 세계에서 가장 심각한 위기에 처한 조류 과로 알려져 있다. 2017년 세계자연보전연맹 적색목록(IUCN Red List)은 이 과에 속한 22종 전 종이 일정 수준의 멸종 위기에 처해 있다고 평가했다. 이 중 트리스탄알바트로스(*Diomedea dabbenena*), 암스테르담알바트로스[25](*D. amsterdamensis*), 갈라파고스알바트로스(*Phoebastria irrorata*) 3종은 위급(CR) 단계로 분류되어 있으며, 당연하게도 심각한 멸종 위기에 놓여 있다. 더 나아가 12종은 위기(EN), 취약(VU) 단계이며 나머지 종들은 준위협(NT) 단계로 평가되었다. 조류학자들과 보전 기관들의 더할 나위 없는 노력에도 불구하고, 12종은 아직도 개체수가 감소하는 경향을 보이고 있다. 2종은 경향성이 알려지지 않았고, 4종은 개체수에 큰 변화가 없는 것으로 생각되며, 다행히 4종은 개체수가 증가하고 있지만 아직 안전한 수준은 아니다.

　　큰 바다를 홀로 거니는 나그네라는 불가사의한 지위에도 불구하고 이 장수하는

25　이 종은 개체수가 다소 증가하는 추세로 2018년 CR에서 EN으로 단계가 조정되었으나, 아직 성숙 개체수가 92마리에 불과한 것으로 추산된다.

바닷새가 번식지를 떠난 후의 생태에 관해 우리가 아는 것은 놀랍도록 적다. 이는 역사적으로 이 새에 관한 연구가 대단히 어렵기 때문이다. 예를 들어 29년 동안의 장기 연구에서 나그네알바트로스(*D. exulans*) 20,000마리 이상에게 가락지를 부착했는데, 그 중 번식 둥지 밖에서 다시 잡히거나 재관찰된 개체는 81마리에 불과했다. 우리는 점차 정교해지는 위성 추적 기술을 통해 이 새들의 개체 및 개체군의 이동이나 분산 전략, 먹이 활동을 밝혀내기 시작하고 있다. 예를 들어 최근 영국 남극조사단(British Antarctic Survey) 연구원들은 회색머리알바트로스(*Thalassarche chrystostoma*) 성조의 경우 세 종류의 이동 전략이 존재한다는 사실을 규명했다. 어떤 새들은 남대서양 사우스조지아섬과 그 주위의 번식지에서 머무른다. 다른 새들은 사우스조지아섬 인근과 인도양 서남부의 특정 지역 사이를 규칙적, 반복적으로 이동한다. 흥미롭게도 이 지역에는 회색머리알바트로스의 텃새 개체군도 서식하는데, 이 개체군은 상대적으로 정주성을 띤다. 마지막으로 사우스조지아섬의 어떤 개체들은 번식기 사이에 한 번 혹은 그 이상 세계 일주를 한다. 이들 중 일부는 하루에 거의 1,000km를 날아 가장 빠른 기록으로는 46일 만에 지구를 한 바퀴 돌았다(이론적으로 쉬지 않고 가장 빨리 지구 한 바퀴를 돌면 30일이 걸린다). 또 위성 추적 연구를 통해 연례 이동에 더해 나그네알바트로스 개체가 짝이 포란 중일 때 최대 33일 동안 3,600km에서 15,000km 거리로 섭식 여행을 떠날 수 있다는 사실이 드러났다. 이 여행은 새끼새가 부화한 후에는 3일에 걸쳐 약 300km 정도 여행하는 것으로 짧아졌다.

이 새들의 움직임 패턴을 규명하는 연구 결과는 이를 토대로 효과적인 보전 전략을 세울 수 있다는 점에서 매우 중요하다. 다른 많은 새들과 달리, 알바트로스류는 번식지에 대한 위협으로 멸종 위기에 처한 종이 아니다. 인간의 어업 활동에 의한 혼획으로 이들 중 많은 수가 숙어나가고 있다. 특히 매년 수십만 마리의 바닷새들이 어획 기법 중 하나인 연승 어업의 희생양이 되고 있다. 연승 어업 작업을 할 때에는 어선 뒤로 미끼를 단 낚시바늘 수천 개가 최대 130km 길이로 줄지어 펼쳐진다. 대개 바닷새들 특히 알바트로스들이 미끼를 먹으려고 하다가 낚시바늘에 걸려 익사해 죽는다. 비막치어(*Dissostichus eleginoides*, 일명 메로) 연승 어업을 부분적으로 폐쇄하는 조치를 포함해 사우스조지아섬 인근에서 이루어진 저감조치는 이 지역에서 알바트로스류 혼획을 최소 수준까지 감소시켰다. 하지만 샐리 폰셋(Sally Poncet)과 동료들이 최근 사우스조지아의 알바트로스류 개체군들을 조사한 결과 2004년과 2015년 사이 나그네알바트로스와 회색머리알바트로스 개체군이 각각 18%와 43% 감소했다고 나타났다.

그림 3.1 회색머리알바트로스 © Ian Robinson

회색머리알바트로스의 이동에 관한 연구는 적어도 이 종에서는 인도양 서남부에서 서식하는 개체군만이 강도 높은 연승 어업에 직접적 영향을 받으며, 그러므로 저감 노력이 이 지역에 집중되어야 함을 제시한다. 다행히도 몇몇 저감조치가 가능하다. 어선 폐기물을 최소화하여 새들이 이 지역으로 유인되지 않도록 하기, 대부분의 바닷새가 먹이 활동을 하지 않는 밤에 낚싯줄 치기, 낚싯줄을 무겁게 만들어 새들이 들어갈 수 없는 깊이까지 미끼를 가라앉히기 등으로 연승 어업의 영향을 최소화할 수 있다. 물론 이는 어선 선주들이 저감조치들을 받아들여 적용했을 때만 가능한 것이다. 이러한 목적을 달성하기 위해 13개국 정부는 「알바트로스류와 슴새류의 보전을 위한 협약」 (The Agreement for the Conservation of Albatrosses and Petrals, ACAP)에 가입했다. 이로써 이들은 자국 선단에 의한 연승 어업 영향을 줄이고, 협약에서 정하는 새들의 보전 지위를 증진시키기 위한 특별한 조치를 취하는 데 동의했다. 전체 연승 어업의 1/3에서 1/2 정도가 특정한 국가에 소속되지 않은 불법 해적선에 의해 이루어진다는 통계를 고려한다면, 알바트로스가 '우리 모두의 목에 걸린 짐이 되지 않도록' 변화를 위한 압력은 계속되어야 할 것이다.

참고문헌

Croxall, J.P. (2008) The role of science and advocacy in the conservation of Southern Ocean albatrosses at sea. *Bird Conservation International* 18, 13-29.

Croxall, J.P., Silk, J.R., Phillips, R.A., Afanasyev, V., & Briggs, D.R. (2005). Global circumnavigations: tracking year-round ranges of nonbreeding albatrosses. *Science* 307, 249-250.

Poncet, S., Wolfaardt, A.C., Black, A., et al. (2017) Recent trends in numbers of wandering (*Diomedea exulans*), black-browed (*Thalassarche melanophris*) and grey-headed (*T. chrysostoma*) albatrosses breeding at South Georgia. *Polar Biology* 40, 1347-1358.

새들의 이동이 모두 알바트로스처럼 전 지구적 규모로 이루어지지는 않는다. 태즈메이니아에서 번식하는 다른 새인 칼새앵무(*Lathamus discolor*) 역시 연례 이동을 한다. 이 종은 태즈메이니아 서부에서 번식하면서 주로 이 계절에 피는 유칼립투스속(*Eucalyptus*) 식물의 꽃송이와 꿀을 먹는다. 번식기가 끝나가고 꽃이 점점 드물어지면 이 새들은 태즈메이니아 동부로 분포권을 바꾼 후, 배스 해협을 건너 300km 북쪽의 호주 남부로 이동한다. 다음 해 번식을 위해 다시 해협을 건너기 전, 남반구의 겨울 내내 이 새들은 먹이를 찾으면서 호주 남부 전역에 머무른다.

🐦 개념정리 **적색 목록(The Red List)**

1964년부터 세계자연보전연맹(the International Union for the Conservation of Nature, IUCN)은 멸종 위기에 처한 생물들의 목록을 만들어 유지하고 있다. 잘 알려져 있듯이 이 적색 목록은 생물 수천 종의 멸종 위험성을 매년 평가해 대중과 정책 입안자들에게 제공하고 있다. 멸종 위험은 개체군 규모와 그 경향성, 지리적 분포를 고려하여 산출되며 몇 개의 단계로 표현된다.

3.1 이동의 생태학

왜 새들은 이동하는가? 우리는 북반구에서 철새들이 더 온화한 기후와 보장된 먹이 자원이 있는 곳에서 겨울을 나기 위해 우리네 해변을 떠난다고 생각하기 마련이다. 비슷하게 우리 주변에서 월동하는 새들이 번식지에서 겪을 더 모진 환경을 피해 이곳으로 이동했다고 생각한다. 그러므로 새들이 추운 날씨를 피해 이동한다고 주장할 수 있을 것이다. 하지만 모든 이동이 추운 겨울 환경에 대한 반응은 아니라는 점을 기억해야 한다. 열대지방의 종들 다수는 우기와 건기의 계절적 반복에 따라 이동한다. 하지만 온대와 열대의 철새 모두에게 이동은 적어도 부분적으로는 예측 가능한 기후 변동성에 대한 진화적 반응이다. 또한 이동은 이러한 기후 요동과 연동되는 먹이 자원의 계절적 변동에 대한 반응이기도 하다. 그러나 조금 다른 관점을 취하는 견해도 있다. 어떤 학자들은 이동이 새들 사이 종간·종내 우세 관계의 계절적 변화에 대한 반응으로 진화했다고 주장한다. 즉 1년 중 어떤 시기에 어떤 새들이 마주하는 경쟁의 정도가 이동으로 경쟁을 줄이지 않으면 안 될 만큼 크다는 견해이다. 당신은 직전 문장에서 나의 언어 사용이 다소 부정적이었다는 점을 눈치챘을 수도 있다. 어찌 됐든 우리는 이동을 단지 곤경을 피하기 위한 극단적인 조치로만 보아서는 안 된다. 마찬가지로 이를 계절적으로 이용할 수 있는 기회에서 이득을 얻기 위해 새들이 채택하는 전략으로 생각할 수도 있다. 그렇다면 우리는 풀쇠개개비(*Acrocephalus schoenobaenus*) 또는 노랑미주솔새[26](*Dendroica petechina*)와 같은 '온대성' 철새들을 북방의 겨울을 피하기 위해 열대의 고온과 습도를 견디는 온대 조류로 보아야 할까? 아니면 해가 긴 온대 지

---

26 현재 *Setophaga*속으로 분류하고 있다.

방에서 더 오랫동안 먹이 찾기를 할 수 있다는 이득을 얻는 열대 조류로 보아야 할까?

　이동을 하는 이유가 무엇이든 한 가지 사실만은 분명한데, 바로 이동이 새들에게 이익이 된다는 것이다. 그렇지 않다면 새들이 이런 일을 하지 않을 것이기 때문이다. 이동은 에너지와 위험이라는 측면에서 큰 비용을 치른다. 많은 종들은 이동 중에 지리적인 병목을 거치며 이때 사람을 포함한 포식자들에 특히 취약하다. 가을에 미국을 거쳐 남쪽으로 이동한 야생조류 중 겨우 60%만이 다음 봄에 번식지로 돌아온다고 추산되었다. 엘레오노라매(*Falco eleanorae*)는 유럽에서 지중해를 거쳐 북아프리카로 향하는 참새목 조류들의 가을철 이동 시기에 번식기를 맞춰 먹이의 계절적인 과잉을 이용한다. 그런데 같은 논리로, 이동이 이익이 된다면 왜 어떤 종들은 텃새로 남을까? 이는 각각의 종들이 나름대로 행동과 생태의 균형을 맞추었기 때문일 것이며, 우리는 일반적인 열대지역 텃새, 온대지역 텃새와 철새들의 생활사에서 각각 나타나는 핵심적인 특징들을 비교함으로써 이 균형을 어느 정도 이해할 수 있다(표 3.1)

　캐터슨(Ellen D. Katterson)과 놀란(Van Nolan Jr.)은 검은눈준코(*Junco*

표 3.1 일반적인 철새와 텃새의 핵심 생활사 특성 비교

형질	온대지역 텃새	철새	열대지역 텃새
생산성	높음	중간	낮음
성조 생존율	낮음	중간	높음
어린새 생존율	낮음	중간	중간/높음

주요 참고문헌

Katterson, E.D. and Nolan, V. Jr. (1983) The evolution of differential bird migration. *Current Ornithology* 1, 357-402.

hyemalis) 연구에서 암컷과 수컷의 이동 행동을 비교했다. 연구자들은 이들이 성에 따라 서로 다른 이동 행동을 보인다는 결과를 통해 각 성이 이동 중에 작용하는 선택압에 현저히 다른 방식으로 반응한다는 것을 보여주었다. 이 종은 미국 북부와 캐나다에 걸쳐 번식하며 미국과 캐나다 남부 전역에서 월동한다. 하지만 개체군 내에서 암컷과 수컷은 서로 다른 거리를 이동한다. 암컷은 수컷보다 더 먼 남쪽까지 이동한다. 이들의 월동 이동에서는 더 멀리 이동하는 것이 이득으로 암컷은 수컷보다 월동 생존율이 높다. 남쪽으로 더 멀리 이동하는 행동이 이렇듯 이득이 된다면, 왜 수컷들은 비교적 짧게 여행함으로써 죽음의 위험을 감수할까? 왜 수컷들은 암컷들과 같은 장소에서 월동하지 않을까? 이 질문에 대한 답은 수컷들에게 엄청난 영향을 끼치는 두번째 선택압이 있다는 사실과 관련이 있다. 짧은 거리를 이동해 겨우내 살아남은 새들은 여름철 번식지로 돌아올 때도 더 짧은 거리만 이동하면 된다. 영역으로의 빠른 도착과 높은 번식 생산성 사이에 강력한 비례 관계가 있다. 간단히 말하면, 가장 빨리 도착하는 새가 최고의 자리를 선점하고 가장 많은 새끼를 길러낸다. 즉, 수컷 검은눈준코에게는 너무 멀리 남쪽으로 이동하지 않을 때의 이득이 겨울을 나다 죽을 위험을 압도한다.

🪶 **개념정리 이동 전략**

철새들은 여러 가지의 이동 전략을 채택한다. 어떤 종은 한 번에 장거리 비행을 하고, 다른 종은 여러 번 짧은 도약이동을 하면서 이동 경로 중에 먹이를 보충한다. 이동 경로 상의 병목 지대로 모여드는 종이 있는 반면, 넓은 지역에 걸쳐 이동하는 종도 있다. 어떤 종은 암컷과 수컷이 시기를 달리하여 이동하거나, 다른 목적지로 이동하는데, 이를 성편향 이동(differential migration)이라 한다. 한 종의 서로 다른 번식 집단이 종종 다른 월동 지를 이용하기도 하는데, 이때 서로에 대해 추월(leap-frog) 이동을 하기도 한다.

3.2 이동과 유전자

이동 시기 동안 참새목 조류는 행동 변화를 보인다. 밤에 이 새들은 안절부절못하게 된다. 이러한 이동불안은 연구자들에게 이동하려는 욕구의 강도를 측정하고 비교할 수 있는 길을 열어 주었다.

포획된 새들은 그림 3.2에서 볼 수 있듯이 홀로 깔때기 새장에 가둬둘 수 있다. 이 새장의 바닥에는 잉크 패드가 있으며 지붕에는 새가 밤하늘을 볼 수 있는 철사 철창이 있다. 이동하는 중이 아닌 새는 밤에 활동적이지 않으며 잉크 패드에 서 있다. 하지만 이동불안을 느끼는 이동 시기 중에 새들은 깔때기 경사면을 향해 퍼덕거린다. 이 퍼덕거림은 깔때기 벽에 남는 새의 잉크 발자국으로 기록된다. 이 상대적으로 단순한 구조를 통해 두 가지 중요한 정보를 얻을 수 있다. 발자국의 숫자는 새가 안절부절못하는 정도, 또는 그 새가 이동하려는 충동의 강도와 비례하며, 깔때기 벽의 발자국 위치는 새가 날아가고자 하는 방향을 나타낸다.

깔때기 새장 속 새들과 야생 새들의 이동 행동을 관찰한 결과를 통해 같은 종에 속하는 개체들끼리도 이동 행동이 서로 다르다는 사실이 잘 알려져 있다. 이러한 관찰에서 이동을 조절하는 유전적 요소가 있으리라고 추성되어 왔다. 예를 들어 슈바블(Hubert Schwabl)이 유럽검은지빠귀[27] (*Turdus merula*)의 독일 개체군 중 철새 개체군의 새끼새들과 텃새 개체군

주요 참고문헌

Schwabl, H. (1983) Ausprägung und Bedeutung des Teilzugverhaltens einer südwestdeutschen Population der Amsel *Turdus merula*. *Journal of Ornithology* 124, 101-106.

---

27 한반도에 나그네새로 도래하는 대륙검은지빠귀(*T. mandarinus*)는 과거 이 종의 아종으로 보았지만 현재 독립된 종으로 본다.

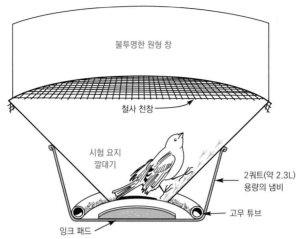

불투명한 원형 창

철사 천창

시험 요지
깔대기

2쿼트(약 2.3L)
용량의 냄비

고무 튜브

잉크 패드

그림 3.2 깔때기 새장에 갇힌 철새. 깔때기 벽에 찍힌 발자국은 새들이 보이는 이동 욕구와 날아가고자 하는
방향을 나타낸다. Able, K.P. (2004) *Birds on the move: Flight and Migration.*에서 가져왔다. 삽화는
Handbook of Bird Biology, Poduka, S. Rohrgaugh R.W. Jr. and Bonney, R.(eds.) The Cornell Lab
of Ornithology, Ithaca.에 수록된 Robert Gilmore © Cornell Lab of Ornithology의 그림이다.

의 새끼새들을 대상으로 실험했을 때, 철새 개체군의 새끼에서는 이동불
안이 나타났으나 텃새 개체군의 새끼들은 그렇지 않았다. 이 새들은 자기
부모로부터 이동 경향을 물려받았다고 추정되었다. 다만 우리가 유전자와
이동의 관련성에 대해 더 자세히 알아보기 전에, 환경이 이동에 관여할 수
있음을 인식하는 것 역시 중요하다는 점을 언급해 둔다. 영국에서 유럽재
갈매기(*Larus argentatus*)는 텃새인 반면 아주 가까운 종인 검은등재갈매기
(*L. fuscus*)는 철새이다. 해리스(M. P. Harris)는 이 종들의 새끼새들을 교차
양육시켰는데(즉, 검은등재갈매기 새끼새를 유럽재갈매기 둥지로 옮겼고,
그 반대로도 새끼새를 옮겼다), 유럽재갈매기 둥지에서 길러진 어린 검은
등재갈매기는 정상적으로 이동 행동을 했고, 추정컨대 유전적 부모로부터
이동 행동을 물려받은 것으로 나타났다. 하지만 검은등재갈매기 둥지에서
길러진 유럽재갈매기 역시 이동했다. 이들이 이동한 거리는 양부모인 검
은등재갈매기보다 짧았다. 이 새들은 이동하는 행동 양식을 물려받지 않

앉으므로 당연히 양부모의 움직임과 같은 외부 환경 단서에 반응했을 것이다. 이는 유전자가 당연히 중요하지만, 환경 요소 또한 이동에 부분적으로 역할을 한다는 점을 보여준다.

주요 참고문헌
Harris, M.P. (1970) Abnormal migration and hybridisation of *Larus argentatus and L.fuscus* after inter species fostering experiments. *Ibis* 112, 488-498.

조류의 이동에서 유전자의 역할은 유럽 전역과 몇몇 북대서양 섬들(아조레스, 마데이라, 카나리아 군도와 카보베르데 군도)에서 관찰되는 검은머리흰턱딱새(*Sylvia atricapilla*)에서 가장 깊이 있게 연구되었다. 피터 베르톨트(Peter Berthold)와 동료들은 이 종을 대상으로 야생과 실험실에서 광범위한 연구를 진행했으며, 이들의 연구를 배놓고 이동의 유전학을 논의하는 일이란 불가능하다.

검은머리흰턱딱새는 꽤 넓은 범위의 이동 행동을 보인다. 유럽 동부와 북부 번식 개체군은 철새로, 북반구의 겨울을 대체로 지중해권이나 북아프리카에서 보낸다. 유럽 서남부와 아조레스 군도, 카나리아 군도, 마데이라 군도의 개체군은 부분 이동성이다. 즉 일부 개체는 이동하지만 나머지는 번식지에서 일 년 내내 머무른다. 카보베르데 군도의 개체군은 완전한 텃새이며 전혀 이동하지 않는다. 베르톨트와 동료들은 이 개체군들의 새들을 대상으로 이동불안의 정도를 비교했으며, 예상대로 철새인 독일의 개체들이 부분 이동성인 카나리아 군도의 개체들보다 높은 수준의 이동불안을 보인다는 점을 확인했다(그림 3.3). 또 연구자들은 이 두 개체군 사이에 잡종이 형성되었을 때 그 결과로 생긴 자식은 중간 정도의 이동불안을 나타낸다는 점을 밝혀냈는데, 이는 이동 행동의 유전적 기초를 입증하는 결과이다.

베르톨트와 연구팀이 수행한 다른 연구는 이동의 방향 지향성, 즉 능동

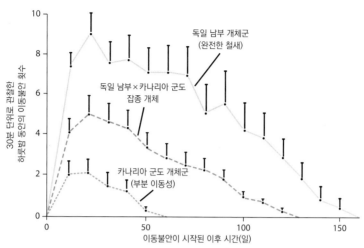

그림 3.3 검은머리흰턱딱새의 독일과 카나리아 군도 개체군, 그리고 이들의 잡종이 보이는 서로 다른 수준의 이동불안 비교. Berthold, P. and Querner, V. (1981) Genetic basis of migratory behaviour in European warblers, *Science* 212, 77-79.에서 가져왔으며, AAAS의 허락을 받았다.

적으로 이동하는 새들이 내재한 '나침반'의 유전적 기초를 보여준다. 중부 유럽에서 번식하고 아프리카로 이동하는 검은머리흰턱딱새는 남쪽으로 바로 이동함으로써 이동 거리를 최소화할 수도 있다. 하지만 이 경로를 선택한 새들은 가장 긴 시간 동안 지중해 상공을 날아야 한다. 바다를 건너는 일은 매우 험난하며, 살아남더라도 상당한 생리적 대가를 치러야 할 것이다. 동쪽의 새들은 그 대신 이동 초기 남동쪽으로 향하면서 지중해의 동쪽 가장자리와 북동 아프리카를 거치는 경로를 택한다. 반대로 서쪽의 새들은 남서쪽으로 길을 나서 좁은 지브롤터 해협을 건너 아프리카로 들어간다. 베르톨트는 이 두 개체군 출신의 새들 사이에서 태어난 잡종들이 일부는 남서쪽으로, 다른 일부는 남동쪽으로 향하지만, 남쪽으로 향하는 개체들도 있는 뒤섞인 이동 전략을 채택한다는 연구 결과를 제시했다(그림 3.4). 이러한 관찰들에서 우리는 중부 유럽의 검은머리흰턱딱새에서 남쪽을 향하는 이동 전략이 초기에 존재했지만, 강력한 음의 선택압을 받아 현재 야생

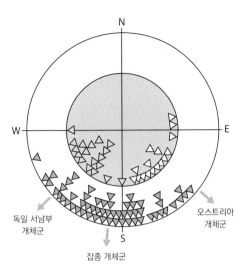

그림 3.4 오스트리아(안쪽 원, 흰색 삼각형), 독일 남서부(안쪽 원, 어두운 삼각형)의 검은머리흰턱딱새와 잡종(바깥쪽 원, 어두운 삼각형)의 이동 방향. Scott, G.W. (2005) *Essential Animal Behavior*, Blackwell Science, Cambridge.에서 가져왔다. 이는 Springer의 허락을 받아 Helbig, A.J. (1991) Inheritance of migratory direction in a bird species: a cross breeding experiment with SE- and SW- migrating Blackcaps (*Sylvia atricapilla*), *Behavioural Ecology and Sociobiology* 28, 9-12.에서 변형하여 인용.

개체군에서는 표현되지 않는다고 추론할 수 있다.

우리는 진화의 동력으로써 자연선택이 긴, 아마 매우 긴 시간에 걸쳐 효과를 발휘하리라고 생각하는 데 익숙하다. 하지만 선택압의 결과가 놀랍도록 빠르게 나타날 수 있다는 사실이 포획 개체들을 대상으로 한 실험에서 명백하게 드러났다. 베르톨트는 실험적으로 단 3세대 만에 부분 이동성인 검은머리흰턱딱새 포획 개체군을 완전한 철새 개체군으로 만들 수 있으며, 또 6세대 만에 똑같은 개체군의 구성원들이 모두 텃새처럼 행동하도록 만들 수도 있다는 놀라운 결과를 보여주었다. 이는 추정컨대 카보베르데 군도의 검은머리흰턱딱새 텃새 개체군과, 일반적으로 철새이지만 캘리포니아 해안에서 250km 떨어진 과달루페에서는 텃새로 서식하는 검은눈준코 개체군에서 실제로 일어난 일일 것이다. 이동 행동 상실은 육지에서 멀리 떨어진 섬에 정착한 종들에서 흔히 나타나는 현상이다.

날아가기
달라지는 환경 압력은 빠른 진화적 변화를 낳을 수 있다. 34쪽

검은머리흰턱딱새 연구는 이동 행동의 진화적 유연성을 보여주는 또 다른 중요한 사례를 제시했다. 영국에서 번식하는 이 종의 개체군은 철새로 스페인 남부와 북아프리카에서 겨울을 보내지만, 20세기의 마지막 10년 동안 영국의 탐조인들은 검은머리흰턱딱새를 겨울에도 기록하기 시작했다. 이는 영국의 겨울 기후가 더 따뜻해졌으며 사람들이 월동하는 새들에 더 호의적인 방식으로 정원을 가꾸기 시작했기 때문이라고 추정되었다. 또 영국인들은 새를 위해 더 많은 먹이를 제공했다. 2000년 기준 약 60%의 영국 가정이 겨울철에 야생조류에게 먹이를 제공했다. 처음에 이 겨울새들은 어떤 이유에서든 이동하지 않기로 선택한 영국 번식 개체군의 일원이라고 생각되었다. 그러나 월동하는 검은머리흰턱딱새 개체군이 점차 증가하면서 이 새들이 철새라는 사실이 드러났다. 그 증거는 처음에 가락지 재관찰 기록으로부터, 나중에는 안정동위원소 분석법(이 기술에 대한 설명은 박스 3.2를 보라) 연구와 위치 추적 장치를 이용한 개체 추적 연구를 통해 제시되었다. 이 새들은 과거 남서쪽으로 이동해 지중해 서부 인근에서 월동한다고 생각되었던 유럽 북서부(벨기에, 네덜란드, 독일) 번식 개체군의 일원이다. 우리는 이제 북서 유럽의 검은머리흰턱딱새 개체군이 사실 적어도 두 가지 이동 전략을 채택한다는 점을, 즉 대다수의 새들은 남서쪽으로 이동하지만, 점점 더 많은 개체들이 북서쪽으로 이동한다는 점을 알고 있다. 상황이 달라지기 전에 영국으로 이동한 중부 유럽의 새들은 겨울을 버티고 살아남지 못했을 것이다. 하지만 상황이 호의적으로 변하면서 영국으로 이동해 살아남은 새들이 등장했는데, 이 새들은 전통적

인 이동 경로를 채택한 새들은 갖지 못한 이점이 하나 있었다. 바로 더 멀리 남쪽에서 월동한 새들에 비해 돌아오는 여정이 짧아 번식지에 먼저 도착할 수 있다는 점이다. 그 결과 이 새들은 최고의 영역들을 차지할 수 있었으며 높은 번식 성공률을 보였다. 또 이들은 선택적으로 짝을 짓는 경향이 있었으며(번식쌍을 이룬 새들은 같은 곳으로 이동하는 경향이 있다), 각각 남서쪽과 북서쪽으로 이동하는 개체군이 유전적으로 그리고 형태적으로 서로 분화하고 있다는 증거가 있다. 이 새들의 새끼는 부모와 이동 방향 지향성을 공유하기 때문에(이 새로운 이동 행동에는 유전적 요소가 있음을 기억하라), 이 개체군은 영국의 상황이 다시 바뀌어 더이상 겨울에 살아남을 수 없게 되지 않는 한 계속 증가할 것이다.

[박스 3.2] 이동을 연구하기 위한 도구로서 안정 동위원소와 유전적 변이

우리는 가락지 연구를 통해 새들이 어디로 가는지 콕 집을 수 있다. 하지만 이는 한 장소에서 새를 잡고, 또 나중에 어쩌면 수천km 떨어진 다른 곳에서 이 새를 다시 잡는 우리의 능력에 달렸다. 대부분의 철새 종은 재포획률이 매우 낮아서, 이 방법으로는 아마 가락지를 채운 참새목 조류 10만 마리 중 한 마리가 다시 잡힐까 말까 할 정도이다. 그러므로 특정한 조류 개체군의 월동지와 번식지, 그리고 이동 중에 으레 방문하는 중간 기착지에 관한 자세한 정보는 최근까지 꽤 제한적일 수밖에 없었다. 기술이 발달함에 따라 개체들을 추적하는 몇몇 방법을 통해 우리는 거시적인 철새 이동과 미시적인 일상 서식지 이용에 관해 흥미로운 사실들을 알게 되었다. 하지만 불행하게도 현재 비용과 장비의 한계(주로 크기와 전원)로 인해 이러한 기술에도 불구하고 우리가 알고자 하는 지식의 공백을 마음껏 채우지는 못하고 있다.

이러한 상황에서 화학은 최소한 우리가 가진 몇몇 질문에 대한 답을 줄 수 있다. 잘 알려져 있듯 탄소(C)와 같은 화학 원소들은 특정한 원자 번호를 가지고 있으며 이는 그 원소의 원자핵에 있는 양성자 개수와 같다. 예를 들어 탄소는 양성자가 6개로 원자

번호 6번이다. 그러나 탄소 원자의 양성자 개수가 일정한 데 반해, 중성자의 개수는 그렇지 않다. 그러므로 탄소의 여러 동위원소가 존재한다. 탄소-12(C^{12}), 탄소-13(C^{13}) 그리고 탄소-14(C^{14})가 그 예이다. 이 동위원소들은 모두 양성자 6개를 가졌지만, C^{12}는 6개, C^{13}은 7개, 그리고 C^{14}는 8개의 중성자를 가졌다. 광합성 중에 식물은 대기 중의 탄소를 고정하므로 이렇게 고정된 C^{12}와 C^{13}의 비율은 특정한 식생 군집의 특징이 될 수 있다. 이 특정한 비율은 새가 그 식생 군집 유형이 우점하는 곳에서 자란 식물이나 그 식물을 먹은 동물을 먹이로 삼으며 자랐을 때, 탄소를 포함하고 있는 그 새의 몸 속 조직에서 찾을 수 있다. 그러므로 C^{12}:C^{13} 비율이 알려져 있는 특정 지역에서 새를 잡았는데 이 새의 깃털에서 측정된 동위원소 비율이 이와 다르다면, 우리는 그 깃털이 어딘가 다른 곳에서 자랐다고 확신할 수 있다. 식물들의 분포에 따라 동위원소 C^{13}의 비율은 위도 기울기 형태로 나타난다. 수소의 동위원소인 중수소의 비율도 역시 연간 강수량의 위도 기울기에 따라 이 같은 형태로 나타나며, 다른 원소의 동위원소 비율도 기울기 혹은 지역적 차이가 존재한다. 새의 조직에서 나타나는 여러 종의 동위원소 비율과 그 새가 여행해 왔을 가능성이 있는 지역의 환경 속 동위원소 비율을 비교함으로써, 우리는 새가 실제로 방문한 지역들을 더 정확하게 지목할 수 있다.

하지만 이 이론이 실제로 잘 작동하는가? 물론이다. 그 사례로 체임벌린(C. P. Chamberlain)과 동료들의 연구를 보자. 이들은 연노랑솔새(*Phylloscopus trochilus*)의 최근에 분화되었지만 진화적 의미에서 서로 구별되는 두 아종 *P. t. trochilus*와 *P. t. acredula*의 깃털 표본을 채집했다. 연노랑솔새(그림 3.5)는 유럽 전역에서 흔하지만, 연구된 개체들은 흥미롭게도 두 아종의 영역이 겹치는 스웨덴 개체군에서 온 것들이었다. *acredula* 아종은 스웨덴 북부에서, *trochilus* 아종은 남부에서 번식하며, 이 새들의 번식지는 북위 62도 지역에서 조금 겹친다. 가락지 재관찰 기록에 의한 제한적인 증거는 이 두 아종이 사하라 이남 아프리카의 서로 다른 지역에서 월동한다고 가리킨다(그림 3.6을 보라). 만약 이들이 서로 다른 곳에서 월동한다면, 두 아종이 겨울 동안 만들어 낸 조직에서는 각 지역의 환경 동위원소 비율이 반영되어 서로 다른 동위원소 비율이 나타나리라고 기대할 수 있다. 연노랑솔새는 겨울철에 완전 깃갈이를 하는데, 봄철 이동으로 스웨덴에 돌아온 새들을 분석한 결과 서로 다른 두 아종의 깃털은 탄소와 질소 동위원소의 조성에서 확연한 차이를 보였다. 더 나아가 북위 62도 선을 경계로 양쪽에서 수집된 번식 개체군 자료에서 뚜렷한 차이가 발견되었다. 그러므로 화학적 증거는 가락지 부착 연구로 얻은 결과를 뒷받침했으며, 이 기술이

그림 3.5 연노랑솔새 © Ian Robinson

특정 개체군의 철새에게 필수적인 서로 멀리 떨어진 서식지의 연결성을 밝히는 데 중요한 역할을 할 수 있음을 보여준다.

막스 룬드베리(Max Lundberg)와 동료들은 *trochilus*와 *acredula*의 유전적 특성을 비교하기 위해 전장 유전체 분석을 활용했으며, 이들이 찾은 차이점들과 두 아종의 이동 표현형(phenotype)을 서로 연관 지었다. 분석 결과, 두 아종의 가까운 유연관계와 최근에 일어난 분화에서 예견되었듯이 유전자형은 거의 같았지만, 각각 1, 3, 5번 염색체에 있는 세 군데의 핵심 영역에서 차이가 있었다. 3번 염색체의 변이는 이동 전략과는 무관한 듯하며 번식 고도 및 위도의 차이와 관련이 있다. 그리고 이 변이는 심장 근육의 활동과 높은 고도에 사는 종의 선택에 관여하는 것으로 알려진 유전자(RYR2)를 포함한다. 1번과 5번 염색체 변이는 이동 전략과 관련이 있으며, 대사 과정에 관여한다고 알려진 유전자들을 포함하고 있었다. 연구자들은 이 유전적 변이가 두 아종의 서로 다른 이동 전략에 따른 에너지원 이용을 위한 적응과 연관이 있으리라고 추정했다.

참고문헌

Lundberg, M., Liedvogel, M., Larson, K., et al. (2017) Genetic differences between willow warbler migratory phenotypes are few and cluster in large haplotype blocks. *Evolution Letters* 1(3), 155-168.

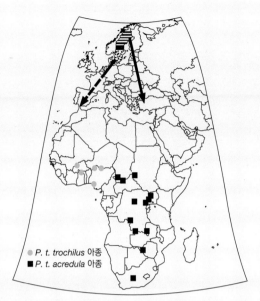

그림 3.6 스웨덴에서 번식하는 연노랑솔새 *P. t. trochilus*(점 패턴)와 *P. t. acredula*(선 패턴) 개체
군의 분포와 공존하는 지역(검은 부분). 화살표는 두 아종의 추정 이동 경로를 나타내며 아프리카에
서 가락지가 재관찰된 장소는 (● ■)점으로 표시되어 있다. Chamberlain, C.P., Bensch, S., Feng,
X., et al. (2000) Stable isotopes examined across a migratory divide in Scandinavian
willow warblers (*Phylloscopus trochilus trochilus and Phylloscopus trochilus acredula*)
reflect their African winter quarters. *Proceedings of the Royal Society of London. Series B:
Biological Sciences* 267, 43-49.에서 가져왔다.

주요 참고문헌

Bearhop, S., Fiedler, W., Furness, R.W., et al. (2005) Assortative mating as a
mechanism for rapid evolution of a migratory divide. *Science* 310, 502-504.

Hiemer, D., Salewski, V., Fiedler, W., et al. (2018) First tracks of individual Blackcaps
suggest a complex migration pattern. *Journal of ornithology* 159(1), 205-210.

Rolshausen, G., Segelbacher, G., Hobson, K.A., and Schaefer, H.M. (2009)
Contemporary evolution of reproductive isolation and phenotypic divergence in
sympatry along a migratory divide. *Current Biology* 19, 2097-2101.

3.3 이동의 생리학

이동의 조절에 유전적 요소가 분명히 존재하지만, 유전자가 환경 속에서 발현된다는 점도 중요하다. 여기에서 환경이라는 단어는 전통적인 생태학적 의미로서의 환경은 물론, 유전자 발현과 그 단백질 산물이 활동하는 데 영향을 주는 '몸 속의', 혹은 생리적 환경, 새에 영향을 끼치는 사회적 환경을 모두 포괄하는 개념으로 사용되었다. 그러므로 이동의 조절은 일정 기간 동안 일련의 전략에 따라 수행되는 행동들을 통합해야만 한다. 시기 선택이라는 차원에서 그 시작 시점은 계절 또는 연 규모에서, 그리고 이동을 시작한 후에는 하루 단위로 관리되어야 한다. 예를 들어 주행성 종들은 보통 밤에도 활동하도록 행동 패턴을 바꾸어야 하며, 이동 비행 전후에 새들은 흔히 먹이 구성 전환 혹은 섭식항진증(hyperphagia)을 보인다. 일부 철새들은 한 번에 장거리 비행을 하며, 다른 새들은 여러 차례 짧은 도약을 하면서 여정 중 재충전 기간을 갖는다. 이렇듯 서로 다른 이동 전략에서 이동을 가능하게 하는 행동들과 그 생활사적 결과들은 개체와 개체군에 매우 중요한 영향을 미친다.

3.3.1 이동의 계절성과 조직화

잉글랜드 북부에 있는 내 고향에서 가을철 이동 시기는 검은등칼새

🐦 **개념정리** **섭식항진증**

새들은 이동을 위한 장시간 비행을 막 출발하려고 할 때나 막 끝마쳤을 때, 일반적으로 먹이 활동에 더 강한 욕구를 보인다. 이 '더 많이 먹는 행동'을 섭식항진증(hyperphagia)이라고 하며, 이 행동은 흔히 새들이 이동의 주 연료인 지방을 저장하는 비율을 늘리는 먹이 구성 전환과 연관된다.

(Apus apus)들이 갑자기 출발하면서 예고된다. 어느 날 소리를 내지르는 검은등칼새 무리가 서로를 쫓으며 거리를 위아래로 종횡무진 날아다니다가, 한꺼번에 모두 가버리는 듯하다. 남아프리카를 향하는 장대한 비행을 위한 조건이 맞을 때, 이 새들은 하나의 조직화된 움직임으로 떠난다. 가을철 이동의 동기화는 흔히 관찰되는 현상인데, 새의 생활사에서 모든 중대사가 동기화되어 있는 것은 아니라는 점에서 이러한 현상에는 설명이 필요하다. 예를 들어 어떤 어린 황녹비레오(Vireo flavoviridis)들은 번식기 초기에 부화하고, 다른 어린새들은 몇 주 후에 부화하더라도, 같은 개체군 출신이라면 이 새들은 일반적으로 거의 동시에 가을 이동에 나선다. 이동 전에 비레오 어린새들은 모두 이소와 부분 깃갈이를 해야 하며, 이동 여정의 연료인 지방을 저장해야 한다.

존 스타스키(John D. Styrsky)와 동료들의 연구에 따르면 비레오 개체들이 부화한 날짜에 따라 이 단계를 밟아가는 상대적인 기간이 달라지는 것으로 보인다. 실험 조건에서 일찍 부화한 새들은 부화 후 145일이 경과해서야 어린새 전체깃갈이를 시작했지만, 약 7주 늦게 부화한 새들은 단 70일 정도 만에 깃갈이를 시작했다. 그 결과 이 새들의 깃갈이 시기가 어느 정도 동기화되었으며, 이는 지방 축적과 이동불안이 시작되는 시기의 동기화로 이어졌다. 이 실험의 대상이 된 새들은 야생에서 부화한 후 6~8일

주요 참고문헌

Falsone, K., Jenni-Eiermann, S., and Jenni, L. (2009) Corticosterone in migrating songbirds during endurance flight. *Hormones and Behavior* 56, 548-556.

Styrsky, J.D., Berthold, P., and Robinson, W.D. (2004) Endogenous control of migration and calendar effects in an intratropical migrant, the yellow-green vireo. *Animal Behaviour* 67, 1141-1149.

만에 포획되었으며 일반적인 조건에서 길러졌다. 그러므로 늦게 부화한 새들의 가속화된 발달을 유도하는 방아쇠는 그것이 무엇이든 태어난 직후 며칠 안에 영향을 끼쳤을 것이다. 이 이른 발달단계에 있는 새들은 광주기에 민감하며, 부화 직후 경험한 낮의 길이에서 발달에 대한 단서를 얻는 것으로 보인다. 바로 달력 효과(calendar effect)로 불리는 현상이다. 놀랍게도 이 연구에서 부화 시기 사이 낮의 길이 차이는 33분에 불과했다.

3.3.2 호르몬과 이동의 조절

호르몬은 깃갈이 시기, 이동의 시작과 같은 생활사 단계 조절의 열쇠일 가능성이 크며, 이동의 계절성이 아디포넥틴(adiponectin), 비스파틴(visfatin)과 같은 호르몬을 생산하는 지방조직과 연관되어 있다는 증거가 있다. 테스토스테론(testosterone)은 이동 전 에너지원 축적과 이동불안의 시작에 관여한다고 알려져 있으며, 더 미세한 차원에서 조절되는 멜라토닌은 야행성 이동 행동을 시작하는 시기에 관여하는 것으로 보인다. 하지만 현재 이동의 조절에 관해 가장 많이 연구되었고, 가장 많이 밝혀진 호르몬은 당질 코르티코이드(glucocorticoid)인 코르티코스테론(corticosterone)이다. 이동 중인 꼬까울새와 알락딱새(Ficedula hypoleuca)에 대한 연구에서 카렌 펄슨(Karen Falsone)과 동료들은 자연적인 이동 비행 중에 잡힌 새들이 휴식 중인 새들보다 코르티코스테론의 농도가 더 높다는 점을 발견했다. 펄슨 연구팀은 이 호르몬이 장시간 비행, 특히 이동 중 에너지 자원을 조절하는 역할을 한다는 견해를 제시했다. 이는 저장된 지방이 다 떨어졌을 때 코르티코스테론 농도가 상승하여 박스 3.3에서 볼 수 있듯 단백질 대사로의 전환을 부추기고, 착륙 및 먹이 활동(재충전)을 유도하기 때문이다.

[박스 3.3] 이동을 위해 지방 저장하기

카스 에크나(Cas Eikenaar)와 동료들은 이동 전 지방 축적과 이동 비행의 시작에서 코르티코스테론이 하는 역할을 설명하기 위해 사막딱새(Oenanthe oenanthe)를 연구했다. 연구자들은 사막딱새 두 아종이 함께 사용하는 중간 기착지인 독일 북해상의 섬, 헬골란트에서 이 새들의 호르몬 농도와 이동 행동을 비교했다. 봄철 북유럽에서 번식하는 아종 O. o. oenanthe(그림 3.7)의 이어지는 여정은 50~250km 거리의 바다 횡단으로, 다음 중간 기착지나 번식지까지 남은 거리가 상대적으로 짧다. 반면 아이슬란드, 그린란드, 페로 군도 그리고 캐나다에서 번식하는 다른 아종 O. o. leucorhoa는 1,000~2,500km의 바다를 횡단하며 훨씬 더 멀리 여행해야 한다. 연구자들은 코르티코스테론이 재충전을 유도한다면 leucorhoa에서 oenanthe보다 더 높은 코르티코스테론 농도가 나타날 것이며, 새들의 먹이 활동(지방 저장) 빈도와 호르몬 농도가 양의 상관관계를 보일 것이라는 가설을 세웠다. leucorhoa가 oenanthe보다 더 빠른 속도로 체중을 더 크게 늘린다는 가설은 옳았다. 그러나 leucorhoa의 코르티코스테론 농도가 더 낮았으며, 지방 축적량과 호르몬 농도는 음의 상관관계를 보였다. 그러므로 최소한 이 종에서 코르티코스테론은 재충전을 유도하지 않는다는 결과가 나타난 것이다.

그렇다면 이 호르몬은 무엇을 하는가? 에크나와 동료들은 두번째 실험에서 헬골란트의 사막딱새들을 가을 이동 시기에 연구했다(이번에는 두 아종을 구별하지 않았다). 이 실험에서 이들은 코르티코스테론 농도가 재충전을 유도하는 대신, 재충전에서 이동

그림 3.7 사막딱새 아종(Oenanthe oenanthe oenanthe)은 단 몇 시간 만에 영국 요크셔 해안까지의 이동을 끝마친다. © Will Scott

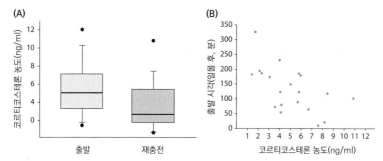

그림 3.8 코르티코스테론 농도가 높은 사막딱새는 낮은 농도의 개체들보다 이동 비행을 시작할 가능성이 컸다(A). 또 코르티코스테론 농도는 일몰 후 출발까지 걸리는 시간과 음의 상관관계에 있었다(B). Eikenaar, C., Müller, F., Leutgeb, C., et al. (2017) Corticosterone and timing of migratory departure in a songbird. *Proceedings of the Royal Society B: Biological Sciences* 284, 1-6.에서 가져왔다.

비행으로 행동 전환을 유도하는 데 중요하리라는 가설을 검증하고자 했다.

연구 결과는 가설을 뒷받침했다(그림 3.8). 또한 연구진은 호르몬 농도가 새들의 이동 욕구와 양의 상관관계를 가진 두 요소, 이동 시기의 날짜 그리고 이동을 돕는 바람의 출현과 모두 양의 상관관계를 보인다는 점을 발견했다. 그러므로 적어도 이 종에서 코르티코스테론은 이동 전 먹이 활동에서 이동 비행으로 전환하는 데 관여하는 것으로 나타났다.

참고문헌

Eikenaar, C., Fritzsch, A., and Bairlein, F. (2013) Corticosterone and migratory fueling in Northern wheatears facing different barrier crossings. *General and Comparative Endocrinology* 186, 181-186.

3.3.3 이동과 에너지 충전

지방은 종종 새의 몸 곳곳에 저장되기도 하지만, 기본적으로 피부 아래와 근육, 복강에 저장된다. 지방은 고효율 연료로, 같은 질량의 단백질이나 탄수화물의 7배에 달하는 에너지를 낼 수 있다. 그러나 저장된 지방은 에너지 방출에 즉시 사용될 수 없으므로, 장시간 비행을 할 때 최소한의 단백질과 탄수화물 대사는 꼭 필요하다. 저장된 지방을 소진했는데도 재충전을 위해 멈출 수 없는 경우 역시 지방 대사를 단백질 대사로 다시 전환해야 한다. 지방 대사에서 단백질 대사로의 전환은 새가 이동 중 탈수 상황이 되었을 때에도 이루어지는데, 이는 단백질이 같은 열량을 내는 지방보다 6배나 많은 물을 방출하기 때문이다. 평소 새들의 체지방량은 체중의 5% 정도이지만 이동할 때는 평균적으로 체중의 25~35%까지 늘린다. 저장 지방의 증가는 필연적으로 체중 증가로 이어진다. 극단적인 사례로 붉은목벌새(*Archilochus colubris*)는 연례 이동 중 멕시코 만 바다 위로 800km를 성공적으로 날아가기 위해 체중을 3g에서 6g으로 두 배 늘린다. 물론 효율적으로 계속 날기 위해 새가 저장할 수 있는 추가적인 지방의 양에는 상한이 있으며, 새들은 이 같은 한계에 대처하기 위해 몇 가지 방법으로 적응했다. 몇몇 종들은 전략적으로 지방이 없는 근육과 지방의 비율을 조절하여 장거리 비행에서 최적 체중을 유지하는데, 이에 관해서는 잠시 후 자세히 살펴보겠다. 다른 종들은 이동 경로 중에 이상적인 재충전 기착지를 여럿 지난다는 사실을 이용한다. 이 새들은 다음 중간 기착지로 건너가는데 필요한 연료만을 저장한 채 다음으로 이동한다. 몇몇 종의 새들은 자신이 이용했던 장소를 해마다 똑같이 이용한다. 이동을 마친 후 또는 이동 중 중간 기착지에서 새들은 몸 속 저장고를 빠르게 다시 채워야 한다. 하지만 이때 먹이 활동을 하기까지 시간적 지연이 발생할 수 있으므로 짧은 기간 동안은 남은 지방으로 계속 대사를 하기도 한다. 그런데 박스 3.4에서 알 수 있는 것처럼 현대 농업 관행은 중간 기착지에서 새의 먹이 활동에 부정적인 영향을 미치고 있다.

날아가기
먹이 활동은 유연하며 변화하는 생리적 요구에 반응한다. 282쪽(6.2 최적화된 먹이 활동)

[박스 3.4] 살충제는 이동 중 재충전을 방해할 수 있다.

1990년대 중반 새로운 종류의 살충제들이 시장에 출시되었다. 살충제의 주요 대상이었던 무척추동물의 수용체와 결합하는 힘에 비해 척추동물의 신경 수용체에 결합하는 힘이 약했던 네오니코티노이드(neonicotinoids)는 초기에 척추동물에게 큰 피해를 주지 않으리라고 여겨졌다. 불행하게도 과학자들은 이 살충제의 무차별적인 살상력이 벌과 같은 핵심적인 화분매개자에게 파괴적인 영향을 미치며, 새들에게도 직접적인 영향을 주고 있음을 깨닫기 시작했다. 새들은 살충제 분사 중 네오니코티노이드에 직접 노출될 수도 있고 오염된 토양이나 씨앗을 섭취함으로써 노출될 수도 있다. 이 물질은 소량 노출되었을 때조차 새의 건강, 생존, 행동에 부정적인 영향을 미친다고 알려져 있다. 최근 마거릿 앙(Margaret L. Eng)과 동료들이 입증한 바에 따르면, 네오니코티노이드는 이동에도 부정적 영향을 미친다.

연구자들은 봄 이동 시기 흰정수리멧새[28](*Zonotrichia leucophrys*; 그림 3.9)를 잡아 체중과 체지방량을 측정한 후, 네오니코티노이드계 살충제인 이미다클로프리드(imidacloprid)를 치사량에 훨씬 못 미치는 양으로 경구 투여했다. 첫번째 실험군의 새들은 적은 양의 살충제에 노출되었으며, 두번째 실험군의 새들은 상대적으로 많은 양에 노출되었다. 대조군 새들은 해바라기씨유를 투여했다. 새들에게 투여된 양은

그림 3.9 흰정수리멧새 © Peter Dunn

28　멧새과(Emberizidae)가 아닌 미주멧새과(Passerellidae)에 속하는 북아메리카 원산 조류이다. 국내에는 미조로 기록이 있다.

이들이 막 살충제를 뿌린 농지를 거쳐 이동할 때 전형적으로 노출되는 정도였다. 연구자들은 새를 하룻밤 동안 잡아 두었다가 다시 체중을 측정하고, 추적 장치를 부착한 후 야생으로 돌려보냈다. 체중을 비교한 결과 새들은 살충제를 투여한 후 첫 6시간 동안 체중과 체지방량이 감소했으며, 그 효과는 더 많은 양의 살충제에 노출된 새들에게서 더 명확하게 나타났다(그림 3.10). 또 연구자들은 많은 양의 살충제를 투여받은 새들이 살충제에 노출되지 않았거나 적은 양만 노출된 개체들보다 잡혀 있는 동안 훨씬 적은 먹이를 먹었다는 사실을 발견했다.

야생 방사 후 모니터링 결과 살충제에 노출되지 않은 새들은 대부분 방사 직후 북쪽으로 이동하는 여정을 재개했으며, 중간 기착지에 머무르는 기간이 대체로 짧았다.

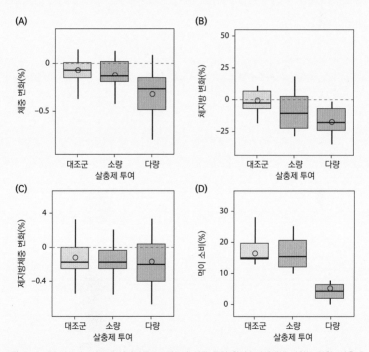

그림 3.10 네오니코티노이드계 이미다클로프리드가 이동 중인 흰정수리멧새에 미치는 영향. 살충제를 투여한 새들은 대조군에 비해 체중(A)과 체지방(B)이 감소했으며 식욕이 감퇴(D)했다. 또 통계적으로 유의하지 않았지만 제지방체중(체지방을 제외한 체중)도 감소했다(C). Eng, M.L., Stutchbury, B.J., and Morrissey, C.A. (2019) A neonicotinoid insecticide reduces fueling and delays migration in songbirds. *Science* 365, 1177-1180.에서 가져왔으며 AAAS의 허락을 받았다.

날씨가 허락할 경우 이 새들이 출발할 때까지 걸린 시간은 평균 12시간에 불과했으며, 4일 안에 모든 개체가 출발했다. 화학 물질에 노출된 새들의 출발은 지연되었다. 다시 북상 이동을 위해 출발하기까지 적은 양의 살충제에 노출된 개체들은 평균 3일, 많은 양의 살충제에 노출된 개체들은 평균 4일이 걸렸으며, 9일이 지나서야 출발한 새도 있었다. 이 새들은 살충제에 노출된 후 지방 저장량 감소와 먹이 활동 감소로 인한 재충전 지연으로 더 오래 중간 기착지에 머물렀을 가능성이 크다. 이 실험적 연구에서 자연 상태에서의 노출 정도와 비슷한 양에 노출된 새들은 완전히 회복되었고 이동 비행을 다시 출발했으며 그 방향과 기간 역시 예상에서 벗어나지 않았다. 하지만 새들이 일시적이나마 겪는 건강상태 저하와 시간 지연은 개체 적합도(individual fitness)에 영향을 줄 수 있으며, 이는 개체군 수준까지 영향을 끼칠 수 있다.

3.3.4 장거리 비행

모든 이동 경로가 재충전을 허락하지는 않는다. 예를 들어 로버트 길(Robert E. Gill, Jr.)과 동료들은 큰뒷부리도요 아종 *Limosa lapponica baueri* 관찰 기록의 지리적 분포를 근거로 이 새들이 봄철 뉴질랜드의 월동지에서 알래스카의 번식지로 이동할 때는 몇 번의 짧은 뜀뛰기를 하면서 이동 중 재충전을 할 가능성이 크지만, 돌아오는 여정은 태평양을 가로지르는 단 한 번의 비행으로 완료할 것이라는 견해를 제시했다. 길과 동료들은 큰뒷부리도요의 비행 중 대사와 예상 이동 경로의 날씨에 관한 정보를 함께 이용해 도출한 이론적 모델을 통해 이 새들이 재충전 없이 11,000km 거리의 여행을 할 수 있다고 주장했다. 이들의 주장은 2007년 위성 추적 장치를 단 암컷 큰뒷부리도요 연구를 통해 사실로 드러났다. 이 새는 봄철 북상할 때 각각 10,200km와 5,000km 거리의 두 번의 '뜀뛰기'를 통해 중국을 거쳐 알래스카로 향했다. 그리고 단 8일 만에 11,500km을 날아 남쪽 월동지로 돌아갔다. 바닷새와 달리 큰뒷부리도요는 바다에서 쉴 수 없다는 사실을 생각해 보라!

이러한 놀라운 장거리 여행에 성공하기 위해 이 종은 많은 양의 지방을 저장해 대사하며(철새들은 체중의 41%를 지방으로 채울 수 있다), 이동 시기 태평양을 지배하는 기압계가 믿음직한 순풍을 형성한다는 사실을 이용해 이동 전략을 진화시켰다. 하지만 다른 큰뒷부리도요류와 다른 조류 종들의 경우 부분적인 단백질 대사가 필요하며, 이는 몸 상태에 영향을 준다.

큰뒷부리도요 아종 *L. l. tamyrensis*는 '사촌' *baueri* 만큼 인상적인 장거리 비행을 하지는 않지만, 러시아 타이마르 반도에 있는 번식지와 서아프리카, 특히 모리타니와 기니비사우에 있는 갯벌을 오가며 약 9,000km를 이동한다, 하지만 이 새들은 이 여행을 한 번의 비행으로 끝마치지 않는다. 이들은 대신 여정을 각각 60시간 정도씩 걸리는 거의 균등한 두 부분으로 나눈다. 이들은 두 번의 비행 사이 네덜란드 바덴해의 풍요로운 갯벌에서 한 달 정도 머물며 재충전한다.

랜디스-시아넬리(M. M. Landys-Ciannelli)와 동료들은 재충전 기간 동안 여러 시점에 이 큰뒷부리도요의 몸을 측정했으며, 시간이 지남에 따라 체지방량이 전체 체중의 약 10%에서 약 30%까지 증가한다는 사실을 발견했다. 이는 재충전을 하면서 여정의 첫번째 비행 때 소비한 체지방을 회복하고 두번째 비행에서 쓸 지방을 저장한다는 가설에서 정확히 예상되던 변화이다. 연구자들은 또한 매우 흥미로운 근육량 변화를 발견하여, 새들

주요 참고문헌

Gill, R.E. Jr, Piersma, T., Hufford, G., et al. (2005) Crossing the ultimate ecological barrier: evidence for an 11,000-km-long nonstop flight from Alaska to New Zealand and eastern Australia by bar-tailed godwits. *The Condor* 107, 1-20.

Landys-Ciannelli, M.M., Piersma, T., and Jukeman, J. (2003) Strategic size changes of internal organs and muscle tissue in the bar-tailed godwit during fat storage on a spring stopover site. *Functional Ecology* 17, 151-159.

이 전략적으로 자신의 체질량을 바꿀 수 있음을 제시했다. 비행에 관련된 근육의 근육량 변화는 체지방량과 정비례했다. 새들은 기착지를 떠날 때보다 중간 기착지에 도착했을 때 근육량이 더 적었다. 그러므로 우리는 비행 동안 비행 근육 일부가 감소하며, 중간 기착 중 새들이 남은 여정을 위해 비행 도구(근육)를 강화한다고 추정할 수 있다. 또 소화 기관인 위, 콩팥, 간 그리고 소장에서도 질량 변화가 나타났다. 소화계를 구성하는 이 기관들은 막 도착한 새들에서는 가벼운 상태지만 모두 매우 빠르게 질량을 늘린다. 우리는 이로써 이 새들이 한동안 섭식항진 상태로 시간을 보낼 것이라고 기대할 수 있다. 하지만 체지방 저장량과 비행 근육의 질량이 계속 증가하는 반면, 이 소화기관들의 질량은 재충전 시기 초반 증가하며 정점을 찍은 다음, 중간 기착 중반 일정하게 유지되다가, 출발을 앞두고 소화계가 위축되면서 다시 감소한다. 새들은 이러한 방법을 통해 '수하물 허용량'을 관리하는 것으로 보인다. 즉 그들은 불필요한 기능(큰뒷부리도요는 날면서 먹을 수 없다)과 관련되어 있는 질량을 줄여 '연료를 절약'한다.

🪶 날아가기

새들은 비행 효율성을 극대화하기 위해 전략적으로 체중을 관리한다. 75쪽

3.4 날씨와 이동

지역적인 날씨 조건 그리고 거시적 차원의 날씨 패턴에 대한 예상은 철새에게 중요한 영향을 미친다. 철새 대부분은 구름이 없거나 거의 없는 고기압 조건에 순풍이 불 때 출발하기를 선호한다. 대부분의 참새목 조류와 다른 작은 새들은 밤에 이동하는데, 맑은 하늘은 이들이 천체를 이용해 길을 찾을 수 있도록 한다. 청명한 낮에는 열 상승 기류와 산악성 상승 기류가 발생하므로 맹금류 또는 황새와 같은 큰 활공 조류들이 적은 에너지만으로 먼 거리를 여행할 수 있다. 하지만 우리가 분명하게 알고 있듯 날씨는 일정하게 지속되지 않으며, 새들은 날씨 변화에 직면해서는 성공 확률을 최대화하기 위해 행동을 바꿔야 한다.

새들이 '틀린' 선택을 했을 경우, 끔찍한 결말이 기다릴 수 있는데, 이는 노먼 엘킨(Norman Elkins)이 그의 책 『새의 이동과 날씨(Weather and Bird Migration)』에서 묘사한 바 있다. 엘킨은 이 책에서 1965년 어느 날 하루 동안 영국 남동부에서 일어난 극단적인 추락('추락'은 철새가 대규모로 땅에 내려앉는 것을 뜻하는 개념이다) 사건에 대해 설명했다. 스칸디나비아 반도에 형성된 고기압은 이동을 시작하기에 이상적인 조건을 만들었지만, 새들은 북해를 건널 때 작지만 강한 저압부를 동반하는 온난전선을 만나고 말았다. 구름, 비 그리고 호의적이지 않은 바람을 맞닥뜨린 새들은 남쪽으로 향하는 일상적인 경로에서 떠밀릴 수밖에 없었다. 수천 마리의 죽은 새가 잉글랜드 해안으로 떠밀려왔는데, 아마 이 새들은 바람에 맞서면서 남은 에너지를 모두 소모하고 말았을 것이다. 또한 엄청난 수의 새들이 땅에 내려앉았다. 한 기록자의 추산에 따르면 겨우 4km 남짓한 해안가에 30,000마리가 넘는 철새들이 내려앉았고 길이를 40km로 늘리면 그 수는 50만 마리에 달했다. 보고에 따르면 그날 심지어 어떤 마을에서는 나무가 부족해 새들이 사람 어깨로 날아와 앉았다고 한다!

레이더 연구는 날씨가 최적 조건이 아닐 때 철새들이 이동 비행을 출발하지 않거나, 이미 출발했다면 일시정지한다는 사실을 보여준다. 탐조인들은 이동 경로 상 병목지대나 멕시코 만과 같은 큰 지리적 장벽을 앞둔 곳에서 이 사실을 분명하게 알 수 있다. 이 새들은 적당한 시기에 좋은 날씨를 만나면 일제히 출발한다. 수 년 동안 우리는 이같이 특정 장소의 새들에 관한 거시적 관찰들이나 비정상적인 또는 극한 날씨 현상을 마주쳤을 경우에만 철새에게 미치는 날씨의 영향에 관한 통찰을 얻을 수 있었다. 하지만 최근 발달한 기술을 이용하여 각각의 개체가 매일매일 하는 의사결정에 관해 전례가 없는 통찰을 얻을 수 있게 되었다. 레이몬드 클라슨(Raymond H. G. Klaassen)과 동료들은 네덜란드의 번식지와 사하라 이남 아프리카의 월동지를 오가는 몬태규개구리매(*Circus pygargus*)의 연간 이동을 연구했다. 이 몬태규개구리매는 이동 중 꼭 필요할 때는 날갯짓 비행을 하지만 가능하면 상승기류를 이용해 범상하거나 활공하는 혼합된 비행 형태를 보인다. 클라슨은 이 새들에게 GPS 기록 장치를 부착하여 낮에는 한 시간에 몇 번, 밤에는 통틀어 몇 번 이 새들의 위치를 기록할 수 있었다. 일부 새들의 데이터는 몇 초마다 한 번씩 수집되어 연구자들은 이들의 비행 행동에 관해 매우 지세한 정보를 얻을 수 있었다. 연구자들은 이 결과를 통해 몬태규개구리매가 주행성 철새로 밤에 휴식하며, 사하라 사막

주요 참고문헌

Elkins, N. (1983) *Weather and Bird Migration*. T. & A.D. Poyser, Calton.

Klaassen, R.H., Schlaich, A.E., Bouten, W., and Koks, B.J. (2017) Migrating Montagu's harriers frequently interrupt daily flights in both Europe and Africa. *Journal of Avian Biology* 48, 180-190.

을 건널 때조차도 낮 동안 줄곧 비행과 먹이 찾기를 번갈아 한다는 사실을 밝혀냈다. 한편 이 결과는 사하라 사막이 생각보다 덜 가혹한 환경임을 보여준다. 날씨의 중요성은 새들이 강한 순풍의 도움을 받는 날에 더 오래, 그리고 더 멀리 날아갔다는 사실을 통해 알 수 있다. 몬태규개구리매는 강한 역풍이 부는 날 더 많이 휴식한다고 기록되었는데, 아마 이들은 역풍을 뚫고 날면서 에너지를 '낭비하는' 대신 바람이 바뀔길 기다렸을 것이다.

[박스 3.5] 빛 '공해'가 이동에 미치는 영향

이동 중인 새들이 경로에서 벗어나 연안 시설물(석유 및 천연가스 시추 시설, 풍력 발전 단지, 대형 여객선 등)과 같은 인공 광원에 모여드는 수많은 사례들이 있다. 새들은 종종 이런 시설물에 충돌해 죽으며, 그 주변에 내려앉아 굶주릴 수도 있다. 매년 수백만 마리의 철새가 휘황찬란한 도시 빌딩에 충돌해 죽는 것으로 보인다. 나도 개인적으로 스코틀랜드의 섬에서 안개로 뒤덮인 등대 주위로 내려앉은 새들을 관찰한 경험이 있다. 사람들은 이 같이 이동을 위한 조건이 좋지 않은, 구름 낀 날 밤에만 인공 불빛이 철새에게 직접적인 영향을 끼칠 것이라고 여기곤 한다. 하지만 이러한 일화적인 관찰은 이 잠재적인 문제에 대한 우리의 관심을 높이는 데 이외에는 힘을 발휘하기 힘들다.

기상 관측용 레이더를 이용해 미국 북서부를 통과해 이동하는 철새들이 도심의 산란광에 얼마나 현혹되는지 보여준 제임스 멕라렌(James D. McLaren)과 동료들의 연구를 통해 이 문제의 잠재적 심각성을 알 수 있다. 이 연구자들은 새들이 빛 공해로 인해 적합하지 않은 서식지에 중간 기착을 할 가능성이 커진다는 점을 증명했는데, 이는 틀림없이 새들의 적합도에 영향을 줄 것이다. 새들이 이동 중 경험하는 빛 수준을 실험적으로 조작하기란 매우 어렵지만, 철새에게 영향을 미치는 빛 공해의 문제점과 필수적인 저감 방안을 자세히 이해하려면 이 같은 실험은 꼭 필요하다.

벤자민 반 도렌(Benjamin M. Van Doren)과 동료들은 뉴욕시 상공을 지나가는 새들의 행동에 밝은 도시 불빛이 미치는 영향을 알아보기 위해 독특한 '자연 실험'을 이용했다(그림 3.11). 이들의 연구는 911 기념박물관(National September 11

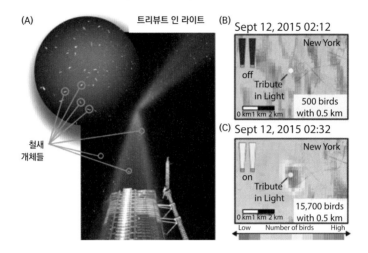

그림 3.11 이동 중인 새들은 도시의 밝은 불빛에 현혹된다. Van Doren, B.M., Horton, K.G., Dokter, A.M., Klinck, H., Elbin, S.B., & Farnsworth, A. (2017) High-intensity urban light installation dramatically alters nocturnal bird migration. *Proceedings of the National Academy of Sciences* 114(42), 11175-11180.에서 가져왔다.

Memorial and Museum)의 상징적인 빛 구조물 '트리뷰트 인 라이트(Tribute in Light)'가 미치는 영향에 주목했다. '트리뷰트 인 라이트'는 세계무역센터 주위에 배치된 88개의 서치라이트와 약 100km 밖에서도 볼 수 있는 강력한 두 수직 빛기둥으로 구성된다. 반 도렌은 기상 관측용 레이더의 데이터와 시각적·청각적 조류 모니터링을 함께 이용해, 이동 절기의 밤에 '트리뷰트 인 라이트'가 불을 밝힐 때와 그렇지 않을 때 그 위로 지나는 철새들의 수와 행동을 비교했다. 연구팀은 심지어 밤하늘이 맑게 갠 날에도 서치라이트가 작동 중일 때 아주 많은 수의 새들의 빛기둥 주위로 몰려들어 소리를 내며 빙빙 도는 현상을 발견했는데 이는 새들이 교란되었음을 의미한다. 연구팀은 7년에 걸친 7일의 기간 동안 110만 마리의 새가 직접적인 영향을 받았다고 추산했다. 이 연구팀의 데이터 모델링 결과는 이 새들이 적어도 30분 후에는 다시 이동에 나설 수 있음을 보여주었지만, 새들이 불빛에 현혹되어 그 주위에 '사로잡히면', 건물에 충돌할 확률이 높아지고, 포식자의 눈에 띄기 쉬워지며, 탈진하거나 중간 기착 행동을 바꾸어야 했다. 따라서 새들이 불빛에 직접적인 교란을 받는다는 이 같은 결과는 중요하다. 빛기둥이 꺼졌을 때 새들은 재빨리 흩어졌으며 소리를 내는 빈도도 줄어들었다. 이는 이해 당사자들의 협력을 통해 이동 절정기의 빛 사용 시간을 조절함으로써 인공 광원의 영향을 저감할 수 있을 것으로 보인다.

참고문헌

McLaren, J.D., Buler, J.J., Schreckengost, T., et al. (2018). Artificial light at night confounds broad-scale habitat use by migrating birds. *Ecology Letters* 21(3), 356-364.

3.5 길찾기

우리는 철새들이 특별히 뛰어난 길찾기 능력이 있다고 생각하는 경향이 있다. 몸길이 8cm에 불과한 참새목 새들이 생애 처음으로 방문하는 두 대륙의 가장 좋은 곳만 거쳐 자로 잰 듯 정확하게 번식지를 찾아간다는 사실은 경외감을 불러일으킬 만큼 인상적이다. 물론 새들이 먹이를 찾는 일상을 마친 후 매번 둥지를 정확히 찾아오는 능력이나, 복잡한 서식지에 저장한 씨앗을 정확하게 다시 찾아 먹는 능력 역시 똑같이 놀랍다. 이러한 모든 행동은 개체들에게 길찾기 능력을 요구한다.

지역적 차원에서 새들이 시각적 표지물을 이용한다는 증거가 있다. 이는 공간 기억을 이용하는 길찾기 방법으로 지문항법(地文航法, piloting)이라고 불린다. 이에 대한 초기 증거는 반투명 콘택트렌즈를 끼워 비둘기장에서 어느 정도 떨어진 곳에 놓아준 전서구에 대한 실험에서 나왔다. 이 새들은 이어서 논의하게 될 방법으로 비둘기장 근방으로 돌아올 수 있었다. 하지만 비둘기장을 볼 수 없자 이들은 가만히 내려앉아 누군가가 데려가 주기를 기다릴 뿐이었다.

다양한 척추동물에 대한 실험들을 통해 해마라고 불리는 뇌 부위에 있는 **특정 영역의 세포들**이 **공간 기억과 관련된** 일에 꼭 필요하다는 사실이 드러났다. 쥐에서 한 무리의 해마 세포를 '위치 세포(place cell)'라고 하는데, 이 세포들은 동물과 특정 표지물의 조우, 서로 특정한 관련이 있는 표지물들, 그리고 실험동물의 공간적 위치에 반응하여 활성화되는 것으로 나타났다. 해마 병변으로 이 세포들이 파괴된 비둘기들은 귀소 능력이 손상되어 아무리 가깝고 익숙한 곳에 있더라도 집으로 돌아오지 못하게 된다. 올바른 방향으로 출발했지만, 가던 도중에 길을 잃는 새들은 방향 감각과 관련이 있다고 알려진 해마에는 이상이 없지만 지도 감각(map sense)

에 이상이 있을 수 있다. 병변이 있는 새를 비둘기장에 오래 머물도록 하면 결국 집으로 돌아오는 능력을 다시 찾지만, 이 새를 새로운 비둘기장으로 옮기면 새 집을 찾아오는 능력을 절대로 배우지 못한다. 그러므로 해마 세포는 공간 정보의 획득과 저장, 수정에 모두 관여한다(박스 3.6).

[박스 3.6] 저장한 먹이 찾기

　공간 기억에서 해마가 핵심적인 역할을 한다는 중요한 증거는 참새목 조류의 먹이 찾기에 대한 비교 연구에서 나왔다. 몇몇 참새목 조류는 씨앗을 숨기고 다시 찾아 먹는 능력으로 유명하다. 이 저장 행동은 그 새에게 분명히 이득이 된다. 저장 행동 덕분에 새들은 저장하지 않았을 때보다 훨씬 더 많은 먹이 자원을 이용할 수 있다. 또 풍요롭지 못한 시기에 살아가기에 꼭 필요한 먹이를 제공할 수도 있다. 하지만 이 모든 이득은 그들이 어디에 먹이를 숨겼는지 기억할 때에만 얻을 수 있다.

　데이비드 셰리(David F. Sherry)는 미주쇠박새(*Parus atricapillus*[29])가 바로 이 행동을 할 수 있다는 사실을 실험적으로 보여주었다. 연구자들은 포획된 새들에게 새장 속 기둥에 뚫린 70개의 구멍에 해바라기씨를 숨길 기회를 주었다. 새들은 각각 4~5개의 씨앗을 숨긴 후 새장 밖으로 나오도록 하였으며, 셰리는 이들을 다시 들여보내기 전에 새장을 청소하면서 씨앗을 모두 제거하고, 모든 구멍을 똑같은 벨크로 덮개로 덮어 두었다. 야생에서 미주쇠박새는 계속 움직이면서 나무껍질을 들추고, 나뭇잎을 뒤집으며, 틈새를 뒤진다. 그러므로 벨크로 덮개를 열어보는 행동은 이 새의 본성에 부합한다. 그렇다면 새들은 허기를 느낄 때 씨앗을 어디 숨겼는지 기억하고 정확한 구멍을 열까? 그렇다, 그렇게 했다. 새들은 자신이 씨앗을 숨긴 구멍을 탐색하는 데 그렇지 않은 구멍에 비해 10배나 많은 시간을 할애했다. 이 새들이 과거에 먹이를 저장했던 곳을 방문할 확률은 그렇지 않은 곳보다 훨씬 높았다. 이 같은 관찰들은 종합적으로 새들이 먹이를 숨긴 곳을 기억한다는 가설을 강력하게 지지한다. 야외에서의 추가

29　현재 *Poecile*속으로 분류한다.

연구 결과 미주쇠박새는 한 저장 장소를 한 번씩만 이용하고, 한 개의 먹이만을 저장하며, 씨앗을 숨긴 각각의 저장 장소를 거의 한 달 동안 기억할 수 있었다.

이 맥락에서 해마의 역할은 다양한 연구를 통해 규명되었지만, 내 생각에는 생물학에서 비교 연구가 무엇인지 완벽하게 보여주는 사례로서 특별히 한 연구를 살펴볼 가치가 있다. 수 힐리(Sue Healy)와 동료들은 미주쇠박새와 가까운 두 종의 유럽 박새류의 먹이 찾기 행동과, 이와 관련된 뇌 구조를 비교했다. 이들의 연구는 푸른박새 (*Cyanistes caeruleus*)와 쇠박새(*Parus palustris*[30])를 대상으로 했다. 쇠박새는 미주쇠박새처럼 열심히 먹이 저장을 하는 종이다. 쇠박새 한 마리는 아침에 최대 100개의 씨앗을 저장한다고 알려져 있으며, 보통 겨울을 보내면서 말 그대로 수천 개의 먹이를 저장한다. 그리고 더 중요한 점은 이들이 저장한 먹이를 되찾아 먹는다는 점이다. 반면 푸른박새는 먹이를 저장하지 않는 종이다. 이렇듯 근본적인 차이가 있는 이들 두 종의 섭식 생태에 기반하여 우리는 이들이 서로 다른 공간 기억 능력과 적응을 가진다는 가설을 세울 수 있다. 특히 힐리와 동료들은 이 두 종의 해마가 서로 다르게 발달하는가 하는 질문을 던졌다.

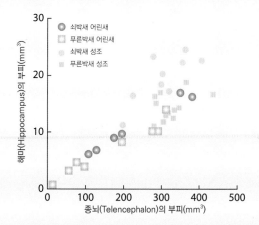

그림 3.12 먹이를 저장한 경험이 있는 쇠박새 성조는 이러한 경험이 없는 쇠박새 어린새와 먹이를 저장하지 않는 푸른박새 어린새 및 성조에 비해 해마가 발달한다. Healy, S.D., Clayton, N.S., and Krebs, J.R. (1994) Development of hippocampal specialisation in two species of tit (*Parus* spp.). *Behavioural Brain Research* 81, 23-28.에서 가져왔으며 Elsevier의 허락을 받았다.

---

30 현재 *Poecile*속으로 분류한다.

이 질문에 답하기 위해 연구자들은 두 종의 새들이 가진 해마의 부피를 비교했다. 먼저 그림 3.12의 자료 중 두 종의 어린새를 대상으로 한 것을 보자. 이 데이터에서는 공간 기억 능력과 관련이 없어서 종 간 차이가 없을 것이라고 예상한 종뇌(telencephalon)의 크기와 해마의 크기를 비교했는데, 뇌의 부피가 큰 쇠박새 어린새는 해마의 크기 또한 컸으나 이는 푸른박새 어린새 역시 마찬가지였으며, 그 비율에서도 차이가 없었다. 이는 실망스러운 결과처럼 보일 수도 있다. 하지만 다시 그림에 눈을 돌려 이번에는 성조에서 수집된 자료에 특히 주의를 기울여 보자. 푸른박새 성조의 해마 부피는 푸른박새 어린새, 쇠박새 어린새와 차이가 없었지만, 쇠박새 성조의 해마는 이들 모두보다 눈에 띄게 컸다. 그렇다면 왜 성조에서는 차이가 있고 어린새에서는 차이가 없을까? 쇠박새 어린새는 성조와 달리 먹이를 저장할 기회가 아직 없었던 것으로 보인다. 실제로 쇠박새 어린새는 생태적으로 전형적인 푸른박새와 비슷하게 행동한다. 그러므로 더 큰 해마는 공간 기억과 관련이 있지만, 해마의 확장은 먹이 저장 행동에 대한 반응이지 전제 조건이 아니라고 결론지을 수 있다.

참고 문헌

Sherry, D.F. (1984) Food storage by black-capped chickadees: Memory for the location and contents of caches. *Animal Behaviour* 32, 451-464.

하지만 해마가 이동 중의 길찾기에도 관여할까? 철새와 텃새의 해마는 차이를 보인다. 예를 들어 어떤 철새들의 해마는 더 크고, 다른 어떤 철새들은 단위 부피당 뉴런의 수가 더 많다. 서로 다른 이동 전략을 채택하는 종들 사이에도 분명한 차이가 있다. 예를 들어 작은물갈퀴도요(*Calidris pusilla*)와 점박이깝작도요(*Actitis macularius*)의 해마 뉴런의 수는 비슷하지만, 점박이깝작도요는 해마체(hippocampal formation)가 더 크며 해마 미세아교세포(microglia)가 더 많다. 작은물갈퀴도요는 넓은 바다를 건너 더 먼 거리를 이동하는 한편, 점박이깝작도요의 이동 여정은 더 짧지만 시각적으로 더 복잡한 육지 기반 경로라는 점은 표지물 인지와 학습이 중요한 곳이면 지역 수준이나 경관 수준 어디에서든 해마가 길찾기에 기여함을 시사한다. 하지만 현재로서는 더 큰 지리적 범위에서 해마가 길찾기에 중요한 역할을 한다는 확실한 증거는 없다.

주요 참고문헌

Bingman, V.P. and MacDougall-Shackleton, S.A. (2017) The avian hippocampus and the hypothetical maps used by navigating migratory birds (with some reflection on compasses and migratory restlessness). *Journal of Comparative Physiology A* 203, 465-474.

여러 종류의 이동 방향 지향성 및 움직임 특성들과 관련이 있는 더 큰 차원의 길찾기에는 두 가지 과정이 관여하는 것으로 보인다. 바로 '벡터 길찾기(vector navigation)'라고 불리는 나침반 방향 지향성과, '참된 길찾기(true orientation)'이라고도 불리는 목표 방향 지향성이다. 이 둘 사이의 구별은 사례를 통해 가장 잘 설명할 수 있을 것이다. 이번에는 1950년대 퍼덱(A. C. Perdeck)의 연구에서 제시된 고전적 사례를 참조하지 않고는 이 주제를 논의하기란 불가능하다.

퍼덱은 가을 이동 시기 초 네덜란드에서 성조와 어린새를 모두 포함해 10,000마리가 넘는 흰점찌르레기를 잡았다. 일반적으로 이 새들은 비교적 짧게 남서쪽 방향으로 이동하여 영국 남부와 벨기에, 프랑스 북쪽 해안에서 월동한다. 새들은 움직임을 추적할 수 있도록 표지된 후 남동쪽으로 약 400마일 떨어진 스위스로 옮겨져 방사되었다. 이어진 겨울동안 이 개체들의 1/3이 이동을 완료하긴 했다. 하지만 어디로 이동했을까? 그림 3.13에서 볼 수 있듯 두 가지 유형의 이동이 일어났다. 일부 새들은 자신들의 전통적인 월동지가 있는 북서쪽 방향으로 날았으며, 몇몇은 심지어 그곳에 도착하기도 했다. 다른 새들은 프랑스 남부와 이베리아 반도에 새로운 월동지를 찾았다. 새들은 나이에 따라 서로 구별되는 두 개체군으로

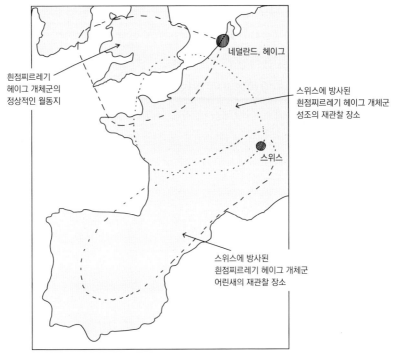

흰점찌르레기
헤이그 개체군의
정상적인 월동지

네덜란드, 헤이그

스위스에 방사된
흰점찌르레기 헤이그 개체군
성조의 재관찰 장소

스위스

스위스에 방사된
흰점찌르레기 헤이그 개체군
어린새의 재관찰 장소

그림 3.13 네덜란드에서 스위스로 옮겨진 후 이동성인 흰점찌르레기 어린새(긴 파선)와 성조(짧은 파선)의 재관찰 지점. 성조들은 자신의 새로운 출발 지점을 보정했으나 어린새들은 그렇지 못했다. Perdeck, A.C. (1958) Two types of orientation in migrating starlings *Sturnus vulgaris* L. and Chaffinches *Fringilla coelebs* L., as revealed by displacement experiments. *Ardea* 46, 1-37.의 자료를 토대로 다시 그렸다.

나뉘었다. 어린새들은 남서쪽으로 향한 반면, 성조들은 북서쪽으로 날아갔다. 어린새들은 전에 이동을 했던 적이 없어 무엇에 의지해야 하는지에 관한 경험이 없었다. 또 3장 앞부분에서 살펴보았듯 첫 이동 방향 지향성은 선천적이다. 그러므로 이 새들은 나침반 감각을 이용해 맞는 방향으로 출발할 수 있었으나, 지도 감각이 없어 잘못된 곳으로 가고 있다는 사실을 알 방법이 없었던 것으로 보인다. 이는 벡터 기반 길찾기(vector-based navigation)의 사례이다.

다른 한편 성조들은 과거 적어도 한 번 이상 전통적인 월동지를 오가는 이동을 한 적이 있으리라고 추정되며, 그 덕분에 현재 위치와 궁극적인 목적지를 어느 정도 연관 짓는 지도 감각을 얻을 수 있었을 것으로 보인다. 이들은 스위스로 옮겨진 후에도 생소한 나라를 가로질러 친숙한 목적지로 여행할 수 있음을 보여주면서 자신의 지도 감각을 입증했다.

첫번째 이동에서 어린새들은 자신 주위의 환경에서 찾을 수 있는 단서를 통해 번식지와 비번식지의 장소와 경로를 배우는 것으로 보인다. 이렇게 획득한 정보를 토대로 이 새들은 마음의 지도를 개발할 수 있으며 다시 이를 다음 여정들에서 이용할 수 있다. 여기에는 몇 가지 단서가 중요하게 작용하며 복수의 단서를 동시에 이용하는 것으로 생각된다.

3.5.1 길찾기 단서들

태양과 별

새들은 밤낮으로 길을 찾는데 이 과정에서 천문학적 단서를 이용한다. 낮에는 태양이 주된 단서이며, 밤에는 별들이 그 역할을 한다. 1950년대 크라머(G. Kramer)는 태양이 길찾기 단서로 사용될 수 있다는 사실을 처음으로 입증했다. 그는 깔때기 새장을 이용한 영향력 있는 일련의 실험들을 통해 이동불안을 보이는 흰점찌르레기들이 어떤 방향을 선호하는지 보여주었다. 그리고 새장 인에 거울을 두어 새들의 판점에서 태양의 방향을 90노만큼 바꾸었으며, 새들의 지향성이 태양의 방향을 반영하여 바뀐다는 결과를 보여주었다. 추가 연구에서 밝혀진 바로, 새들이 이용하는 구체적인 단서는 수평선에 대한 태양의 위치, 혹은 더 정확하게 태양과 수평선을 이은 가상의 선이 수평방향에서 위치하는 각도인 방위각(方位角)으로 드러났다.

물론 태양은 고정된 물체가 아니다. 방위각은 낮 동안 움직이며, 새들은 길찾기를 위해 이 단서를 이용할 때 태양의 위치와 시간이라는 이중 좌표 체계를 반드시 사용해야 한다. 이를 증명하고자 사육 환경에서 자연적인 낮 시간과 '동기화'되지 않도록 훈련시킨 개체들로 실험을 진행했다. 흰점찌르레기의 시간을 6시간만큼 앞서도록 조건화했다면(즉, 새들이 정오라고 '생각할' 때 실제 시간은 오전 6시이다) 이 새들은 90도 돌아간 방향 지향성을 보여줄 것이다. 즉, 오전 6시의 자연스러운 태양 방향에 대해 실험했을 때, 이들은 이 실제 시간에서 맞지 않는 방향으로 날아갈 것이다. 방위각이 한 시간에 15도만큼 움직이므로 새들은 방향을 90도 꺾어서 정오에나 향할 법한 방향으로 난다. 그러므로 이 새들이 방향을 찾을 때 태양의 위치와 시간을 함께 참조하는 것으로 보인다.

밤에는 태양을 더이상 이용할 수 없는 대신 별이 그 자리를 차지한다. 천체 투영 장치(플라네타리움) 속에 깔때기 새장을 배치하면 새들이 경험하는 천체 지도를 조작할 수 있다. 이를 이용한 실험을 통해 어린새들이 지구의 회전으로 인해 발생하는 천체 패턴의 회전을 관찰한다는 증거가 제시되었다. 이를 통해 새들은 지도 중심의 위치, 즉 북반구에서는 북극성의 위치를 학습한다. 새들이 한 번 이를 배우면 북극성과 그 주위에 있는 몇몇 천체들을 볼 수 있는 한 북쪽이 어디인가를 정확하게 알아낼 수 있다. 이 정보를 통해 북반구의 철새들은 이 별에서 멀어지면서 가을에 남쪽으로, 봄에 이 별을 향해 날아가면서 북쪽으로 갈 수 있다. 하지만 구름이 시야를 가리면 무슨 일이 일어나는가? 새들이 구름 낀 밤에 이동하지 않으려 할 수도 있음을 암시하는 몇 가지 증거가 있다. 검은머리흰턱딱새와 붉은등때까치(*Lanius collurio*) 두 종 모두 구름 없는 밤에는 이동불안을 보였으나 흐린 하늘 밑에서는 그렇지 않았다. 하지만 하늘을 볼 수 없을 때에도 올바른 방향으로 찾아갈 수 있다는 점을 고려하면, 이들이 해나 별의 '상실'을 보완하기 위해 다양한 다른 단서들을 이용한다는 점도 명백하다.

자기장

전서구는 맑은 날에는 몸에 막대자석을 붙이고 있더라도 자신의 비둘기장을 문제없이 찾아오지만, 흐린 날 자석을 지니고 있으면 집으로 찾아오는 능력을 잃는다. 자석은 새들이 경험하는 자기장을 국지적으로 교란시킨다는 점으로 미루어 볼 때 지구자기장(geomagnetism)은 방향 지향성에 중요한 듯하다. 비둘기들은 맑은 날에는 태양을 기반으로 방향을 잡을 수 있기 때문에 영향을 받지 않으리라고 추정된다. 지구의 자기극들은 행성 표면 전역에 남북 방향으로 예측 가능한 자기장을 만든다. 극에서 자기장은 90도 각도로 지구 표면을 향해 떨어지며 적도에서의 각도는 0도이다. 새들이 이 자기장을, 또는 더 정확하게 위도에 따라 달라지는 자기장 각도(복각)를 감지할 수 있다는 증거가 실험적으로 제시되었다.

이론적으로 새들은 자기장 각도를 통해 북쪽과 남쪽의 방향을 설정하고, 지구 표면에서 자신의 위치를 찾을 수 있다. 현재까지 제시된 증거에 따르면 새들은 방향을 알아내기 위한 '나침반'과 지도를 뒷받침하는 정보로써 자기장을 활용하고 있다. 먼저 나침반 기능과 관련하여, 볼프강 윌치코(Wolfgang Wiltschko)는 강한 자기 펄스만으로도 충분히 흰눈동박새(*Zesterops lateralis lateralis*)의 이동 방향 지향성을 교란할 수 있음을 보여주었다. 그림 3.14가 보여주듯 이 새들은 대체로 호주 본토의 비번식시로부터 태즈메이니아섬의 번식지까지 남쪽으로 향하는 경로를 따른다. 자기 펄스는 며칠 동안 이 새의 방향 지향성을 교란시켰지만, 연구 자료에 따르면 이 새들은 10일 정도가 지나면 교란에서 회복할 수 있거나, 적어도 그 효과를 수용할 수 있었다. 자연 조건에서 이러한 교란은 예를 들어 태양 폭풍(solar storm)의 결과로 나타날 수 있다.

이안 헨쇼(Ian Henshaw)와 동료들은 지빠귀울새(*Luscinia luscinia*)가 스웨덴에서 이집트 남부로 향하는 이동 중에 이용하는 자기 지도(magnetic

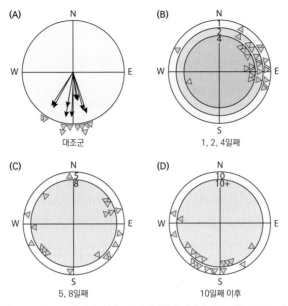

그림 3.14 강력한 자기 펄스에 노출되기 전(대조군)과 후 흰눈동박새의 이동 방향 선호성. 시간이 지남에 따라 교란의 효과는 점차 사라진다. Scott, G.W. (2005) *Essential Animal Behavior*, Blackwell Scientific, Cambridge.에서 가져왔다.[31]

map)를 알아보기 위해 명쾌한 실험을 수행했다. 이 새들은 일반적으로 사하라 사막을 건너기 전에 잠시 멈추며 섭식항진을 통해 체중을 눈에 띄게 증가시킨 후 험난한 사막을 건넌다. 연구자들은 새들이 느끼는 자기장 특성을 바꾸어 이동 중에 경험하는 자기장을 모방함으로써, 새들이 여전히 스웨덴에 있음에도 불구하고 사하라 사막을 건너기 전에 일반적으로 나타나는 수준의 섭식항진과 체중 증가를 유도할 수 있음을 발견했다. 이 결과는 지빠귀울새가 자기장 정보를 자신의 위치를 알아내는 지도로 이용하며, 이에 따라 행동을 바꾼다는 것을 시사한다.

그렇다면 새는 어떻게 자기장을 '읽어' 나침반 방향과 지도상 위치를

---

[31] 원 출처는 Wiltschko, W., Munro, U., Ford, H., & Wiltschko, R. (1998). Effect of a magnetic pulse on the orientation of silvereyes, *Zosterops l. lateralis*, during spring migration. *Journal of Experimental Biology* 201(23), 3257-3261.이다.

알아낼까? 아직 자세한 내용까지 완벽하게 밝혀지지는 않았지만, 별개의 두 가지 기제가 관여할 가능성이 높아 보인다. 새가 자기장의 변화에 반응할 때 뇌에서 활성화되는 부위가 시각계에 있다는 사실이 알려져 있으며, 망막이 온전히 작동하고 새가 특정 파장의 빛에 노출되는 경우에만 자기장의 변화가 기록된다는 사실이 알려져 있다. 구체적으로 자기장 인식에는 스펙트럼 끝부분의 파란색 빛이 필요했다. 아냐 귄터(Anja Günther)와 동료들의 최근 연구에 따르면 적어도 꼬까울새의 자기 나침반 감각은 망막의 이중 원추 세포(double-cone cell)에서 mRNA가 암호화하는 단백질인 크립토크롬4(Cryptochrome4, 이하 Cry4)의 상향 조절과 관련이 있을 수 있다. 이들의 연구는 이동 시기 Cry4의 활성이 눈에 띄게 증가하는 현상을 보고했다. 크립토크롬은 활성화된 전자를 형성하는 광 민감성 단백질로, 자유 전자들은 광활성화(photo-excitation)되어 서로 다르지만 상호 연관된 스핀을 가지게 된다. 이 활성화 전자와 자기장의 상호작용을 통해 새들이 자기장을 어느 정도 인식할 수 있는 것으로 보인다. 반면 자기 지도 감각은 시각계의 신경 구조 어딘가에 있는, 아직 발견되거나 특정되지 않은 철 기반 수용체와 관련이 있어 보인다.

주요 참고문헌

Günther, A., Einwich, A., Sjulstok, E., et al. (2018) Double-cone localization and seasonal expression pattern suggest a role in magnetoreception for European robin cryptochrome 4. *Current Biology* 28(2), 211-223.

Henshaw, I., Fransson, T., Jakobsson, S., et al. (2008) Food intake and fuel deposition in a migratory bird is affected by multiple as well as single-step changes in the magnetic field. *Journal of Experimental Biology*, 211, 649-653.

Heyers, D., Elbers, D., Bulte, M., et al. (2017) The magnetic map sense and its use in fine-tuning the migration programme of birds. *Journal of Comparative Physiology A* 203(6-7), 491-497.

냄새를 따라가라

더운 여름날 바닷새의 구아노 냄새에는 뭔가 특별한 게 있다. 이 냄새가 모두의 취향에 맞지 않을 수 있다는 점을 인정하지만, 내가 가장 좋아하는 냄새이다. 연구 결과에 따르면 이 냄새는 바닷새들이 자신의 집단 서식지 뿐만 아니라 심지어 각자의 둥지까지 찾을 수 있도록 도움을 주는 중요한 냄새이다. 한동안 전서구 경주에서 다른 곳으로 옮겨진 비둘기들이 집을 찾기 위해 비둘기장 주위의 냄새를 기억해 다른 단서들과 함께 사용한다는 것을 시사하는 자료가 제시된 바 있다. 최근 엔리카 폴로나라(Enrica Pollonara)와 동료들은 이탈리아 앞바다의 조그만 섬에서 번식하는 스코폴리슴새(Calonectris diomedea) 집단을 대상으로 실험을 수행했다. 연구자들은 포란 중인 스코폴리슴새를 잡아(알은 연구자들이 보살폈다) 번식지에서 400km, 해안에서 100km 떨어진 어떤 지점으로 옮겨 방사했다. 방사하기 전에 새들은 세 실험군 중 하나에 속하도록 지정되었고, 다시 잡혔을 때 되돌아온 경로를 알아낼 수 있도록 기록 장치가 부착되었다. 대조군 새들은 단순하게 표지되고 옮겨져 방사되었으며, 자유롭게 정상적으로 행동할 수 있었다. 다른 새들은 두 가지 실험적 조작 중 하나의 대상이 되었다. 첫 실험군의 새들은 지구 자기장을 활용한 길찾기 능력을 교란시키기 위해 머리에 자석을 붙였다. 다른 실험군의 새들은 후각 능력이 일시적으로 제거되었다(그 효과는 몇 주 동안만 지속된다).

예상대로 대조군 새들은 모두 며칠 안에 둥지로 돌아와 번식 집단 내에서 재포획되었다. 자석을 붙인 새들도 비슷하게 모두 집을 찾아올 수 있었으며, 이 결과는 이 종에서 길찾기에 자기 감각이 중요하더라도, 다른 단서들을 이용해 새들이 완벽하게 길찾기를 할 수 있음을 보여준다. 그림 3.15에서 앞서 언급한 두 조건의 새들이 기록한 꽤 직행인 경로를 냄새를 맡지 못하는 새들의 비행 경로와 비교해 보라. 후각 능력이 상실된 새들은

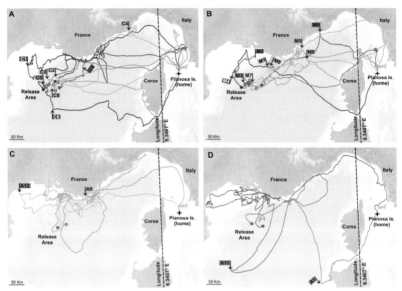

그림 3.15 집단 번식지에서 다른 곳으로 옮긴 스코폴리슴새의 비행 경로. 대조군 새들(A)과 지구 자기장을 읽는 능력을 교란하기 위해 자석을 붙인 새들(B)은 집단 번식지로 비교적 곧장 돌아왔으나, 냄새를 맡지 못하는 새들(C와 D)은 그러지 못했다. Pollonara, E., Luschi, P., Guilford, T., et al. (2015) Olfaction and topography, but not magnetic cues, control navigation in a pelagic seabird: Displacements with shearwaters in the Mediterranean Sea. *Scientific Reports* 5, Article number 16486, 10.에서 가져왔다.

처음에 '길을 잃은' 듯이 보였다. 이 새들은 인접한 해안선으로 길을 잡기 전까지 방사 지점 주위를 우왕좌왕 돌아다녔다. 이후에도 해안선을 따라 이리지리 오가던 새들은 마침내 무언가가 딜라지며 보나 바른 방향으로 날기 시작했다. 번식 집단이 있는 섬으로 돌아올 때까지도 여전히 이들은 해안을 끼고 있었다. 연구자들은 이 결과를 새들이 특징 없는 바다에서 냄새 없이는 자신의 집단을 찾을 수 없다는 뜻으로 해석했다. 하지만 한 번 해안선을 찾은 후 이 새들은 아마 시각적 표지물을 이용해 길을 찾을 수 있었을 것이며, 멀리 돌아가는 경로였지만 결국 집으로 돌아올 수 있었다.

요약

　이동은 새들이 자원을 최대한 이용할 수 있도록 해준다. 이 행동은 유전적 요인 외에도 환경적 단서에 대한 반응이기도 하다. 이동하는 새들은 수많은 위험에 직면하고 있으며 철새 보전은 여러 국가의 보전 노력에 달려 있다. 새들은 다양한 길찾기 단서를 이용하여 이동을 가능하게 하며, 때때로 뛰어난 공간 기억력을 가지기도 한다.

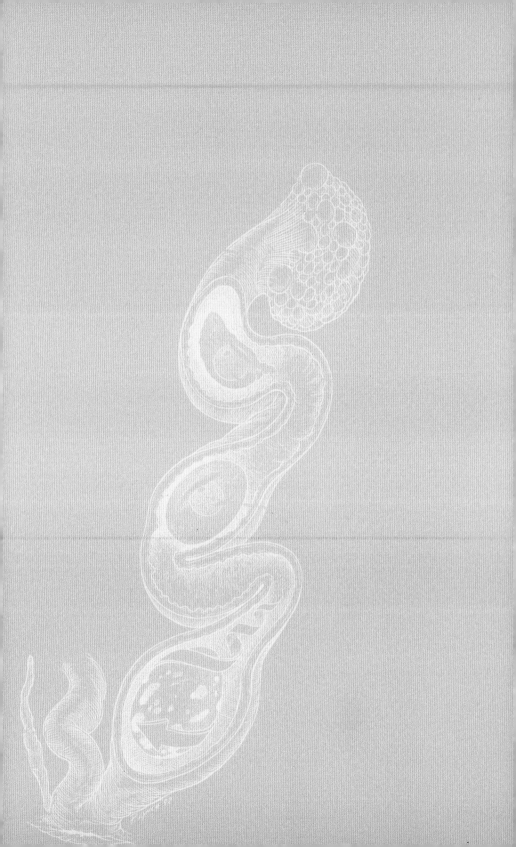

4장

알, 둥지 그리고 새끼새

"새의 알은 자연 공학의 기적이다."

-노벨 프록터, 패트릭 린치(Nobel S. Proctor and Patrick J. Lynch, 1993)

알, 그 중에서도 닭이 낳은 알은 우리에게 가장 익숙한 대상일지도 모른다. 하지만 우리는 알에 관해 얼마나 알고 있는가? 이 장에서는 알에 관해 그 개념부터 산란, 포란과 부화까지 살펴보고, 또 새끼새에 관해 생각해보고자 한다.

4.1 조류의 성과 생식샘

　조류는 유성생식을 한다. 암컷과 수컷이 짝짓기를 하고, 정자가 전달되어서, 난자가 체내에서 수정되고, 모든 것이 잘 진행되면 최종적으로 새로운 새가 태어난다. 유전적으로 이 새로운 개체는 부모의 유전물질이 각각 절반씩 조합된 결과이다.

　사람으로서 우리의 생물학적 성은 아버지로부터 물려받은 염색체 하나가 결정한다. 사람의 성염색체는 두 종류가 있으며 각각 X와 Y라고 불린다. 우리 아버지들은 모든 포유류 수컷과 마찬가지로 X염색체 하나와 Y염색체 하나로 구성된 성염색체 쌍을 가지고 있으며 생식모세포(germ cell)가 감수분열을 할 때 X와 Y 중 하나를 가진 생식세포(정자)가 만들어진다. 그러므로 수컷 포유류를 이형배우자라고 한다. 하지만 우리 어머니들과 모든 암컷 포유류는 동형배우자로, X 성염색체 한 쌍을 가지고 있으며, 생식세포의 유전자형은 모두 X로 동일하다. 당연히 우리가 어머니로부터 물려받는 성염색체는 항상 X염색체인 반면, 아버지로부터는 X와 Y 둘 중 하나를 물려받을 수 있다. 만약 부계 성염색체가 Y면 수컷, X면 암컷이 된다. 새들 역시 한쪽 성이 이형배우자 성이며 비슷한 방식으로 성별이 결정되지만, 포유류와 두 가지 확연한 차이가 있다. 첫번째 차이점은 지칭하는 용어이다. 새들은 X와 Y 염색체 대신 Z와 W염색체를 가진다. 두번째 차이점은 생물학적 의미에서 더 중요한데, 포유류는 수컷 부모로부터 물려받은 유전물질로부터 성이 결정되는 반면, 새는 암컷이 ZW 성염색체 쌍을 가지기 때문에(수컷은 Z염색체 2개를 가진다) 암컷의 유전물질에 의해 성이 결정된다.

　염색체는 이중 나선의 DNA로 구성되어 있다. 이 DNA의 특정 부분은 단백질을 생산하기 위한 정보를 가지고 있는데, 이 단백질을 암호화하는 부분을 우리는 유전자라고 정의한다. 각각의 유전자는 항상 같은 단백질 또는 단백질의 일부분(어떤 단백질은 여러 유전자가 힘을 합친 결과물일 때도 있다)을 암호화한다. 그러므로 특정 유전자의 발현은 항상 그 생물의 특정한 행동, 생리, 발달 등에 영향을 미친다. 유전자가 발현되어 식별 가능해진 효과를 생물의 표현형이라고 한다. 하지만 관찰되는 행동, 생리적 특징, 깃색과 같은 표현형이 유전자형에 의해서만 결정된다고 생각해서는 안 된다. 표현형은 발현되는 환경에도 영향을 받는데, 이에 대해선 이 장 뒷부분에서 다시 논의하겠다.

Z와 W 염색체에서 찾을 수 있는 유전자를 성 연관이 있다고 한다. 예를 들어 W 염색체에서만 발견되는 유전자는 오직 암컷만이 가지므로, 이 유전자들을 암컷에 연관되어 있다고 한다. 새의 발달과 삶에서 성연관 유전자가 미치는 영향의 특이성과 세부 내용은 최근에서야 알려지고 있다. 성 연관 유전자와 성 특이적 발달의 관계를 분명하게 보여주는 흥미로운 사례 하나가 있는데, 바로 새의 노래(song)이다. 이에 관해서는 5장에서 살펴볼 것이다.

🦅 날아가기

새 노래의 발달과 조절. 239쪽(5.4 노래)

아직 자세하게 밝혀지지 않았지만, 수컷과 암컷의 기본적인 유전물질 차이가 수컷(정소)과 암컷(난소)의 생식샘을 형성하는 조직의 분화를 어느 정도 결정한다고 볼 수 있다. 수컷은 체내에 정자를 생산하는 한 쌍의 정소를 가진다. 이들은 번식기 동안 커지지만 다른 시기에는 거의 없다고 생각될 정도로 수축한다. 대부분의 조류 종에서 암컷의 난소는 대체로 왼쪽 하나만 발달되어 있지만, 여기에는 예외가 있다. 두 난소가 동시에 기능하지 않을지는 모르지만, 몇몇 맹금류들은 2개의 난소를 모두 가지고 있다.

수컷의 정소와 마찬가지로 암컷의 난소 역시 다른 시기에 비해 번식기에 훨씬 커진다. 이러한 생식샘 조직의 계절적인 발달은 비행 효율성을 극대화하기 위해 세심하게 체중을 조절해야 하는 새들에게 도움이 된다고 추정된다.

🕊 날아가기
계절에 따른 몸무게 조절과 비행효율 그리고 이동. 140쪽(3.3.4 장거리 비행)

전체적으로 조류는 포유류의 음경과 같은 외부 생식기가 없으며, 비록 물개개비(*Acrocephalus paludicola*)가 25분 동안 지속한 사례가 있지만, 교미는 아주 짧아서 대부분 수초 만에 끝난다. 암컷과 수컷 모두 총배설강(cloaca)을 하나 가지고 있으며, 교미를 하는 동안 수컷은 자신의 총배설강 구멍을 암컷의 총배설강 구멍 위에 위치시킨 후 바로 사정한다. 참새목에서 수컷의 총배설강은 번식기 동안 부풀어 돌출되는데, 이는 정자 전달의 효율성을 높이는 데 기여할 수 있다. 비슷한 맥락에서 일부 오리류와 다른 과에 속하는 몇몇 종은 음경을 닮은 돌기를 발달시켜 교미에 이용한다.

사정된 정자는 암컷의 총배설강에서 난관(oviduct) 꼭대기를 향해 헤엄쳐 성숙한 난자의 수정이 이루어지는 난소와 나팔관까지 나아간다(그림 4.1). 몇몇 종들에서 암컷은 질과 자궁의 연결 지점 주위에 특별한 저장 기관이 있어서 난자가 배란되는 시기에 맞춰 정자를 방출시킬 때까지 며칠에서 길게는 몇 주까지 생존 가능한 상태로 보유할 수 있다. 이 기능의 중요성은 5장에서 논의하겠다.

🕊 날아가기
정자 저장과 번식 전략. 215쪽

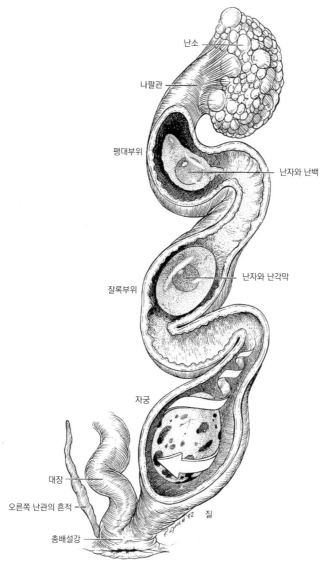

난소

나팔관

팽대부위

난자와 난백

잘록부위

난자와 난각막

자궁

대장

오른쪽 난관의 흔적

질

총배설강

그림 4.1 난관(oviduct)과 알의 형성. 알은 일반적으로 난소에서 나온 후 완전히 발달하기까지 24시간이 걸린다. 알은 난관의 위쪽 부분(나팔관)에서 30분 정도 머물고, 팽대부(magnum region)에서 약 3시간 동안 머물며 난백(albumen)으로 덮인다. 협부(isthmus region)에서 난각막(shell membrane)이 추가되는데 1시간 정도 소요된다. 마지막으로 자궁에서 최대 24시간 동안 머물며 딱딱한 외측 껍질과 색소가 침착된다. Proctor, N.S., & Lynch, P.J. (1993) *Manual of ornithology: avian structure & function*. Yale University Press, New Haven.에서 가져왔다.

4.2 알

노블 프록터(Noble S. Proctor)와 패트릭 린치(Patrick J. Lynch)는 그들의 탁월한 저서 『조류학 편람(Manual of ornithology)』에서 새의 알에 대해 "…자연 공학의 기적이다. 가볍고 강하며, 새의 배아(embryo)가 필요로 하는 모든 것을 제공한다."라고 언급한다. 나는 이 인용구가 알을 완벽하게 설명한다고 생각한다.

🦅 날아가기

난황의 부피는 새끼새의 발달 전략과 연관되어 있다. 217쪽

기본적으로 알은 수정된 난자이자 접합자(zygote)로, 비교적 막대한 양의 영양분을 가지고 껍질로 싸여 보호받는다. 하지만 그림 4.2가 그리고 있듯, 여기에는 접합자와 영양분 이상의 무언가가 있다.

주요 참고문헌

Proctor, N.S., & Lynch, P.J. (1993) *Manual of ornithology: avian structure & function*. Yale University Press, New Haven.

난황은 알 중앙에 있으며 지방, 단백질과 다른 영양소가 풍부하다. 난황은 갈색키위(*Apteryx australis*)의 경우 전체 알 내용물의 70%나 차지하며, 작은 참새목 조류의 경우 20% 정도만 차지한다. 우리가 달걀을 요리하려고 깨뜨릴 때 노른자위는 비교적 균일한 노란색 물체로 보이지만, 실제로는 영양소가 풍부한 노란 난황과 덜 풍부한 흰 난황이 번갈아 여러 층으로 겹겹이 싸여 있는 구조인데, 적절한 처리 단계를 거치면 눈으로 볼 수도 있다. 이 층들은 노른자위가 형성되는 시기에 며칠에 걸쳐 쌓아 올려지며, 색깔의 차이는 함유한 영양소의 차이를 보여준다(밤에 쌓인 층은 영

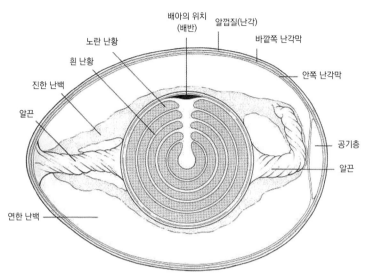

배아의 위치 (배반)　　알껍질(난각)

노란 난황

흰 난황

진한 난백

알끈

연한 난백

바깥쪽 난각막

안쪽 난각막

공기층

알끈

그림 4.2 일반적인 조류 알의 내부 구조. Proctor, N.S., & Lynch, P.J. (1993) *Manual of ornithology: avian structure & function*. Yale University Press, New Haven.에서 가져왔다.

양소가 덜 풍부하다). 그러므로 우리는 나이테로 나무의 나이를 세듯 난황의 층 개수로 그 나이, 또는 적어도 그 발달에 걸린 시간을 알아낼 수 있다. 배아는 포배(blastula)라고 부르는 생식세포 무리로부터 발달하며, 난황 꼭대기, 구체적으로는 흰 난황 기둥의 꼭대기에 있다. 이는 흰 난황이 노란 난황보다 밀도가 낮아 알이 돌아갈 때 흰 난황의 기둥이 배아(그리고 그 아래 흰 난황)를 항상 난황 덩어리 위에 있도록 만들어주기 때문이다. 난황은 모양을 일정하게 유지하기 위해 난황막(vitelline layer)에 둘러싸여 있으며, 젤라틴성 난백 구조물인 알끈(chalazae)에 의해 고정되어 앞서 언급한 회전을 할 수 있는 반면 다른 움직임은 제한된다. 발달 중인 배아는 난황에서 영양분을 흡수하고 주변 환경과 기체 교환을 용이하게 하기 위해 두 가지 배아외막(extra-embryonic membrane)을 생산한다. 이 중 하나인 난황낭(yolk sack)은 난황 주위를 둘러싸는 혈관이 있는 덮개로 일종의 외부 소화기관으로 기능하여 배아가 난황으로부터 직접 영양분을 흡수할 수 있도록 한다. 부화 직전 난황낭은 새끼새의 몸 속으로 흡수되어 알에서 나온 후 며칠 동안 생존 확률을 높일 수 있는 영양 저장소로 기능한다. 배아가 발달함에 따라 새끼새는 뼈의 생장에 필요한 칼슘을 알껍질로부터 흡수하는데, 그 결과 알껍질이 약해져 새가 부화할 때 이를 더 쉽게 깨고 나올 수 있는 것으로 추정된다.

두번째 막은 융모막(chorioallantois)으로, 알껍질의 내측 표면에서 발달하여 그 대부분을 덮는다. 많은 혈관이 있는 이 막은 산소를 배아 내로 수송하고 이산화탄소와 필요 이상의 물을 밖으로 증발시킨다. 이 기체들은 바깥 알껍질의 구멍을 통해 알과 융모막을 드나든다.

요리할 때 거의 투명한 젤에서 흰 고체로 변하기 때문에 흔히 흰자라고 불리는 난백(albumen)은 난황을 둘러싸고 있다. 반숙 계란프라이를 만들어 보면 난백이 2개의 층, 즉 난황과 맞닿아 있는 진한 안쪽 층과 연한 바깥쪽 층으로 이루어져 있다는 것을 알 수 있다. 90%의 물과 10%의 단백질로 구성된 난백은 발달 중인 새끼새의 물 저장소이다. 또한 난백 층은 알의 움직임에 따른 갑작스러운 충격에서 배아를 보호하는 물리적인 완충재 역할을 하며, 포란이 중단되었을 때 배아와 난황의 열 손실을 줄이는 단열막으로 기능한다.

조류 알의 외부 알껍질은 몇 개의 구별되는 층으로 구성되는데, 가장 잘 보이는 것은 유연한 콜라겐 섬유 격자에 탄산칼슘 결정들이 배열된 딱딱한 바깥쪽 층이다. 이 층은 포란 중인 부모의 무게를 견디는 데 필요한 힘과 둥지 속 다른 알이나 주변 환경에(모든 알이 편안한 둥지에 산란되지는 않는다는 점을 기억하라. 절벽에 둥지를 트는 바닷새 같은 일부 새는 바위 위에 바로 알을 낳는다) 부딪칠 때 필요한 탄성을 껍질에 부여한다. 이 바깥쪽 층 아래에 있는 두 층의 유연한 내막은 깨지기 쉬운 바깥쪽 층을 지지하고 더 나아가 껍질의 전반적인 안정성에 기여한다. 가장 안쪽에 있는 난각막(shell membrane)은 혈관이 있고 배아의 호흡이 일어나는 융모막과 물리적으로 맞닿아 있다. 알 안팎으로 기체 이동을 원활히 하기 위해 껍질에는 항상 열려 있는 구멍이 있어 알의 내막이 외부 환경과 직접적으로 소통할 수 있도록 한다.

대부분의 새들은 정해진 기간 동안 하루마다 하나씩 알을 낳는다. 산란하는 기간은 한배산란수에 따라 달라지는데, 한배산란수의 결정은 나중에 4.3단원에서 논의할 것이다. 물론 여기에는 예외가 있다. 어떤 새들은 이틀에 한 번 알을 낳으며, 극단적으로 푸른얼굴얼가니새(*Sula dactylatra*)는 6일에서 7일 주기로 한 번에 2개의 알을 낳는다. 시간 간격을 두고 알을 산란하는 이유는 알을 생산하기 위해 시간이 필요하다는 점과 부분적으로 관련이 있다(그림 4.1). 또한 이는 암컷 새가 비행 효율성을 유지할 필요가 있다는 점과도 관련이 있는데, 거의 다 형성된 알은 기체 역학적으로 상당한 부담이 될 수 있기 때문이다.

암컷 새들은 알의 크기와 질을 어느 정도 조절할 수 있는 듯하다. 엘리자베스 보룬드(Elisabeth Bolund)와 동료들은 금화조 암컷이 경쟁력이 떨어지는 수컷과 짝지었을 때 자신이 낳는 알의 부피를 키우고 난황의 카로티노이드(carotenoid) 성분을 늘린다는 사실을 입증했다. 간단히 말해 이 암컷은 더 좋은 알을 낳는다. 이는 자신의 짝이 가진 좋지 않은 유전적 질(낮은 매력)을 보상하기 위한 시도로써 새끼들을 조금 더 앞쪽 출발선에 세우는 현상으로 추정된다.

주요 참고문헌

Bolund, E., Schielzeth, H. and Forstmeier, W. (2009) Compensatory investment in zebra finches: females lay larger eggs when paired to sexually unattractive males. *Proceedings of the Royal Society B: Biological Sciences* 276, 707-715.

4.3 한배산란수

알바트로스 암컷은 예외 없이 한배에 하나의 알을 낳는 반면 푸른박새는 최대 17개의 알을 낳기도 한다. 그러므로 당연히 한배산란수(clutch size)에는 상당한 차이가 있다. 어떤 종들의 암컷은 채택할 수 있는 한배산란수의 변화 폭이 극도로 제한적이다. 예를 들어 암컷 점박이깝작도요(*Actitis macularis*)는 항상 4개의 알을 낳는데, 이로 인해 발생하는 현상에 관해서는 5장에서 논의할 것이다. 다른 한편, 많은 종에서 암컷은 번식 횟수나 계절에 따라 낳는 알의 숫자를 달리 할 수 있다. 이 경우 조류학자들의 상당한 관심을 끄는 질문 중 하나는 '한배산란수는 얼마나 많아야 하는가?'이다.

한배산란수 변이의 일반적인 패턴이 알려져 왔으며 그 패턴을 해석하여 이 현상에 대한 분명하고 직접적인 설명을 몇 가지 할 수 있다. 예를 들어 새끼새들이 부모에게 크게 의존하는 만성성(altrical) 종의 한배산란수와 이에 따른 새끼새의 수는 독립적인 조성성(precocial) 종보다 적은 경향이 있다. 이 경우 부모가 새끼새를 먹이고, 품고, 보호하는 능력은 분명히 한배산란수를 결정하는 중요한 요소이다. 또 개방형 둥지를 이용하는 종들은 상대적으로 안전한 나무구멍 둥지를 이용하는 종들보다 한배산란수가 적게 나타난다. 이 현상에 대해 나무구멍 둥지가 제공하는 더 나은 보호가 중요하다고 추정할 수 있다. 또 같은 현상에 대해 개방형 둥지를 이용하는 새들이 한배산란수를 줄이고 더 빨리 새끼새를 길러냄으로써 새끼새들이 둥지에 있는 위험한 시기를 단축해 포식 위험을 최소화하려 한다고 볼 수도 있다. 한배산란수에 유전적 요소가 존재한다는 점은 확실한데, 무엇보다 사람들이 '한배산란수'를 늘리려는 인위 선택을 통해 거의 일 년 내내 알을 낳는 다양한 가금류를 개발했다는 사실을 통해 이를 알 수 있다.

한배산란수에 관한 초기 관찰 연구들은 암컷이 낳는 알의 수가 각 번식 시도에서 성공적으로 길러낼 수 있는 최대 새끼새 수와 같으리라는 관점을 취했다. 이보다 더 많은 알을 낳는 행동은 자원 낭비일 것이며, 적은 알을 낳는 행동은 기회 낭비일 것이기 때문이다. 야외에서 수행한 관찰들에 따르면 실제 한배산란수는 기대보다 약간 적은 경우가 많았다. 이론적인 숫자와 실제 한배산란수의 괴리는 한 번의 번식기만을 고려하는 대신 '암컷이 전 생애에 걸쳐 자신의 생산성을 극대화하는 한배산란수'를 최적 한배산란수로 예측할 때 설명할 수 있다. 암컷은 둥지 하나에 알을 조금 적게 낳음으로써 미래에 더 많은 둥지에 알을 낳을 수 있는 비축 자원과 생존 가능성을 확보할 것이다.

고란 호그스테트(Göran Högstedt)는 스웨덴의 까치 개체군에서 5~8개의 알을 낳는 암컷 개체들의 한배산란수를 기록하여 미묘한 새끼 수 조절이 일어난다는 증거를 제시했다. 이 암컷들이 최적의 알 개수를 어떤 의미에서 '알았다'는 가설을 검증하기 위해 그는 세 번의 번식기 동안 둥지의 새끼 수를 조작했다. 대조군은 조작의 대상이 되지 않았으며 이 그룹의 암컷들은 자신이 낳은 모든 새끼새를 기를 수 있었다. 첫번째 실험군에 해당하는 암컷들의 둥지에서는 새끼 수를 줄였으며, 여기에서 새로 부화한 새끼새들은 다른 실험군 둥지의 새끼 수를 늘리는 데 활용되었다. 그림 4.3에 제시된 자료를 통해 모든 경우에서 최적의 한배산란수, 즉 이소 시점에서 생존한 새끼새 수가 최대가 되는 산란수는 암컷이 낳은 알의 수와 같다는 점을 볼 수 있다. 호그스테트는 후속 연구를 통해 이 개체군에서 한배산란수를 결정하는 주된 요소는 영역의 질이고, 암컷은 영역의 질에 따라 한배산란수를 어느 정도 조절하여 지속적으로 최적의 산란수로 알을 낳는다는 사실도 보여주었다. 또 그림 4.3은 최적 산란수로 알을 낳지 않았을 경우, 즉 너무 많거나 적은 수의 알을 낳았을 때 생산성이 감소할 것이라

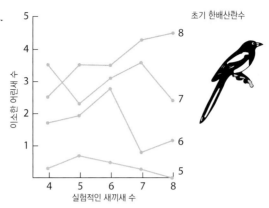

그림 4.3 새끼 수의 실험적 조작을 통해 유럽까치 암컷은 자신의 영역이 부양할 수 있는 숫자의 알을 지속적으로 낳는다는 사실을 알 수 있다. Högstedt, G. (1980). Evolution of clutch size in birds: adaptive variation in relation to territory quality. *Science* 210, 1148-1150.에서 가져왔으며 AAAS의 허락을 받았다.

는 사실을 강조한다. 우리는 5장에서 유럽까치의 양육 행동을 논의할 때 이 이야기로 돌아올 것이다.

번식 때마다 낳는 알의 수를 달리할 수 있는 종의 한배산란수 진화를 설명하기 위해 여러 가설이 제시되었다. 초기에는 한배산란수가 먹이의 이용 가능성에 따라 결정된다고 보았다(애쉬모어 가설(Ashmole's Hypothesis)). 이 가설은 암컷이 번식기에 이용할 수 있는 먹이 자원이 적으면 한배에 낳는 알의 개수나 길러낼 수 있는 새끼새의 수가 제한되리라고(혹은 둘 다) 예측한다. 번식기 먹이 자원의 증가와 번식 증가가 직접적으로 연관되어 있다는 사실, 번식기 직전 계절적인 먹이 부족이 성조 사망률 증가로 귀결된다는 사실이 수많은 실험을 통해 입증되었으며, '자원 이용 가능성(resource availability)'에 대한 애쉬모어 가설을 지지했다. 성조 사망률 증가는 경쟁 감소와 이용 가능한 먹이 자원의 상대적인 증가로 이어지는데, 이는 다음 번식기에 한배산란수 증가로 이어질 수 있다. 한편 한배산란수의 변이를 다르게 설명하는 대안 가설들도 있다. 예를 들어 둥지, 새끼새와 성조가 노출되는 포식 위험이 서로 다르다는 점을 통해 한배산란수의 변이를 설명할 수 있다는 '포식 위험 가설(predation risk hypothesis)'이 있다. 이 가설은 성조나 새끼새 혹은 알이 포식당할 가능성이 모두 최적 한배산란수에 영향을 준다고 본다. 이는 새끼가 많은 둥지일수록 성조가 자라는 새끼들을 먹이기 위해 더 자주 드나들어야 하며, 그로 인해서 성조와 둥지 모두 포식자의 눈에 더 잘 띨 수 있기 때문이다. 그러므로 포식 위험이 높은 지역에서는 방문 빈도를 최소화하여 성조와 알, 새끼새들이 잡아먹혀 죽임을 당할 가능성을 줄여야 할 것이며, 이 경우 최적 산란수는 적게 나타날 것이다.

하지만 이 가설들을 어떻게 서로 분리하여 상대적으로 중요한 요인을 찾아낼 수 있을까? 일반적으로 조류학자들은 이 같은 질문에 답하기 위해서 다음의 두 가지 접근법 중 하나를 택한다. 가설이 예측한 바를 시험하기 위해서 하나 또는 소수의 연구 대상종에 대한 실험을 수행할 수도 있으며, 방대한 비교 연구 자료를 통해 상호 보완적이거나 서로 경쟁하는 가설의 중요성을 평가할 수도 있다. 전자의 예시로 애리조나의 산림 지대에 서식하는 붉은머리미주솔새(*Cardellina rubifrons*) 개체군에 대해 명쾌한 실험을 수행한 크리스틴 딜런(Kristen Dillon)과 코트니 콘웨이(Courtney Conway)의 연구를 보자. 이 연구자들은 이 새의 한배산란수가 서식 고도에 따라 낮은 고도에서는 5개, 높은 고도에서는 3~4개로 달라진다는 사실을 관찰했다. 이 종과 지역에 대한 지식에 기반하여, 연구자들은 고도가 높아짐에 따라 붉은머리미주솔새가 먹는 무척추동물 먹이가 감소할 수 있으며, 또한 포식 위험의 수준이 상승할 수 있다는 두 개의 가설을 설정했다. 그러므로 이 경우 '자원 이용 가능성 가설'과 '포식 위험 가설'이 둘 다 한배산란수에 영향을 끼칠 수 있다.

딜런과 콘웨이는 자원(먹이) 이용 가능성과 체감 포식 위험이 한배산란수에 끼치는 상대적인 영향을 시험하기 위해 두 요소 모두를 의도된 방식으로 조작할 수 있는 실험을 설계하여 각 실험 조건에서 새들이 낳는 알의 수를 세었다. 먹이 이용 가능성을 달리하기 위해 그들은 그저 일부 새들의 둥지 주위에 부채명나방 애벌레를 상자에 담아 추가적인 먹이를 제공했다. 체감 포식 위험을 달리하기 위해 우리에 가둔 암벽다람쥐(*Neotamias dorsalis*)를 매일 짧은 시간 동안 새들의 영역에 두었다. 모두 4가지 실험적 처리-대조군 조건(조작 없음), 이용 가능한 먹이 증가, 체감 포식 위험 증가, 그리고 먹이 이용 가능성 및 포식 위험의 동시 증가-가 적용되었다. 실험 결과는 번식기 동안 이용 가능한 먹이의 증가가 대조군과 비교하여 한배산란수의 변화로 이어지지 않았음을 보여주었다. 그러므로 이 결과는 '자원 이용 가능성 가설'을 직접적으로 지지하지 않았다. 하지만 붉은 머리미주솔새는 철새이기 때문에 번식기 이전의 자원 이용 가능성이 영향을 미칠 가능성은 염두에 두어야 한다. 반면, 암벽다람쥐에 노출되어 체감 포식 위험이 증가한 새들은 그렇지 않은 새들에 비해 평균적으로 적은 한배산란수를 보였으며, 암벽다람쥐에 노출되는 동시에 추가 먹이가 주어진 새들은 암벽다람쥐에만 노출된 새들과 한배산란수가 같았다. 그러므로 적어도 이 종의 사례에서는 '포식 위험 가설'이 관찰된 한배산란수의 변이를 더 잘 설명하는 것으로 나타났다(그림 4.4).

주요 참고문헌

Martin, T.E. (2014). A conceptual framework for clutch-size evolution in songbirds. *The American Naturalist* 183, 313-324.

Harmáčková, L., and Remeš, V. (2017) The evolution of clutch size in Australian songbirds in relation to climate, predation, and nestling development. *Emu-Austral Ornithology* 117(4), 333-343.

렌카 하르마치코바(Lenka Harmácková)와 블라디미르 레메즈(Vladimír Remeš)는 한배산란수의 진화를 유발하는 요소들을 이해하기 위해 다른

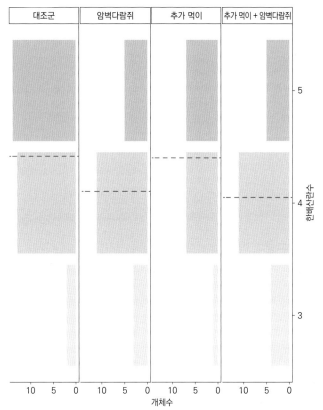

그림 4.4 추가적인 먹이를 제공받은 붉은머리미주솔새 암컷은 대조군과 비슷한 숫자의 알을 한배에 낳았다. 반면 높은 포식 위험에 노출되었다고 감지한 새들의 한배산란수는 대조군보다 더 적었다. 점선은 평균 한배 산란수를 나타낸다. Dillon, K.G., and Conway, C.J. (2018) Nest predation risk explains variation in avian clutch size. *Behavioral Ecology* 29(2), 301-311.에서 가져왔으며 Oxford University Press의 허락을 받았다.

접근법을 채택했다. 이 연구자들은 호주의 참새목 명금류 313종의 생활사 정보를 담은 연구 자료를 이용해 '자원 이용 가능성 가설', 자원과 계절성 그리고 위도의 연계, '포식 위험 가설'과 이 가설의 확장된 개념으로 이들이 새끼새 발달 기울기(fledgling development gradient)라고 지칭한 '마틴 가설(Martin's Hypothesis)' 등 다양한 가설을 검증했다. '마틴 가설'에 따르면 앞서 설명한 것처럼 둥지 포식이 흔한 곳에서는 체감 포식 위험의 증가가 한배산란수의 감소로 이어지며, 또한 새끼 새들은 둥지 포식 위험을 최소화하기 위해 일찍 이소해야 한다. 이때 새끼새들은 체중도 덜 나가고 첫째날개깃이 부분적으로만 자란 미숙한 발달단계에서 둥지를 떠나게 된다. 이는 성조들이 포식 위험에 처해 있으며 활동적이나 의존적인 막 이소한 어린새들을 먹이는 데 더 많은 에너지를 소모하여 이를 보상해야 된다는 뜻이다. 그 결과, 어린새의 사망률, 이소 시 새끼새 발달 수준, 그리고 자원 이용 가능성이 상호 작용하여 한배산란수를 결정한다. 간단히 말하면, 성조의 몸 크기까지 고려했을 때, 새끼새가 둥지에서 더 긴 시간을 보내는 종의 한배산란수가 더 많을 것이다. 하르마치코바와 레메즈는 분석 결과를 바탕으로 적어도 호주에서는 한배산란수가 북반구에서도 관찰되었던 바와 같이 위도에 따라 증가했지만, '자원 이용 가능성 가설'과 '포식 위험 가설'을 지지하는 증거를 찾을 수 없었다고 결론지었다. 반면 이들은 '마틴 가설'을 지지하는 몇몇 증거를 찾을 수 있었으며, 지역적인 자원 이용 가능성과 연령에 따른 포식 위험의 상호 작용이 호주 명금류의 상대적인 한배산란수를 설명할 수 있다고 보았다. 다만 한배산란수의 결정에 가장 큰 효과를 발휘하는 요소는 지역에 따라 다를 수 있다는 점도 분명히 했다.

4.4 알껍질 색과 패턴

알은 꽤 단순하면서 아름다운 물체이다. 그 형태는 몇몇 이유에서 사람의 눈을 즐겁게 하며, 그 색깔과 패턴의 다양성은 상당히 놀랍다. 알껍질 색에는 두 구성요소가 있는데, 바로 배경색(대체로 흰색, 옅은 갈색 또는 옅은 푸른색이지만 짙은 붉은색, 검정색 그리고 초록색도 발견된다)과 패턴(전부는 아니지만, 보통 배경보다 어두운 줄무늬, 점, 혹은 반점)이다. 알의 자연스러운 아름다움은 빅토리아 시대에 열광적인 알 수집과 '난학(oology)' 연구를 촉발시켰다. 학술 연구가 이루어지면서 알 색깔과 패턴의 중요성에 대한 수많은 설명들이 제시되었다. 이에 관해서는 단행본 『조류의 포란(Avian Incubation)』에 수록된 언더우드(T. J. Underwood)와 실리(S. G. Sealy)가 저술한 단원에 잘 요약되어 있다.

주요 참고문헌

Underwood, T.J. and Sealy, S.G. (2002) Adaptive significance of egg coloration. In *Avian Incubation*. Deeming, D.C.(ed.) Oxford University Press, Oxford.

4.4.1 위장

내가 학생일 때 알의 색이 위장을 위한 적응이라고 배웠다. 나무구멍 둥지를 짓는 새들이 하얀 알을 낳는 반면, 개방형 둥지를 짓는 새들이 둥지 주변 서식지에 어울리는 색과 패턴이 있는 알을 낳는 이유는 바로 위장이라고 설명되었다. 몇몇 알들이 위장하고 있다는 점에서 이는 일정 부분 진실일 수도 있다. 개인적으로 나는 전혀 복잡할 것 없는 탁 트인 공터에 있음에도 불구하고 검은머리물떼새(*Haematopus ostralegus*)의 둥지와 얼룩덜룩한 녹갈색 알을 찾는 데 대단히 어려움을 겪곤 한다(그림 4.5). 내가 사

그림 4.5 비록 한 번 찾으면 쉽게 알아볼 수 있지만, 3개의 알이 있는 검은머리물떼새 둥지를 해안에서 찾는 일은 매우 어려운 일이다. © Graham Scott

는 지역에서 검은머리물떼새의 알들은 산란지인 해안가 상부의 자갈밭 속에 숨겨져 있다.

그러나 개방된 곳에 낳은 모든 알들이 위장색을 띠는 것은 아니며 모든 나무구멍 둥지의 알들이 흰 것도 아니다. 이러한 견해는 일부 알들의 색깔을 설명할 수 있다고 하더라도 모든 알의 색깔에 대한 설명으로는 불충분하다. 알 색깔을 위장으로 설명하는 것은 알의 겉모습에 '신호 전달 기능'이 있다고 보는 견해들 중 하나로 볼 수 있다(눈에 띄지 않는 패턴은 포식자에게 효과적으로 눈속임하는 신호이다). 신호 전달 기능에 주목하는 다른 견해로는 포란하는 부모새가 자신의 알을 인식할 수 있도록 패턴이 진화했다는 견해, 그리고 아마 수컷 새에게 암컷의 질을 알리는 신호로 패턴이 진화했다는 견해가 있다.

4.4.2 알 모방

뻐꾸기(*Cuculus canorus*)와 같은 몇몇 탁란조들은 경쟁에서 한 발짝 앞서기 위해 숙주의 알을 정확히 모방하는 알을 낳아 숙주 새가 구별하여 거부하기 어렵게 만든다. 개체군 수준에서 암컷 뻐꾸기는 색과 패턴이 다양한 알을 낳지만, 각각의 암컷 개체는 오직 한 종류의 알을 낳으며, 다양한 숙주 후보종 중 한 종 또는 소수의 종에만 탁란한다. 암컷이 선택하는 숙주는 바로 자신의 알과 가장 비슷한 알을 낳는 종이다. 이 숙주 특이성은 유전적으로 조절되며 W 염색체를 통해 성연관된 것으로 보인다. 숙주와 탁란조를 다양하게 조합한 연구에서 이러한 알 무늬 모방의 유용성을 지지하는 실험 증거가 보고되었는데, 예를 들어 숙주는 무늬를 모방한 알보다 그렇지 않은 알을 더 높은 확률로 거부하는 것으로 나타났다.

4.4.3 알 인식

자신의 알을 인식하는 것은 두 가지 주요 상황에서 중요할 수 있다. 붐비는 번식 집단에서 알들을 찾을 때와, 둥지 속에서 다른 이들이 낳고 간 알들과 자신의 알들을 구별할 때이다. 전자의 경우, 포란 중인 새들에게 자기 둥지의 알과 이웃 둥지의 알을 구별할 줄 아는 능력은 중요한 역할을 한다. 많은 번식 집단에서 개방형 둥지의 알들은 서로 매우 가까운 곳에 있다. 포란하기 위해 돌아오는 새들은 둥지를 지키고 있는 짝을 비롯해서 다양한 단서를 통해 둥지 위치를 찾겠지만, 둥지들이 붙어 있는 상황에서 자신의 알을 인식하는 능력은 중요할 수밖에 없다. 예를 들어 바다오리류는 자신의 특정한 알이 가진 색과 반점 패턴을 인식하여 바닷가 절벽 바위에서 자기 알을 이웃의 알과 구별할 수 있다는 사실이 실험적으로 입증되었다.

알 인식은 탁란, 즉 암컷 새가 다른 새의 둥지에 알을 낳는 행동의 영향을 줄이는 데에도 중요하다. 탁란은 같은 종의 개체들 사이에서, 흔히 종내 탁란이라고 일컬어지는 형태로 나타날 수도 있지만, 종간에 벌어지는 일로 더 잘 알려져 있다. 전통적인 의미의 탁란인 종간 탁란은 전체 조류 종의 1% 이하에서 나타나는 비교적 드문 번식 전략이지만, 나도두견이 (Cowbird[32]), 와이다비레오(Whydah), 꿀길잡이새(Honeyguide) 그리고 두견이과(Cuculidae)를 비롯한 여러 분류군에서 진화했다. 또한 부화 시점에서 새끼새가 꽤 독립적인 조성성 새 여러 종이 자신의 새끼새를 품는 동시에 일부 알을 탁란하는 폭넓은 번식 전략을 채택한다. 예를 들면 오리과 (Anatidae)에서 탁란은 널리 퍼져 있으며 여러 종에서 나타나지만, 한 종을 제외한 모든 종들은 새끼를 직접 기르는 경우가 대부분이다. 여기서 하나의 예외란 남미의 검은머리오리(*Heteronetta atricapilla*)인데, 자신의 새끼를 기르지 않는 절대적 탁란조이며 갈매기류부터 따오기류, 백로류, 물닭류, 뜸부기류, 심지어 맹금류까지 18종이나 되는 다른 새의 둥지에 알을 낳은 것이 보고된 적이 있다.

🕊 **날아가기**
탁란은 다양한 번식 전략 중 하나일 뿐이다. 220쪽(5.2 혼인관계)

종내 탁란은 집단적으로 둥지를 짓는 아프리카의 베짜기새류의 일부 종에서 흔히 나타난다. 이 새들의 암컷은 가끔 이웃 둥지에 알을 낳는다. 이는 자신의 둥지기 포식당할 위험에 대비하여 보험을 든다는 측면과 많은 자손을 남길 수 있다는 측면에서 이득이 된다. 당연하게도 탁란을 당하는 관점에서는 다른 쌍의 새끼를 품고 기르는 데 투자하는 일이 손해이며, 이는 자신의 새끼에 대한 투자를 감소시킬 것이다. 베짜기새의 알 패턴은 매우 다양한데, 이는 암컷이 자신의 알을 알아보는 능력을 키워서 경쟁자의 것을 제거할 수 있도록 하기 위한 적응인 것으로 보인다. 몇

---

32 아메리카 대륙에만 서식하는 계통인 나도지빠귀과(Icteridae)에 속한다.

몇 베짜기새 종은 다른 종의 둥지에 알을 낳고 이 양부모들이 자신도 모르게 새끼를 키우도록 하는 전통적인 의미의 종간 탁란조인 녹색날개뻐꾸기(*Chrysococcyx caprius*)의 숙주이다. 그러므로 베짜기새의 알 인식은 탁란으로 인한 피해를 최소화하기 위한 전략일 가능성도 있다. 크루즈 (A. Cruz)와 윌리(J. W. Wiley)는 카리브해의 히스파니올라섬에 도입된 검은머리베짜기새(*Ploceus cucullatus*) 개체군에 대한 보고를 통해 이 주장을 지지하는 강력한 증거를 제시했다. 원서식지인 아프리카 본토에서 이 종은 녹색날개뻐꾸기의 탁란 숙주이며, 높은 알 인식 능력을 가졌다. 그러나 이 섬의 개체군은 다른 종간 탁란조인 청람색나도두견이(*Molothrus bonariensis*) 개체군이 정착하기 전까지 200여 년 동안 탁란에서 자유로운 환경을 만끽하며 알 인식 능력을 대부분 잃어버렸다. 하지만 이 검은머리 베짜기새들의 알 인식 능력은 새로운 탁란조와 공존을 시작한 후 겨우 16년만에 거의 완전하게 회복되었다.[33]

주요 참고문헌

Cruz, A. and Wiley, J.W. (1989) The decline of an adaptation in the absence of a presumed selection pressure. *Evolution* 43, 55-62.

---

33 본문에 언급된 Cruz and Wiley(1989)는 탁란의 압력에서 벗어난 히스파니올라섬 개체군에서 알 인식 능력이 감소했다는 연구이고, 청람색나도두견이 탁란으로 인해 빠르게 알 인식 능력이 회복되었다는 결과는 Robert and Sorci(1999)에서 제시하고 있다. 그러나 두 논문의 결과 차이는 방법론적 차이 때문이라는 반론도 있다. 이 견해에 따르면 히스파니올라섬 개체군에서 알 거부 행동의 변화는 전적으로 알 색깔과 패턴 변화의 결과이며, 알 인식 능력은 히스파니올라섬 개체군 도입 후 변화하지 않았다. 또한 이 견해는 종내 탁란은 물론 청람색나도두견이의 탁란 역시 알 거부 행동에 유의미한 영향을 주지 않는다고 주장한다. 알 인식 능력 회복에 관한 1999년 연구는 Robert, M., & Sorci, G. (1999). Rapid increase of host defence against brood parasites in a recently parasitized area: the case of village weavers in Hispaniola. *Proc. R. Soc. B* 266(1422), 941-946.을, 반론은 Lahti, D.C. (2006). Persistence of egg recognition in the absence of cuckoo brood parasitism: pattern and mechanism. *Evolution* 60(1), 157-168.를 참고하라.

[박스 4.1] 탁란을 받아들이는 것은 언제 숙주에게 이득이 되는가?[34]

자연선택은 탁란조의 알을 인식하고 쫓아낼 수 있는 숙주 새들을 선호하는 것으로 보인다. 탁란조의 알 모방 능력과 숙주의 알 인식 능력 사이의 '군비 경쟁'을 보여주는 수많은 사례가 있다. 하지만 탁란조가 주도권을 가지고 숙주로 하여금 둥지에 '뻐꾸기'를 기르는 비용을 받아들이도록 대가를 제시하는 경우도 있을 것이다.

제프리 후버(Jeffery P. Hoover)와 스콧 로빈슨(Scott K. Robinson)은 탁란조인 갈색머리나도두견이(*Molothrus ater*)와 숙주인 밀화미주솔새(*Protonotaria citrea*) 사이의 관계에 대한 일련의 명쾌한 실험들을 수행했다. 이 관계에서는 다른 탁란조들의 숙주와 달리, 밀화미주솔새가 침입자의 새끼를 자신의 새끼들과 함께 길러내며, 그 결과 에너지를 낭비해서 자신의 새끼들을 약하게 만드는 결과를 낳는다.

연구자들은 두 흥미로운 가설을 검증하고자 했다. 바로 나도두견이가 숙주를 '사육'해서 탁란 기회를 유도한다는 가설과, 미주솔새 숙주가 탁란을 거부했을 때 이어지는 결과 때문에 탁란을 받아들이도록 '길들여졌을' 수 있다는 것이다. 쉽게 말하면 갈색머리나도두견이는 '마피아처럼' 행동하는 탁란조라는 혐의를 받았다. 미주솔새가 자신의 알을 거부하면 그 둥지로 돌아와 숙주의 새끼들을 죽임으로써 이를 처벌한다는 것이다.

후버와 로빈슨은 이 생각을 검증하기 위해 미주솔새 개체군을 나도두견이가 자주 이용하는 지역의 둥지 상자에 번식하게 한 뒤에 그 결과를 조심스레 모니터링했다. 연구자들은 탁란율을 기록하고 탁란된 둥지를 조작했다. 어떤 둥지는 자연 상태로 그대로 두었지만 다른 둥지에서는 나도두견이 알을 제거했다. 조작된 둥지 중 일부는 미주솔새의 출입은 가능하지만 나도두견이는 드나들 수 없도록 입구 크기를 줄였다.

이 실험의 결과(그림 4.6)를 주의 깊게 살펴보면, 처리구 3, 4, 5에서 이상적인 조

---

34 이 가설에 관한 비판적인 논의도 존재한다. 예를 들어 탁란조의 '마피아 행동'에도 불구하고, 숙주가 알을 '받아들이는' 비용이 '거부하는' 비용보다 항상 크다는 수리 모델링 연구 및 장기 현장 연구 결과가 있다. 수리 모델링 연구는 Hauber, M.E. (2014). Mafia or farmer? Coevolutionary consequences of retaliation and farming as predatory strategies upon host nests by avian brood parasites. *Coevolution* 2(1), 18-25.를, 장기 현장 연구는 Turner, A., Hauber, M., & Reichard, D. (2022). Twenty-two years of brood parasitism data do not support the mafia hypothesis in an accepter host of the Brown-headed Cowbird (*Molothrus ater*). *JFO* 93(4).를 참고하라.

건, 즉 탁란 대상이 되지 않았거나 탁란된 알을 제거했음에도 나도두견이가 둥지를 포식할 가능성이 없는 경우에 미주솔새 쌍이 번식 기회 당 3마리에서 4마리의 새끼새를 키워낼 것으로 기대된다는 점을 볼 수 있다. 이 둥지들이 포식의 희생양이 되는 일은 드물었다. 또한 처리구 3에서 미주솔새의 생산성이 처리구 4, 5의 둥지보다 낮게 나타났다는 점을 통해 미주솔새가 탁란을 받아들임으로써 치르는 비용을 확인할 수 있다. 그런데 탁란을 받아들이는 비용(약 새끼새 1마리)은 알을 거부했을 때의 비용(처리구 1)보다 훨씬 낮은 것으로 나타났다. 이 처리구에서 새들이 길러낸 새끼새는 평균 1마리에 불과했다. 이 둥지들은 탁란되지 않은 둥지들과 마찬가지로 높은 포식률에 시달렸으며, 이 경우 포식자는 나도두견이일 확률이 높았다.

후버와 로빈슨은 이러한 결과를 다음과 같이 해석했다. 나도두견이 알을 거부하는 행동은 미주솔새에게 나도두견이의 침입과 둥지 포식이라는 더 큰 비용을 초래한다. 그러므로 마피아가 비호하는 불법 돈거래판과 비슷한 이 시나리오에서는 알을 받아들이는 것이 미주솔새에게 이득이 된다. 나도두견이는 미주솔새 둥지를 포식하여 미주솔새의 두번째 산란을 유도, 탁란 기회를 창출하는 '농부' 같은 행동을 한다.

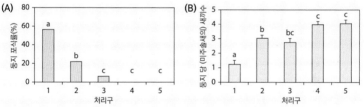

그림 4.6 이 그림은 5개 실험 처리구 각각에서 (A)포식률과 (B)미주솔새의 번식 성공을 보여준다. 처리구 1에서 나도두견이 알은 제거되었고 이후 나도두견이가 둥지에 접근할 수 있었다. 처리구 2와 5는 탁란되지 않은 둥지들이다(처리구 2에서 나도두견이의 접근이 가능했던 반면 처리구 5에서는 그렇지 않았다). 처리구 3에서 나도두견이 알은 미주솔새에게 받아들여졌으며 나도두견이는 언제나 둥지에 접근할 수 있었다. 처리구 4에서 나도두견이 알은 제거되었으며 이후 나도두견이의 침입이 불가능했다. Hoover, J.P. and Robinson, S.K. (2007) Retaliatory mafia behavior by a parasitic cowbird favors host acceptance of parasitic eggs. *Proceedings of the National Academy of Sciences* 104(11), 4479-4483.에서 가져왔으며 National Academy of Sciences, USA (2007)에 저작권이 있다.

4.4.4 알의 자질을 드러내는 신호

알 색깔은 암컷과 새끼의 질을 판단하는 데 있어 수컷에게 이용되는 신호가 될 수 있다. 후안 모레노(Juan Moreno)와 동료들은 스페인의 알락딱새(*Ficedula hypoleuca*) 개체군의 알에서 가시광선 스펙트럼의 반사광 세기로 측정된 청록색의 정도가 다양하게 나타난다는 점을 발견했다. 한 둥지 속 알들은 서로 비슷했지만, 둥지 간의 변이는 뚜렷했다. 알락딱새 알껍질의 청록색은 빌리베르딘(biliverdin) 색소가 알껍질의 기질에 침착되어 나타난다. 이 색소는 항산화 기능이 있으며 성조의 면역 기능과 양의 상관관계에 있다. 오직 건강한 암컷만이 선명한 청록색 알을 생산할 수 있을 정도로 충분한 빌리베르딘을 가질 가능성이 크다. 그러므로 알 색깔은 암컷의 건강 상태 혹은 질(quality)에 관한 신호가 될 수 있다. 하지만 수컷이 실제로 이를 참고한다는 증거가 있을까? 이 질문에 답하기 위해 연구자들은 알 색깔 형질을 알고 있는 둥지에서 수컷의 먹이 제공 빈도를 관찰했다. 연구자들은 이 실험에서 수컷이 알을 낳은 암컷의 행동이나 다른 단서들이 아닌, 정말로 알 색깔에 반응한다는 점을 확인하기 위해 둥지 속 알들로 교차 실험을 진행했다. 실험 결과 수컷은 둥지에 있는 알이 선명할수록 더 자주 방문하여 먹이를 제공했다. 그러므로 이 새의 수컷은 추정컨대 건강한 새끼새를 생산했을 가능성이 큰, 건강한 암컷의 새끼들에 더 많이 투자하

주요 참고문헌

Moreno, J., Morales, J., Lobato, E., Merino, S., et al. (2006) More colourful eggs induce a higher relative paternal investment in the pied flycatcher *Ficedula hypoleuca*: a cross-fostering experiment. *Journal of Avian Biology* 37(6), 555-560.

Martínez-de la Puente, J., Merino, S., Moreno, J., et al. (2007) Are eggshell spottiness and colour indicators of health and condition in blue tits *Cyanistes caeruleus*? *Journal of Avian Biology* 38, 377-384.

는 것으로 보인다. 즉, 알 색깔은 수컷이 이용하는 단서로 볼 수 있다.

다른 한편 호세 마르티네즈 데 라 푸엔테(José Martínez-de la Puente)와 동료들은 알껍질 패턴과 푸른박새 암컷의 낮은 질을 의미하는 측정값 사이의 상관관계를 입증했다. 푸른박새의 알은 흰색 배경에 적갈색 점이 있는데, 이는 알껍질 기질에 포토포르피린(photoporphyrin, 광활성 포르피린)을 함유하고 있기 때문이다. 알을 낳은 암컷이 높은 농도의 포토포르피린을 가졌을 때 알껍질에서도 이 색소가 나타날 것으로 보인다. 이 색소는 앞선 경우와 달리 산화제이며, 높은 농도로 있을 때 성조의 나쁜 건강 상태를 나타낼 뿐만 아니라 심지어 건강에 악영향을 끼칠 수도 있다.

구체적으로 연구자들은 스트레스와 연관된 것으로 알려진 단백질 HSP70의 세포 내 수준이 더 높은 것으로 확인되는 건강 상태가 나쁜 암컷이, 점 패턴이 더 많은 알을 낳았다는 것을 보여주었다. 그러므로 암컷은 알껍질의 적갈색 점 패턴을 증가시키는 방식으로 여분의 포토포르피린을 제거하여, 자신의 건강 상태를 호전시키려 했을 가능성도 있다. 현재로서는 수컷 푸른박새가 긍정적으로든 부정적으로든 이 잠재적 신호에 반응한다는 증거는 없다.

4.4.5 색소와 알껍질의 질

앤드류 고슬러(Andrew Gosler)와 동료들은 참새목 조류의 알껍질에서 포토포르피린 색소의 중요성을 설명하는 대안 가설을 제시했다. 이들은 푸른박새와 유사하게 갈색 점무늬 패턴이 있는 흰 알을 낳는 노랑배박새 개체군의 알을 연구했다. 연구 대상인 영국 옥스퍼드 인근의 위덤 숲 개체

주요 참고문헌

Gosler, A.G., Higham, J.P., and Reynolds, S.J. (2005) Why are birds' eggs speckled? *Ecology Letters* 8, 1105-1113.

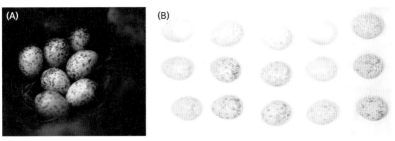

그림 4.7 노랑배박새 둥지(A)와 변이를 보여주는 서로 다른 5개의 둥지에서 온 알들(B). 여기에서 보이는 알들의 '세로 줄'들은 각각 5개의 다른 둥지에서 온 것이며, '가로 줄'에서 알들 각각의 산란 순서는 처음(가장 위), 중간, 마지막(가장 아래)이다. © Andrew Gosler

군은 영역에 칼슘이 고갈되었을 때 둥글고 점이 많은 알을 낳았으며, 칼슘이 풍부하면 타원형에 점이 적은 알을 낳았다(그림 4.7).

이 관찰 사례에서 갈색 점들의 위치가 칼슘이 적어 얇은 알껍질 부위와 일치한다는 점에 주목할 필요가 있다. 그로 인해 점이 더 많은 알은 일반적으로 알껍질이 더 얇다. 둥근 알들이 타원형 알에 비해 강하기 때문에 알껍질이 얇을수록 알의 강도가 약하다는 사실에서 관찰된 알 모양의 차이를 설명할 수 있을 것으로 보인다. 이러한 알껍질의 질 차이는 쉽게 이해된다. 칼슘은 주위 환경에서만 얻을 수 있으므로, 암컷 새는 칼슘이 적은 환경에서 더 낮은 질의 알을 생산할 것이다. 하지만 적갈색 점의 기능은 무엇인가? 점의 위치가 알껍질의 얇은 부분들과 일치하기 때문에, 이는 강화제(強化劑)로 기능하며 중요한 구조적 역할을 하는 것으로 추정된다.

물론 포토포르피린이 잠재적인 건강상태 신호라는 가설과 알껍질 강화 기능을 한다는 가설은 상호 배타적이지 않을 수 있다. 즉, 칼슘이 적은 새들이 일반적으로 상태가 더 나쁘며, 낮은 질의 알들을 생산하는지도 모른다.

4.5 둥지

둥지는 알을 산란하고 포란하는 장소이자 구조물이다. 가장 단순한 둥지는 둥지 자리의 역할만 하는 것으로 알이 놓여질 거의 변형되지 않은 맨땅과 나무덤불에 지나지 않는다. 예를 들어 많은 도요물떼새 종은 얕고 오목한 곳이나 땅을 파낸 자리에 바로 알을 낳는다(그림 4.5). 비슷하게 바다오리(*Uria aalge*), 칼날부리바다오리(*Alca torda*)와 같이 절벽에 둥지를 트는 종들은 정말 좁은 절벽 바위에 바로 알을 낳는다. 새는 이 단순한 둥지들을 조성하기 위해 재료들을 버리거나 재배치할 수는 있으나 진정한 의미의 건축을 하지는 않는다. 하지만 우리가 둥지를 생각할 때 흔히 떠올리는 이미지는 새들이 여러 적절한 재료들을 이용해 만든 컵 모양 둥지 속에 알들이 있는 모습이다. 혹은 나뭇가지나 질기고 두꺼운 풀로 짠 강한 외피 속에 부드러운 솜털이 깔린 더 작은 컵 모양 둥지의 이미지를 떠올릴 수도 있다. 이들은 둥지의 한 종류이지만, 사실 둥지와 둥지 장소, 둥지 재료들의 다양성은 너무 방대해서 이 책과 같은 개론서의 범위를 넘어선다. 이에 관심 있는 독자들은 마이크 한셀(Mike Hansell)의 훌륭한 책『새의 둥지와 건축 행동(Bird Nests and Construction Behaviour)』을 참고하길 추천한다. 둥지는 나무구멍이나 굴에 있거나, 수직 벽면에 진흙, 분변이나 침(타액)으로 붙이기도 하고(그림 4.8), 식물에 매달린 채 공중에 떠있기도 하며, 수면 위에 매달려 있을 수도 있고, 땅바닥 높이의 식생이나 관목 또는 나무 꼭대

주요 참고문헌

Hansell, M. (2000) *Bird Nests and Construction Behaviour*, Cambridge University Press, Cambridge.

Deeming, D.C. and Reynolds, S.J. (eds) (2015) *Nests, Eggs and incubation: New ideas about avian reproduction*. Oxford University Press, Oxford.

그림 4.8 귀제비(*Hirundo daurica*)[35]의 진흙 둥지 © Robin Arundale

그림 4.9 복잡하게 짜인 베짜기새류(Ploceidae)의 둥지 © Graham Scott

기에 있기도 한다(그림 4.9). 어떤 둥지는 너무 작아서 암컷이 포란할 때걸 터앉아야 하지만, 반대로 아프리카의 몇몇 사회성 베짜기새 종의 거대한 집단 둥지와 같이 너무 크고 무거워서 종종 나무가 주저앉는 둥지도 있다.

둥지의 기본적인 기능은 알을 낳고 포란하기 위한, 또 만성성 종의 경우 새끼를 기르기 위한 안전한 장소를 제공하는 것이다. 둥지는 꽤 지저분한

---

35 현재 *Cecropis*속으로 재분류되었다.

공간이 되기 마련이므로 둥지의 위생은 중요하다(박스 4.2). 알은 그 속에 있는 배아를 발달시키기 위해 따뜻하게 유지되어야 한다. 실제로 대다수 종들에서 알은 약 섭씨 38도(화씨 100도)의 상당히 일정한 온도와 알껍질 구멍을 통한 수분 손실 방지를 위해 주변보다 높은 습도가 요구된다. 이러한 온도 환경에서 사는 새들은 매우 드물며 이 새들도 직접 포란 없이 주변 온도로만 알을 부화시키기에는 온도의 변동 폭이 클 수 있다. 물론 오스트랄라시아의 무덤꿩(Megapode)은 실제로 주변 환경을 이용해 포란한다. 이 새는 유기물이 섞인 흙더미에 알을 묻는데, 이 유기물이 썩으면서 부화에 필요한 열을 지속적으로 발생시킨다. 하지만 대부분의 새들은 부모새가 알 위에 '앉아서' 부화 때까지 직접 알을 품는다. 암수 모두 포란이라는 임무를 공유하는 경우가 많지만, 암컷만이 포란하는 사례가 여럿 있으며 그보다 드물게 수컷 홀로 포란하는 사례도 있다. 새들은 여러 가지 방법으로 포란 온도와 습도에 영향을 줄 수 있다. 이들은 단순히 필요한 환경을 충족할 수 있거나 포란을 쉽게 할 수 있는 둥지 자리를 선택하는 것일 수도 있다. 예를 들어 찰스 디밍(Charles Deeming)과 짐 레이놀즈(Jim Reynolds)는 그들의 저서에서 팔레스타인태양새(*Cinnyris osea*)가 일반적으로 둥지의 입구를 바람이 주로 불어오는 방향과 반대로 향하게 하여 알의 냉각을 방지하고, 햇빛에 드러나는 대신 그늘이 들도록 하여 주변 온도의 변동을 최소화한다는 점을 언급한다. 또 새들은 둥지를 지을 때 지역적 조건에 맞추어 재료를 달리할 수도 있다. 벤야 로허(Vanya Rohwer)와 제임스 로(James Law)는 캐나다 분포권 내 서로 다른 두 지역에서 번식하는 노랑미주솔새 둥지의 특징들을 분석하는 비교 연구를 수행했다. 이들은 매니토바에서 번식하는 새들이 온타리오에서 번식하는 새들보다 더 크면서도 통기성은 낮고 단열이 잘 되는 둥지를 짓는다는 점을 발견했다. 이는 매니토바의 기후가 습한 온타리오의 기후보다 춥고 바람이 많이 불기 때문으로 보인다. 매니토바에서는 바람을 막아주고 보온이 잘 되는 둥지가 더 좋은 반면, 온타리오에서는 과한 단열이 습기 제거를 방해할 것이다.

[박스 4.2] 둥지 위생

많은 종의 새들이 둥지 테두리 밖으로 배변함으로써 둥지 위생을 유지하려 한다. 하지만 둥지가 시선을 끌 수 있기에 많은 참새목 조류의 새끼새들이 부모새가 모아서 삼키거나 멀리 배출할 수 있는 펠릿 형태로 배설하는지도 모른다. 이러한 분식성(copraphagy) 행동은 우리에게는 불쾌하게 보일 수 있지만, 몇몇 새들에게 번식 중 중요한 영양적 기여를 하는 것으로 드러났다. 더 나아가 둥지를 위생적으로 유지하기 위해 일부 종들은 향이 나는 식물을 정기적으로 둥지에 들여온다. 이 식물들에서 풍기는 휘발성 화합물들이 살충제 또는 절지동물 기피제 역할을 하며, 이를 들여옴으로써 둥지 기생생물로 인한 피해를 저감할 수 있다. 예를 들어 아델 멘네라(Adèle Mennerat)와 동료들은 향기로운 식물 조각이 있는 둥지에서 길러진 푸른박새 새끼새들이 그렇지 않은 둥지의 개체들보다 혈중 헤마토크릿(haematocrit) 농도가 높은 것을 발견했다. 헤마토크릿 농도는 혈액의 산소 운반 능력과 관련이 있으며 일반적인 건강도를 보여주는 지표이다. 새들은 둥지에 이 식물 조각을 추가함으로써 기생생물의 공격에 의한 피해를 줄일 수 있다는 이득을 얻는다.

멕시코시티의 집참새(*Passer domesticus*)와 집양진이(*Carpodacus mexicanus*)는 둥지의 위생을 유지하기 위해 담배 식물체에서 유래한 니코틴과 또다른 화학물질을 이용하는 독창적인 방법을 발견했다. 농부들도 외부기생충으로부터 가금류를 보호하기 위해 이들과 같은 화학물질을 사용한다. 멕시코시티 거리에서 새들은 담배꽁초 형태로 포장된 방충제를 쉽게 구할 수 있다. 콘스탄티노 마샤스 그라시아(Constantino Macías Garcia)와 동료들은 둥지 속 담배꽁초에서 유래한 물질의 양과 외부기생생물 수 사이의 관계를 연구했다. 연구자들은 담배 유래 물질이 많은 둥지에서 외부기생생물 피해가 적으며(그림 4.10), 태운 후의 담배꽁초가 사용 전의 담배꽁초보다 효과적이었음을 발견했다. 이는 아마도 연소 과정에서 더 높은 농도로 살충제 성분이 방출되기 때문일 것이다. 연구자들은 추가 실험에서 둥지에 살아있는 진드기를 넣었을 때 집양진이가 적극적으로 둥지에 담배꽁초를 들여왔다는 점을 보여주었

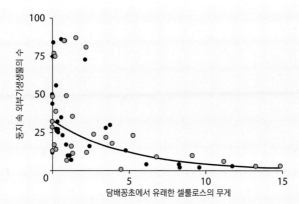

그림 4.10 담배꽁초에서 유래한 물질을 더 많이 포함한 집참새(검은 원)와 집양진이(회색 원) 둥지에는 일반적으로 외부기생생물이 더 적다. Suárez-Rodríguez, M., López-Rull, I., and Macías Garcia, C. (2013) Incorporation of cigarette butts into nests reduces nest ectoparasite load in urban birds: new ingredients for an old recipe? *Biology letters* 9(1), 20120931.에서 가져왔다.

다. 이는 살충제를 들여오는 행동이 기생생물로 인한 피해에 따른 반응이며 새들이 효과적으로 '자가 치료'를 하고 있음을 시사한다.

참고문헌

Mennerat, A., Perret, P., Bourgault, P., et al. (2009) Aromatic plants in nests of blue tits: positive effects on nestlings. *Animal Behaviour* 77, 569-574.

Suárez-Rodríguez, M. and Macías Garcia, C. (2017) An experimental demonstration that house finches add cigarette butts in response to ectoparasites. *Journal of Avian Biology* 48(10), 1316-1321.

🦅 날아가기

번식 전략은 종에 따라 다르다. 220쪽(5.2 혼인관계)

주요 참고문헌

Rohwer, V.G. and Law, J.S. (2010) Geographic variation in nests of yellow warblers breeding in Churchill, Manitoba, and Elgin, Ontario. *The Condor* 112(3), 596-604.

4.6 포란

포란 기간은 대단히 다양하다. 몇몇 종의 아프리카 베짜기새(Ploecidae)들은 겨우 9일 만에 부화하는 반면, 일부 펭귄 종들은 65일이 걸리고, 키위의 알은 놀랍게도 부화하는 데 85일이 걸리기도 한다.

포란을 시작하기 며칠 전 부모새에게 생리학적 변화가 나타난다. 혈관을 따라 몸을 돌고 있는 프로락틴(prolactin) 호르몬의 농도가 상승하는 동시에 테스토스테론 농도는 감소한다. 이러한 호르몬의 변화는 포란과 양육 행동을 시작하고, 영역 행동 및 구애행동과 관련된 활동을 줄이도록 하는 방아쇠로 생각되고 있다. 이 모든 행동들은 5장에서 더 깊이 논의할 예정이지만, 나는 이 단계에서 포란 중인 새들의 체온을 알로 전달할 수 있도록 특화된 '기관'에 대해서 간단히 설명하고자 한다. 아랫가슴과 배의 깃털이 없어지고(이들은 저절로 빠지거나 스스로 뽑으며 이후 둥지 보온에 이용될 수 있다), 그 아래 맨살이 체액으로 부풀어 오른다. 이 피부 부위의 아래에 위치한 혈관은 확장되어 혈류량을 늘린다. 이렇게 정의된 포란반(그림 4.11)은 새들이 포란 중이 아닐 때에는 겉깃에 가려져 있지만, 둥지를 틀고 알을 품으면 외부로 드러나 알과 따뜻한 피부가 직접 맞닿게 된다. 포란반은 포란 중인 새들에게 나타나는 일시적 특징이다. 알이 부화해 성장하는 새끼새들을 더 이상 따뜻하게 품을 필요가 없어지면 수축하며, 이 부위의 깃털은 다음 깃갈이에서 다시 자라나게 된다.

새는 둥지 속 알의 위치를 조정하고(그림 4.12) 알 위로 몸을 올렸다 내렸다 하면서 온도를 조절할 수 있다. 그리고 개방형 둥지를 짓는 몇몇 종의 새들은 더위가 심할 때는 알 위에 서서 파라솔과 같은 효과를 내기도 한다. 이것으로 충분치 않을 경우 이들은 주변에 물이 있는 곳으로 가서 가슴깃을 적신 후 돌아와 직접 물을 떨어뜨려 알을 식힌다. 비가 많이 오

그림 4.11 황금방울새(*Carduelis carduelis*) 암컷의 포란반. 일부 조류는 번식기에 깃털 없는 배 피부가 늘어나고 혈관이 확장되어 포란반을 형성한다. © Chris Redfern

그림 4.12 검은머리물떼새가 알들의 위치를 조정하고 다시 품기 위해 앉고 있다. © Graham Scott

면 새들은 비가 내리지 않는 날보다 둥지 외부에서 보내는 시간을 줄이는데 이는 알을 건조하게 유지하고 온도가 떨어지지 않도록 하기 위한 것으로 추정된다. 앞에서 살펴보았듯이 산란 시점에 알 속 배아는 난황 표면의 세포 덩어리에 불과하다(그림 4.2). 포란 시기 동안 이 세포들은 반복적으로 분열하고 분화하여 배아는 점차 새의 형태를 갖추게 된다.

[박스 4.3] 새, 알 그리고 농업용 화학물질

20세기 후반은 농업의 지구적 팽창과 집약화와 함께 시작되었다. 이는 전 세계적으로 작물 해충과 식물 경쟁자의 개체군들을 억제하여 작물 생산량을 증대하기 위해 고안된 새로운 살충제와 제초제의 사용을 수반했다. 심지어 과일을 키우는 곳에서는 조류 종들을 직접 겨냥해 고안된 살금제(殺禽劑)를 사용하기도 한다. 하지만 이 화학물질들 중 조류학자들에게 가장 악명이 높은 것은 새를 조절하려 만들어진 것들이 아니라 아마도 간접적인 영향을 끼치는 것들이다.

1950년대와 1960년대 선진국에서 맹금류 개체수의 뚜렷한 감소가 기록되었다. 성조들은 외상과 같은 어떤 분명한 이유 없이 죽은 채로, 둥지의 알들은 깨지고 버려진 채로 발견되었다. 1970년 데렉 랫클리프(Derek Ratcliffe)는 『응용생태학 학술지(Journal of Applied Ecology)』에 발표된 기조 논문을 통해 개체군 감소의 주된 원인은 둥지 속 알이 깨지는 현상이며, 이러한 현상은 1940년대 중후반부터 갑자기 나타났다는 점을 논증했다. 그는 개체군이 감소하는 시기에 낳은 알들의 알껍질을 측정하고, 같은 세기에서 그보다 앞서 채집된 알들과 비교했다. 그 결과 알이 깨지는 현상과 알껍질 질의 갑작스러운 변화, 간단히 말하면 알껍질이 얇아지는 현상은 발생 시기가 일치했다(그림 4.13). 랫클리프의 논문은 알껍질이 얇아지는 현상만을 입증한 것이 아니다. 그는 알껍질이 얇아지는 현상을 초래한 원인이 1946에서 1950년의 기간 동안 널리 사용되었던 DDT와 같은 유기염소 살충제 잔여물의 체내 축적에 있다는 주장을 지지하는 증거를 상관관계로서 제시했다. 이어진 실험들은 DDT에서 유래한 DDE, 디엘드린, 알드린, PCB들에서 유래한 HEDD 등 유기염소 분해 산물들이 모두 새의 칼

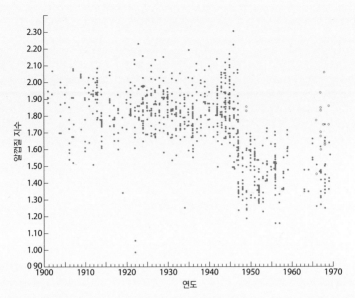

그림 4.13 영국에서 매(*Falco peregrinus*)의 알껍질 두께는 1900~1945년의 기간 동안 꽤 일정했지만, 세계대전 이후 몇 년 동안(1945~1970년) 상당히 감소했다. 이는 DDT가 많이 사용된 시기와 일치한다. Ratcliffe, D.A. (1970) Changes attributable to pesticides in egg breakage frequency and eggshell thickness in some British birds. *Journal of applied ecology* 7, 67-115.에서 가져왔다.

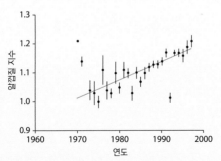

그림 4.14 영국 쇠황조롱이의 알껍질 지수(두께)는 DDT 사용금지 이후 시기에 증가하여, 거의 DDT 이전 수준(지수 약 1.25)으로 회복되었다. Newton, I., Dale, L., and Little, B. (1999) Trends in organochlorine and mercurial compounds in the eggs of British Merlins *Falco columbarius. Bird Study* 46, 356-362.에서 재가공했으며 BTO의 허락을 받았다.

숨 대사에 영향을 끼쳐 직접적으로 알껍질을 얇아지게 한다는 사실을 보여주었다.

유기염소 살충제가 조류 개체군 감소의 주요 요인으로 특정된 후, 여러 국가의 정부들은 유기염소의 전면적인 사용을 규제했으며 특히 DDT, 알드린과 디엘드린의 사용을 규제했다. 일례로 영국은 1986년 이 살충제들의 사용을 금지했다. 하지만 어떤 긍정적인 효과가 있었을까? 감사하게도 효과가 있었다. 예를 들어 북아메리카와 유럽 북부에서 흔한 소형 맹금류인 쇠황조롱이(*Falco columbarius*)의 사례를 보자. 이 종은 알껍질이 얇아지는 현상에 시달리고 있는 것으로 알려졌으며 분포권 전역에 걸쳐 번식 성공률이 감소하고 있었다. 이안 뉴턴(Ian Newton)과 동료들은 법적 규제가 영국의 쇠황조롱이 개체군을 절멸의 벼랑 끝에서 구해냈다는 사실을 보여주었다. 1980년대까지 이 종의 개체수는 영국 군도 전체에서 고작 500쌍 남짓까지 줄어들었지만, 겨우 10년이 지난 후 개체군은 두 배로 늘어나 1,300~1,500쌍이 있는 것으로 평가되었다. 이러한 개체군 증가는 번식 실패한 둥지의 알들에서 DDE 등 유기염소의 검출량이 감소하고 알껍질의 질 지수가 증가하여 1946년 이전 수준에 다다랐을 때와 시기적으로 일치한다(그림 4.14).

그렇다면 우리 사회는 이 잠재적 재난으로부터 값진 교훈을 배웠을까? 이 질문에 대한 답은 확실히 그렇다는 것이다. 유기염소의 사용으로 말미암은 문제를 인식하는 데 10년이 걸렸고, 이를 바로잡는 행동들이 취해지는 데 다음 10년이 걸렸으며, 이제 또 10년이 지난 지금 우리는 이 행동들의 효과를 온전히 보고 있다. 하지만 아직도 환경에 남아있는 이 고농도 화학물질들이 세계 여러 지역에 영향을 미치고 있다는 사실 또한 기억해야 한다. 그러나 우리 사회는 계속해서 환경에 화학물질을 도입하는 방식에 의존하여 농업문제를 해결하고 있으며 너무 자주 재난을 마주하고 나서야 환경에 끼치는 부정적인 영향을 깨닫는다.

21세기를 여는 몇 년 동안 갑작스럽고 극단적으로 일어난 전 세계적인 독수리류의 죽음을 예로 들어 보자. 몇몇 독수리류 종의 개체군은 1990년과 2000년 사이 크게 줄어들었다. 예를 들어 인도 아대륙의 흰허리독수리(*Gyps bengalensis*) 개체수는 경악스럽게도 95% 감소했다. 처음에는 흰허리독수리에 특이적인 전염병이 원인일 것으로 추정되었으나, 얼마 지나지 않아 진단 검사를 통해 오염물질이 그 원인으로 특정되었다. 구체적으로, 2004년 린제이 옥스(Lindsay Oaks)와 동료들은 소염제 디클로페낙(diclofenac)이 조류의 신장 손상을 유발한다는 사실을 입증했다. 이 약물은 가축 치료에 널리 이용되고 있었다. 치료에 실패한 동물 사체들은 그냥 버려져 독수리들이 먹도록 방치되었으며, 약물은 독수리들에게 섭취되어 이들을 죽음으로 이끌었다. 단 2년이 지난 2006년, 인도는 독수리류 개체군의 감소를 멈추고 이 새들이 멸종으로부터 보호되길 바라는 노력의 일환으로 디클로페낙 사용을 금지할 뜻을 밝혔다. 몇 년 후 사람들은 멜록시캄(meloxicam)과 같은 독수리류에 친화적인 약품을 디클로페낙의 대체제로 개발했고, 개체군 규모를 늘리기 위한 시도로써 가장 큰 영향을 받은 독수리류 종에 대한 사육 상태의 번식 프로그램을 시행하고 있다. 인간은 아직 실수를 피하는 법을 완전히 배우지 못했지만, 실수를 인식하고 좋은 방향으로 더 빠르게 반응하는 법을 배웠다고 생각한다.

참고문헌

Oaks, J.L., Gilbert, M., Virani, M.Z., et al. (2004) Diclofenac residues as the cause of vulture population decline in Pakistan. *Nature* 427, 630-633.

4.7 부화

앞서 그림 4.2에서 알 속에 공기층이 있다는 점을 살펴본 바 있다. 이 사실은 부화가 임박한 시기에 특히 중요하다. 새끼새는 완전히 발달했을 때 부리로 공기층의 막을 밀어내는데, 이는 부화가 시작된다는 전조이다. 이 과정은 새끼새가 주어진 공간보다 더 크게 자랐다는 꽤 단순한 요인으로 인해 촉발되는 것으로 보인다. 구체적인 부화 시기는 저산소증(hypoxia)과 과탄산혈증(hypercapnia)이 심해질 때와 일치한다. 즉 새끼새가 단순히 융모막 호흡 시스템을 통해 충분히 산소를 흡수하거나 이산화탄소를 배출할 수 없게 되기 때문에 질식하지 않으려면 그 전에 부화해야 하는 것이다. 이를 돕기 위해 새끼새에게는 부화와 관련된 두 가지 일시적인 해부학적 특징이 있다. 첫번째는 복합 근육(complexus muscle, 머리반가시근) 이라고 불리는데 부화에 사용되는 과도하게 발달한 근육이다. 이 근육은 머리와 목 뒤에 있으며 알껍질을 깨고 나오는 데 필요한 힘을 제공한다. 다른 하나는 윗부리 끝에 있는 뾰족한 도구인 난치(egg tooth)로 공기층 막을 찢는데 사용된다. 공기층을 열었을 때부터 새끼새는 공기를 들이마시는 데 폐를 사용하기 시작한다. 새끼새는 난치를 이용해 알껍질의 안쪽 표면을 긁으며, 긁기와 밀기를 결합해 결과적으로 알껍질에 작은 구멍을 만든다. 이 과정을 반복하는 동시에 알을 돌리면서, 새끼새는 결국 알껍질을 충분히 약하게 해 껍질을 갈라 깨고 나온다.

흥미롭게도 이 장의 앞선 단원에서 논의했던, 갈색 반점에 있는 알의 포토포르피린 색소는 부화에서도 중요한 역할을 할 수 있다. 이 색소가 알껍질의 얇은 부분에서 강화제 역할을 한다는 가설을 기억하는가? 알 외부의 힘에 맞서 강도를 더했던 색소와 알껍질의 속성은 내부에서 작용하는 힘에 대해서는 반대로 작동하여 어린새가 쉽고 효과적으로 알껍질을 깰 수 있도록 돕는다. 노랑배박새에서 색소가 가장 많은 부분은 알의 어깨 부분으로 새끼새가 처음으로 뚫는 부분과 일치한다.

부화, 혹은 깨고 나오기 과정은 작은 참새목 조류의 경우 몇 시간이면 끝나지만 몇몇 커다란 새들은 며칠까지 걸릴 수 있다. 새끼새들이 이를 도움 없이 끝마치는 종이 다수이지만 알을 깨고 나오는 마지막 과정을 부모새들이 돕는 사례들도 있다. 부화 직후에는 부모의 도움이 거의 항상 필요하다. 새로 부화한 새끼새는 탈진했고, 젖어 있으며, 포식자에 극도로 취약하다. 부모는 최소한 새끼새들이 마를 때까지는 품는다. 하지만 부모새가 이를 넘어서서 제공하는 양육의 정도는 종마다 다르다.

4.8 새끼새

새로 부화한 새끼새는 다양한 발달 수준을 보여준다. 한쪽 극단은 오스트랄라시아에 서식하는 무덤꿩의 새끼새로, 긴 시간 동안 퇴비나 발효 중인 식물 더미에 묻혀있던 알에서 부화한 새끼들은 부모의 양육을 필요로 하지 않는다. 이들은 깃털이 자란 상태로 부화하며 거의 곧바로 날 수 있다. 또한 스스로 체온을 조절하고 먹이를 찾을 수 있다. 이 새끼새들은 초조성성으로 분류된다. 다른 쪽 극단에는 갓 부화한 참새목 조류의 새끼새들이 있다(박스 4.4). 앞을 볼 수 없고, 깃털이 없으며, 무력한 이 만성성 새끼새들은 온기와 먹이, 보호를 전적으로 부모에게 의존한다. 흥미롭게도 이러한 무력함은 참새목 조류들이 새끼새를 포식자와 궂은 날씨로부터 보호해줄 복잡한 둥지를 만드는 능력을 진화시켰기 때문에 나타날 수 있다는 의견들이 제시되어 왔다.

이 두 극단 사이에는 다양한 단계의 조성성·만성성 발달들이 있다. 스트랙(J. M. Strack)은 이 주제에 대한 고찰에서 새끼새 발달에 인식 가능한 8가지 단계를 제시했다. 이 단계들은 초조성성 발달, 세 단계의 조성성 발달, 반조성성과 반만성성 그리고 두 단계의 만성성 발달로 이들은 주로 생징, 발달의 정도라는 측면에서 서로 나르다.

주요 참고문헌

Strack, J.M. (1993) Evolution of avian ontogenies. In *Current Ornithology*. Power, D.M.(ed.) Plenum Press, New York.

스트랙의 분류에 따르면 조성성 새끼새들은 부화 직후 보고 움직일수 있으며 요구되는 양육의 수준은 다양하다. 예를 들어 오리류와 꿩류는 부모새를 따르며 보호를 받는다. 이 새들은 처음에 솜털로 덮여 있어 춥고 습한 날

그림 4.15 (A) 반조성성 북극제비갈매기(*Sterna paradisaea*) 새끼새들은 단 며칠 동안만 둥지 속에 머무른다(© Ian Grier). (B) 반대로 만성성 민물가마우지(*Phalacrocorax carbo*) 새끼새들은 몇 주 동안 둥지에 머무른다(© Les Hatton and Shirley Millar).

씨에서 살아남으려면 반드시 부모가 품어야 하지만, 무덤꿩 새끼새가 그런 것처럼 부화했을 때부터 스스로 먹이를 먹을 수 있다. 물닭류와 뜸부기류의 조성성 새끼새들은 꿩류의 새끼새들과 매우 비슷하지만 처음에는 스스로 먹이를 알아차리지 못하므로 부모새들이 먹이를 먹여야 하다. 부모새들은 배고픈 새끼새 앞에 먹이를 두고 쪼아 먹는 행동을 보여준다.

대부분의 갈매기류와 제비갈매기류의 반조성성 새끼새들은 솜털로 덮여 있으며 어미새들은 둥지에서 이들을 먹이고 품는다(그림 4.15). 하지만 위협을 받을 때 새끼새들은 노출된 둥지를 떠나서 몸을 숨길 곳으로 달리거나 헤엄치며, 안전해질 때 둥지로 돌아온다. 흥미로운 경우로는 절벽에 둥지를 짓는 세가락갈매기(*Rissa tridactyla*)가 있는데 이들의 새끼는 다른 갈매기류 친척들과 달리 위험이 닥친 상황에서도 둥지를 떠나 도망치지 않는다. 절벽 끝에 살고 있다면 도망치는 행동을 해선 안되므로 그리 놀랍지는 않다. 그 대신 새끼새들은 둥지 속에서 몸을 한껏 웅크리는데 위장색을 가지고 있어 눈에 잘 띄지 않는다. 세가락갈매기 새끼는 반만성성으로 분류된다.

[박스 4.4] 속도는 꼭 필요하지만 비용을 치러야 한다.

내가 초여름 자료 수집을 위해 포획한 참새목 조류들은 대체로 두 연령 단계 중 하나로 분류할 수 있다. 직전 몇 주 내에 부화, 육추한 어린새들은 보통 몸깃이 아주 헐겁고 솜털 같은 반면, 태어난 지 적어도 만 1년이 된 성조들의 몸깃은 더 단단하다. 간단히 말해 어린새들의 깃털은 질이 나쁘다. 우리는 2장에서 질 좋은 깃털의 중요성을 강조했다. 이를 고려할 때, 당신은 왜 새끼새들의 깃털이 형편없는지 의문을 품을 수 있다. 무엇이 이 깃털들의 구조적 차이를 설명할 수 있을까? 이는 바로 코넬대학교와 몬타나에 있는 미국지질조사국(US Geological Survey) 소속의 리아 콜란(Lea Callan)과 동료들이 답을 찾으려고 했던 질문이다.

연구자들은 구체적으로 헐거운 질감의 어린새 깃털이 육추 기간 동안 일어난 성장률과 포식압 사이의 비용-이익 균형의 결과라는 가설을 시험했다. 간결하게 연구자들은 다음과 같이 질문했다. 혹시 둥지에서의 포식이 새끼새의 육추 중 적합도에 더 큰 잠재 비용이어서 체온 조절 능력 저하, 비행 효율성 저하와 같은 관련된 비용을 감수하더라도 일부 어린새들이 헐거운 깃털을 가질 수밖에 없는가?

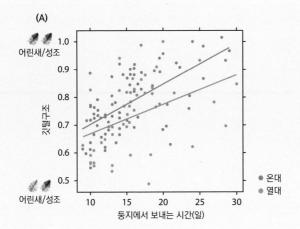

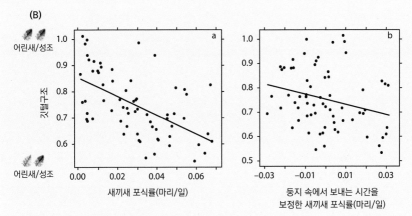

그림 4.16 (A) 열대와 온대 모두에서 둥지 안에 있는 기간이 더 긴 종의 새끼새들의 깃털 질이 더 높았다. 또한 평균적으로 온대 종들의 깃털 질이 열대 종들보다 높았다. (B) 둥지 포식 위험이 깃털 질에 미치는 영향. (a) 포식 위험과 둥지에서 머무르는 시간 사이의 강한 상관관계로 인해, 둥지 포식 위험이 깃털의 질에 미치는 영향을 간접적으로만 보여준다. (b) 둥지에서 머무르는 시간을 보정했음에도 불구하고 높은 포식 위험에 노출되는 종의 어린새깃이 성조깃에 비해 깃털의 질이 더 낮았기 때문에, 둥지 포식 위험이 깃털의 질에 미치는 영향을 직접적으로 보여준다. Callan, L.M., La Sorte, F.A., Martin, T.E., and Rohwer, V.G. (2019) Higher nest predation favors rapid fledging at the cost of plumage quality in nestling birds. *The American Naturalist* 193(5), 717-724.에서 가져왔다.

이 가설을 시험하기 위해 연구팀은 만성성 조류 123종을 대상으로 성조와 둥지를 떠난 지 며칠 되지 않은 어린새의 옆구리 깃털의 품질(깃축 cm 당 깃가지의 개수)을 측정했다. 어떤 종들은 어린새와 성조의 깃털이 크게 달랐으며, 다른 종들에서는 서로 구별하기 어려웠다.

이 연구에서 더운 곳에 사는 새들은 체온 유지 요구가 적어, 더 성긴 질 낮은 깃털을 가지리라는 가설을 생각해볼 수 있다. 혹은 어린새 전체깃갈이를 하지 않아 이동 전에 깃털을 교체하지 않는 종들이 더 성조에 가까운 깃털을 가질 수도 있다. 그러나 분석 결과는 이 두 가설 모두를 지지하지 않았다. 연구팀이 입증한 사실은 둥지 속에서 자라는 기간이 더 긴 종들이 이른 단계에서 이소하는 종들보다 성조와 비슷한 깃털을 가진다는 점이었다(그림 4.16 A). 연구자들은 분석 대상 중 67종에 대해 상대적인 둥지 포식률을 평가했는데, 이 자료를 분석에 반영한 결과, 둥지 포식에 가장 적게 노출되는 종들이 성조와 제일 비슷한 깃털을 가진다는 결과가 나타났다(그림 4.16 B). 이러한 결과는 둥지 포식 위험의 증가가 새끼의 빠른 생장과 이른 이소, 그리고 이에 따른 비용 감수를 이끄는 중요한 선택압(selective pressure)임을 입증한다. 빠른 성장은 더 나쁜 깃털 질로 귀결되지만, 이른 이소에 따른 적합도 이익은 이러한 비용을 넘어선다.

요약

　알은 새끼의 체외 발달을 가능케 함으로써 암컷 새들이 비행 능력의 손실 없이 번식을 극대화할 수 있도록 한다. 한배산란수와 둥지의 위치, 포란 행동은 종에 따라 크게 다르지만, 암컷은 일반적으로 최적의 산란수로 알을 낳는다. 일부 새들은 자신의 새끼를 보살피지 않는데 이들 탁란하는 종들은 숙주와 진화적인 군비 경쟁 관계에 있다. 일부 종의 새끼새들은 부화 후 얼마 지나지 않아 자립적으로 생활하지만, 다른 종의 새끼새들은 한동안 부모새들의 돌봄을 필요로 한다. 알과 새끼 단계의 어린새들은 천적 포식과 오염에 특히 취약하다.

5장
번식

"들바위종다리의 성생활은 복잡성의 향연이다."

−마크 코커(Mark Cocker, 2005)

4장에서는 알을 낳을 때부터 새끼새가 부화할 때까지 일어나는 일련의 사건들을 개괄적으로 설명했다. 5장에서는 새들의 다양한 혼인 관계들을 자세히 설명하고, 알을 낳기 전에 보이는 구애행동과 영역행동 그리고 부화 직후 양육하고 독립할 때까지의 행동 등에 관해 살펴볼 것이다.

5.1 암컷과 수컷은 다르다

암컷과 수컷은 다르다. 앞서 4장에서 암컷과 수컷의 생식샘(gonad)이 다르며, 물론 생식샘의 산물인 생식세포도 다르다는 사실을 분명히 했다. 수컷의 생식샘은 한 번의 사정에 수백만 개의 정자(수컷 생식세포)를 방출한다. 하지만 그 중 대다수는 파괴되거나 암컷에 의해 거부되며, 소수만이 난자(암컷 생식세포)에 도달하여 수정에 성공한다. 이는 낭비적인 과정으로 보일 수 있지만 여러 가지 이유에서 필요하다. 뒤에서 다루겠지만 일부 종은 수컷이 짝짓기 기회를 독점하기 위해 서로 경쟁하지만(교미 전 경쟁, pre-copulatory competition), 암컷이 여러 수컷과 교미하는 다른 종들은 교미 후 경쟁(정액 주입 후 경쟁, 박스 5.1)이 더 중요해진다. 이에 관해서는 이 장에서 나중에 논의할 것이다. 조류의 경우 수정 장소에 더 많은 정자가 도달하는 것이 어떤 측면에서 이익이다. 포유류의 경우 난자에 다수의 정자가 침입하는 것(다정자수정, polyspermy)이 난자를 손상시킨다. 반면 니콜라 헤밍스(Nicola Hemmings)와 팀 버케드(Tim Birkhead)가 금화조와 닭을 대상으로 수행한 연구에 따르면 조류에서 어느 정도 수준의 다정자수정은 이득이 된다. 이들의 연구 결과는 너무 적은 정자의 도달이 배아 생존의 저하로 이어짐을 보여준다. 또한 적은 수의 정자가 전달되었을 경우, 이 정자들은 기대치보다 높은 비율로 난자에 도달하는 것으로 나타났는데, 이는 암컷이 정자를 파괴, 배출하거나 통과를 '허락'하는 과정을 통해 정자의 수를 조절할 수 있는 어떠한 기제가 있음을 시사한다. 왜 포유류와 조류가 다를까? 헤밍스와 버케드는 이 질문의 답이 포유류의 난자가 일반적으로 최대 24시간 동안 수정될 수 있는 반면, 일반적인 조류의 난자는 수정 가능한 시간이 단 15분에 불과하다는 사실과 관련이 있을 수 있다고 이야기한다. 난자가 수정될 수 있는 시간이 제한적이기 때문에 충

분한 수의 정자가 적절한 시간에 난자에 도달하도록 하기 위해 다정자수
정이 필요할 수 있다는 것이다.

주요 참고문헌

Hemmings, N., and Birkhead, T.R. (2015) Polyspermy in birds: sperm numbers
and embryo survival. *Proceedings of the Royal Society B: Biological Sciences* 282,
20151682.

[박스 5.1] 정자 경쟁

암컷 새가 한 번의 번식 주기 동안 한 마리보다 많은 수컷과 짝짓기할 수 있다는 인
식은 유전자를 전달하기 위한 수컷들의 경쟁을 바라보는 조류학자들의 관점을 극적으
로 바꾸었다. 이러한 패러다임 전환 이전에 수컷 사이의 우위는 교미 전 경쟁행동을 통
해 결정된다고 알려져 있었다. 하지만 지금 우리는 교미 후에 일어나는 현상인 정자 경
쟁이 보편적이며 매우 중요하다는 사실을 알고 있다.

앞서 4장에서 교미를 통해 수컷에서 암컷으로 전달된 정자가 난자를 수정시키기
위해 난관을 거쳐 나팔관까지 여행해야 한다는 점을 살펴본 바 있다. 전달된 모든 정자
가 이 여행을 끝마치는 것은 아니다. 그 중 일부는 자궁과 질의 접합부에 있는 저정관
(그림 4.1)으로 들어가 며칠 동안 살아있는 상태로 저장될 수 있다. 따라서 여러 날 동
안 추가적인 교미가 없어도 저정관에 남아있는 정자들이 방출되어 새로 생성되는 난자
를 수정시킬 수 있다. 셰필드대학교의 팀 버케드(Tim Birkhead)와 동료들은 금화조
암컷이 마지막 교미 후 13일이 경과한 시점에서 낳은 알의 약 10%가 수정되었음을
보여주었다(그림 5.1).

또한 버케드와 동료들은 여러 수컷과의 짝짓기가 암컷이 낳은 알들의 부계에 미치
는 영향을 조사했다. 이들의 연구는 암컷 체내에서 서로 다른 수컷의 정자 사이의 경쟁
이 존재한다는 사실과, 혼외교미의 잠재적인 결과를 매우 분명히 보여준다. 이 실험들
의 결과 중 일부는 그림 5.2에 요약되어 있다.

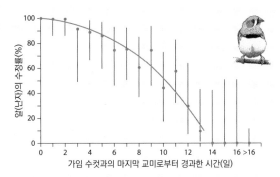

그림 5.1 알의 수정률은 교미 후 경과한 시간에 따라 감소했다. 저장된 정자는 13일째까지 살아 있는 채로 남아 있을 수 있다. Birkhead, T.R. and Møller A.P. *Sperm competition in birds: evolutionary causes and consequences*.에서 학술적 출판 목적으로 가져왔으며 저작권은 Elsevier, Netherlands에 있다. 자료는 Birkhead, T.R., Pellatt, J.E., and Hunter, F.M. (1988) Extra-pair copulation and sperm competition in the zebra finch. *Nature* 334, 60-62.에서 제시된 것이다.

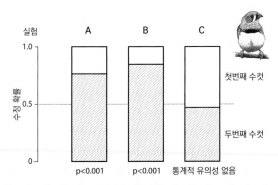

그림 5.2 금화조의 정자 경쟁을 조사하기 위한 실험의 결과(A, B, C 각각의 실험에 대한 설명은 본문을 참고하라). 경쟁 관계인 두 수컷에 의해 수정된 알의 비율로써 표현되어 있다. 앞서 언급된 Birkhead, T.R. and Møller A.P. (1992)에서 가져왔다.

첫번째 실험(그림 5.2 A)은 한 마리의 암컷이 두 수컷과 순서대로 번갈아 짝짓기하는 상황을 시뮬레이션하기 위해 고안되었다. 이 경우 두번째 수컷(마지막으로 암컷과 짝짓기한 수컷)이 암컷이 낳은 알 대부분의 아비가 되었다. 두번째 실험(그림 5.2 B)은 짝(첫번째 수컷)과 규칙적으로 짝짓기하는 암컷이 단 한 번 두번째 수컷과 혼외교미를 한 상황(이 혼외교미가 짝짓기 순서에서 마지막 교미였다는 점이 중요하다)을 시뮬레이션한다. 그림에서 볼 수 있듯 두번째 수컷이 단지 한 번의 짝짓기만으로 암컷이 낳은 알 대부분의 아비가 되었다. 종합적으로 이 두 실험의 결과는 정자 경쟁과 이 시스템의 중요한 특징을 설명하는데, 이는 바로 마지막 수컷 우위(last male precedence)이다.

세번째 실험(그림 5.2 C)은 수컷의 잘 알려진 전략으로, 혼외교미와 마지막 수컷 우위의 영향을 경감시키는 것으로 추정되는 보복성 교미(retaliatory copulation) 행동의 효과성을 보여준다. 이 실험에서 각각의 수컷은 암컷과 한 번씩 교미했지만, 각각의 교미는 거의 즉시 잇달아 이루어졌다(수컷이 경쟁 수컷과 짝의 교미를 목격하거나, 짝이 경쟁 수컷의 영역에서 돌아오는 것을 목격하여 이들이 최근에 교미했다고 추론한 상황을 시뮬레이션한 것이다). 이 경우 결과는 두 수컷이 비슷한 비율로 암컷이 낳은 알의 아비가 되는 것으로 나타나, 보복성 교미가 혼외교미의 영향을 줄일 수 있다는 의미에서 수컷에게 효과적인 수단임을 입증했다.

수컷의 정자는 사정 이후 빠르게 보충되므로 수컷은 번식 활동을 할 수 있는 시기 동안 이론적으로 여러 차례 짝짓기할 수 있으며 잠재적으로 수많은 자식의 아버지가 될 수 있다는 사실 역시 중요하다. 정자는 흔히 생산에 비교적 비용이 적게 드는 것으로 여겨진다. 즉, 수컷의 입장에서 각각의 정자는 특별히 중요한 투자가 아니다. 반대로 난자는 비교적 크고 생산에 비용이 많이 든다. 난자는 암컷의 한정된 자원이며 각각의 난자는 매우 제한적인 번식의 기회 중에서 단 한 번을 의미하므로 무척 중요한 가치를 가진다. 이러한 생식세포 크기의 근본적인 차이를 이형배우자접합(anisogamy)이라고 하며 새(그리고 다른 동물들)의 번식 전략이 대부분 이에 따른 결과이기 때문에 매우 중요하다.

🦅 **날아가기**
성별 유전적 조성과 그들의 행동 사이의 관계. 166쪽(4.1 조류의 성과 생식샘)

🐾 **개념정리 이형배우자접합(Anisogamy)**

암컷과 수컷의 생식세포는 서로 크기가 다르다.

수컷의 생식세포(정자)는 작고, 운동성이 있으며, 비용이 상대적으로 적게 든다. 암컷의 생식세포(난자)는 비교적 크고, 운동성이 없으며, 비용이 많이 들어간다.

　기본적으로 우리는 모든 개체들이 자신의 유전자 사본을 다음 세대에 가능한 한 많이 전달하기 위해 번식 결과를 최대화할 것이라고 전제한다. 그러므로 양쪽 성의 개체들이 모두 번식 성공, 즉 자식의 수와 질을 최대화하는 방식으로 행동할 것이라고 기대할 수 있다. 이형배우자접합 때문에, 암컷과 수컷은 서로 다른 방식을 채택해야 각자의 번식 결과를 최대화할 수 있을 것이다. 수컷은 쉽게 보충되는 값싼 정자를 이용해 반복적으로 짝짓기할 수 있다. 그러므로 수컷은 가능한 한 많은 새끼의 아비가 됨으로써 가장 쉽게 번식 성공을 증대할 수 있으리라고 합리적으로 추론할 수 있다. 반면 암컷은 일반적으로 같은 전략을 채택할 수 없다. 암컷은 난자의 개수가 제한되어 있다는 사실과 배란과 배란 사이에 시간이 소요된다는 사실에 제약을 받는다. 그러므로 암컷의 입장에서 번식 결과를 최대화하는 가장 효율적인 방법은 자식의 질을 최대화하는 것이다. 그러므로 암컷은 짝에 대해 더 신덕질일 것이며, 상대방의 기여, 즉 수컷의 유전 물질과 그들이 제공할 수 있는 자원의 질을 최대화하려 할 것이다.

　더 나아가 암컷과 수컷 새의 차이로 인해, 실제 성비가 1:1에 가까울지라도(즉, 같은 수의 암컷과 수컷이 한 종의 개체군에 있어도), 실제 작동 성비는 여기에서 크게 벗어날 수 있다. 암컷 새는 한 번 짝짓기에 성공했을 때 수정된 알을 낳는 데 시간을 소비하며, 많은 경우 알과 새끼새들을 성공적으로 품고 키우는 데에도 시간과 에너지를 투자하기 때문에 다른 수컷과 짝짓기할 수 없을 가능성이 크다. 이 시기 동안 수컷은 암컷과 같은 제약을 받지 않으며 자유롭게 다른 짝을 찾아 나설 수 있을 것이다. 번식기가 진행됨에 따라 개체군의 작동 성비는 수컷이 상대적으로 매우 많아지는 반면 암컷은 점점 드물어지는 방향으로 왜곡된다. 찰스 다윈(Charles Darwin)은 드문 성의 구성원들이 짝에 대해 더 선택적이며 흔한 성의 개체들은 짝에 접근하기 위해 일정 수준 경쟁할 수밖에 없다는 점에서 이형배우자접합이 중요한 진화의 동력인 성선택 과정의 기저에 있는 현상 중 하나라는 점을 알아보았다.[36]

36 이 주제에 관한 다윈의 저작은 『인간의 유래와 성선택(The Descent of Man, and Selection in Relation to Sex)』(1871)이다.

5.2 혼인관계

사회적 일부일처제인 몇몇 조류종들은 혼외교미가 없는 유전적 일부
일처제일 수 있다. 하지만 DNA 부성 연구 결과 사회적 일부일처제 종 중
85% 이상은 성적으로 일부다처제·일처다부제·다처다부제(polygamous,
여러 수컷 또는 암컷이 한 둥지의 새끼새들에게 유전 물질을 제공하는 혼
인 관계)인 것으로 나타났다. 그러므로 짝짓기 체계를 논의할 때 부모 새
사이 관계의 사회적 기초(예를 들어 그들이 새끼새를 함께 키우는지 또는
한쪽이 다른 쪽을 떠나는지)와 자식과 사회적 부모(즉, 새끼새들을 키우지
만, 꼭 그들의 생물학적 부모인 것은 아닐 수 있는 새들)의 유전적 관계를
함께 고려해야 한다. 표 5.1은 조류의 주요 혼인관계들을 간략히 기술하
는데, 이들 중 다수는 5.3 단원에서 더 자세하게 논의할 것이다.

한 쌍의 조류가 죽을 때까지 맺어진다는 충실성은 종종 자명한 사실로
간주되기도 한다. 이러한 진술에 기반하여 조류 쌍은 사람 사회에서 충실
성의 상징으로 자주 사용된다(예를 들어 발렌타인데이의 새 상징이 있다).
그러나 유전적 부성 분석의 발달로 사회적으로 일부일처제인 새들이 실제
로는 꽤 난잡하다는 사실이 드러났다. 겉보기에 친형제자매들인 것처럼

표 5.1 조류의 혼인관계

혼인관계	주요 특징
사회적 일부일처제	한 마리의 수컷과 한 마리의 암컷이 둥지의 새끼새들을 기르는 데 협력한다. 유전적 일부일처제는 이 새들이 모두 그들이 기르는 새끼새들의 유전적 부모인 경우를 이른다.
일부다처제	수컷 새가 암컷과 새끼를 낳은 후 짝짓기를 할 다른 암컷을 찾으러 (일시적 혹은 영구적으로) 떠난다. 남겨진 암컷은 홀로 혹은 돌아온 짝으로부터 줄어든 도움을 받아 새끼를 기른다.
일처다부제	암컷 새가 알을 낳은 후 떠나고 수컷이 양육한다(이 수컷이 양육하는 모든 새끼의 유전적 아버지인 것은 아니다). 떠난 암컷은 동일한 번식기 동안 추가적으로 짝짓기할 수컷을 찾을 수 있다.
다처다부제	암컷과 수컷의 무리가 새끼를 기르는 데 협력한다. 결과적으로 둥지는 여러 수컷과 여러 암컷이 낳은 새끼들로 구성된다.

보이는 한 둥지의 새끼새들이 사실 각자 다른 아비를 두었을지도 모른다. 왜 이렇게 될까? 수컷 새들은 가능한 많은 알(난자)들을 수정시킴으로써 그들의 번식 결과를 극대화할 수 있으며, 따라서 암컷 짝이 알을 품는 동안에도 자신의 유전자를 물려받은 자식의 수를 늘리기 위해 종종 다른 암컷과 짝짓기할 기회를 찾으리라는 것을 기억하라.

다른 한편 암컷들은 그들이 생산하는 자식의 수를 늘리는 능력에 한계가 있으므로 수는 적지만 우수한 자식을 생산하는 데 집중할 것이라고 기대된다. 암컷의 혼외교미를 설명하기 위해 다양한 가설이 제시되었다. 어쩌면 암컷은 짝에게 높은 확률로 알을 수정시킬 수 있기를 요구하거나, 건강할 것을 요구할 수도 있다. 암컷은 매력적인 아들을 얻기 위해서 매력적인 형질을 지닌 수컷을 선택하여 짝짓기할 수도 있다. 앤더스 몰러(Anders Møller)는 제비(*Hirundo rustica*) 암컷이 꼬리깃이 긴 수컷을 특히 매력적으로 느끼며, 암컷은 짝의 꼬리가 짧을 때 꼬리가 긴 수컷과 혼외교미를 시도할 가능성이 크다는 것을 입증함으로써 이 '섹시한 아들 가설(sexy son hypothesis)'을 지지하는 증거를 제시했다.

한편 최근 분자생태학과 유전학의 발전으로 유전적 일치와 불일치의 발생 빈도와 그 결과를 연구할 수 있게 되었다. 예를 들어 카트리나 푀르스터(Katharina Foerster)와 동료들이 수행한 연구에서 푸른박새의 혼외 자식은 혼내 자식보다 이형접합(heterozygous) 빈도가 높으며 더 높은 적합도를 보이는 것으로 나타났다. 이는 유전적으로 가까운 짝이 있는 암컷 푸른박새가 자식의 유전적 다양성을 높이기 위해 혼외교미를 시도할 수 있음을 보여준다. 하지만 반대로 아드리안 헤이다즈(Adrianne Hajdasz) 연구팀의 연구결과에 따르면 나도딱새[37](*Setophaga ruticilla*)는 암컷이 유

---

37 영명은 'American Redstart'이지만 'Redstart'와는 달리 미주솔새(New World Warbler)에 속하며, 솔딱새과와 분류학적 연관이 없는 종이다.

전적으로 비슷한 수컷과 짝을 맺었을 때 혼외교미를 시도할 확률이 희박하며, 외도를 했을 때는 그 자식들의 유전적 유사성이 사회적 짝과 낳은 자식들의 유전적 유사성보다 높았다. 이 종의 개체군은 높은 이입률(immigration)과 잠재적인 다양성으로 족외혼이 빈번하게 발생하기 때문에 유전적 다양성을 줄이는 짝짓기가 더 이익이 될 수 있다. 이러한 개체군에서 족외혼은 지역 조건에 적응한 유전자와 유전자군(gene complex)을 잃을 위험이 있기 때문이다. 푸른박새는 족내혼(in-breeding)을 최소화하려 하고, 나도딱새는 족외혼을 최소화하려 하는 이 모순적인 상황은 상대적으로 폐쇄적이거나 개방적인 서로 다른 개체군들이 족외혼을 최적화하기 위해 서로 다른 전략을 필요로 함을 시사한다.

주요 참고문헌

Foerster, K., Delhey, K.J., Johnsen, A., Lifjeld, J.T., and Kempenaers, B. (2003) Females increase offspring heterozygosity and fitness through extra-pair matings. *Nature* 425, 714-717.

Hajdasz, A., McKellar, A.E., Ratcliffe, L.M., et al. (2019) Extra-pair offspring are less heterozygous than within-pair offspring in American redstarts *Setophaga ruticilla. Journal of Avian Biology* 50; doi: 10.1111/jav02084

Møller, A.P. (1988) Female choice selects for male sexual tail ornaments in the monogamous swallow. *Nature* 332(6165), 640-642.

[박스 5.2] 레크

레크(lek) 장소는 여러 마리의 수컷이 서로 경쟁하면서 방문하는 암컷들에게 과시하기 위해 모여드는 공간이다. 제도 또는 방식으로서 레킹(lekking)이라고 불리는 행동은 흔하지 않지만 여러 차례 독립적으로 진화했으며 다양한 조류 분류군에서 발견된다.

레크는 수컷이 암컷에게 짝으로 선택을 받지만 이후 어떠한 양육이나 직접적인 영역·자원 이득을 전혀 제공하지 않는 특이한 짝짓기 제도다. 암컷은 수컷으로부터 자식이 물려받을 유전자를 제외하고 아무것도 얻지 않는다. 레크의 특징 중 하나는 참여한 수컷 중 비교적 소수만이 실제로 짝짓기에 성공한다는 것이다. 한 마리만이 짝짓기에 성공하는 경우도 있다. 이 사실은 역설적인 것으로 여겨졌으며, 다음과 같은 질문을 남겼다. 수컷 대부분이 짝짓기에 실패할 것이라면, 이들은 왜 레크에 참여하는가? 이 역설을 풀기 위해 4가지 주요 가설인 '길목 가설(hot-spots)', '미남 가설(hot-shots)', '혈연 선택 가설(kin selection)' 그리고 '암컷 선호 가설(female preference)'이 제시되었다.[38]

길목 가설은 수컷의 레크가 암컷이 규칙적으로 방문하는 특정 공간에 형성된다는 것이다. 이는 수컷이 잠재적인 짝을 만날 확률을 극대화할 것이다. 이 가설을 지지하는 일부 증거는 일반적으로 수컷이 과시 무대(display arena)를 정할 때 특정한 특징이 있는 서식지를 고른다는 관찰 결과에서 제시되었다. 수컷 호우바라느시(*Chlamydotis undulata*)는 물이 마른 하천이나 관목지에 주로 서식하는 암컷들이 과시행동을 볼 수 있도록 개방된 공간을 선택하여 레크를 형성한다. 반면, 푸른머리마나킨(*Lepidothrix coronata*)의 레크는 다른 지역에 비해서 방문 빈도가 높지 않은 것으로 보였다. 비슷하게, 유럽큰깍도요(*Gallinago media*)는 우세한 수컷을 레크 중앙에서 제거하면 다른 새들이 그 자리를 차지하지 않고 레크가 와해되는 것으로 나타났다. 이는 이들의 레크 형성에 길목 가설보다 미남 가설이 더 중요함을 나타낸다. 미남 가설은 열등한 수컷들이 우세한 수컷 주위에 자리잡아 그 주위에 모여든 암컷 중 최소한 일부에 접근하려 한다고 본다. 몇몇 종들에서 잘생긴 수컷 주위에 영역 혹은 레크 자

---

38 가설들의 국문 번역어는 네이버캐스트 『최재천 교수의 다윈 2.0』에 연재된 「레크와 경합 시장-수컷 쇼핑 센터」(최재천, 2009)를 참고했다.

리가 있는 수컷이 변방의 수컷보다 더 높은 번식 성공을 보이는 것으로 나타난 바 있다.

혈연 선택 가설은 레크가 가까운 친척인 수컷들로 구성되며, 암컷을 유혹하는 데 사실상 협력하여 가장 성공적인 친척의 자식을 통해 이들이 공통적으로 가진 유전자를 전달하는 간접적인 적합도 이익을 얻는다는 것이다. 고립된 채 길러진 사육 상태의 인 도공작 수컷이 친척들과 레크를 형성하는 경향이 알려진 바 있다. 그러나 몇몇 마나킨 (Manakin) 종과 큰풀들꿩(*Centrocercus urophasionus*)을 포함한 다양한 종들에 서 레크의 동료들은 친척이 아닌 것으로 나타났다.

암컷 선호 가설은 암컷이 수컷들을 서로 비교하여 경쟁력 높은 수컷을 확보하기 위 해 더 큰 무리를 찾은 결과로 레크가 형성되었다는 것이다. 이 가설에서 우리는 암컷 이 작은 레크보다 큰 레크를 선호하리라고 기대할 수 있는데, 이는 꼬마느시(*Tetrax tetrax*)의 레크 장소를 관찰한 결과와 정확히 일치한다.

흥미롭게도 레크는 생각하는 것보다 전통적인 영역 번식 체계(territorial breeding system)에서 동떨어져 있지 않다고 한다. 우세한 수컷이나 장소 주위에(미 남 가설 또는 길목 가설), 혹은 가까운 친척인 수컷들끼리(혈연 선택 가설), 또는 암컷 이 수컷들을 비교할 수 있도록(암컷 선호 가설) '영역들의 모임'이 형성되어 '숨은 레 크' 역할을 할 수 있다.

더 읽어보기

Fletcher, R.J., and Miller, C.W. (2006) On the evolution of hidden leks and the implications for reproductive and habitat selection behaviours. *Animal Behaviour* 71(5), 1247-1251.

Höglund, J. and Alatalo, R.V. (1995) *Leks.* Princeton University Press, Princeton.

5.3 구애행동과 짝 선택

암컷은 희소성을 가지며 선택권이 있는 경우가 많은데 (박스 5.2와 5.3) 실제로 새들은 어떻게 짝을 선택(유혹)하는가? 많은 종에서 수컷은 반복적이거나 복잡한 노래를 부르는데, 이는 에너지 측면에서 노래를 만드는 데 큰 비용이 들며 수컷을 포식자에게 노출시킬 수 있다. 다른 종들은 공들인 장식을 자랑한다. 예를 들어 인도공작의 부채 모양 꼬리를 생각해 보라. 수컷 정자새는 조심스레 꾸린 무대에 다채로운 물건들로 장식한 구조물(정자)을 만들며, 몇몇 맹금류 종의 수컷들은 죽음을 감수하듯 공중에서 아래쪽으로 다이빙과 공중제비를 한다. 일부 종의 수컷들은 영역, 즉 한 둥지의 새끼새들을 성공적으로 키울 수 있는 공간을 방어하고, 다른 종의 수컷들은 암컷에게 먹이 선물을 준다. 구애의 방식이 무엇이든 이러한 행동들은 선택권을 가진 성의 구성원들이 잠재적 구혼자들 사이에 어떻게든 차등을 둘 수 있도록 한다. 일부 종의 암컷들은 신호를 통한 의사소통으로 약속된 자원에 기반하여 선택하는 반면, 다른 종의 암컷들은 신호 그 자체에 기반하여 선택하는 것으로 보인다.

5.3.1 자원 제공

구애행동을 통해 수컷 새들은 짝의 번식행동에 간접적으로 영향을 줄 수 있다. 존 브로머(Jon Brommer)와 동료들은 핀란드의 유럽올빼미(*Strix aluco*) 개체군에 대한 연구를 통해 이러한 영향의 사례를 하나 보여주었다. 이들은 큰 수컷을 짝으로 선택한 암컷들이 번식기에 알을 더 빨리 낳을 확률이 높다는 것을 발견했다. 브로머와 연구팀이 시사했듯이, 이것은 알을 낳기 전 구애급이(courtship-feeding) 기간 동안 보다 큰 수컷이 짝에게 더 많은 먹이를 제공할 가능성과 관련이 있을 수 있다. 흥미롭게도 수컷 유럽올빼미가 포란 기간 동안 계속 짝에게 먹이를 제공했음에도, 또 더 이르게 번식한 둥지의 한배산란수가 더 큰 경향이 있다는 사실에도 불구하고, 이들은 수컷의 크기와 한배산란수 사이의 관계를 찾을 수 없었다. 이는 한배산란수가 암컷에 의해 결정되는 형질이라는 것을 보여준다(4.3 한배산란수).

⌁ 날아가기
암컷은 환경 요인에 따라 한배산란수를 달리한다. 174쪽(4.3 한배산란수)

주요 참고문헌

Brommer, J.E., Karell, P., Aaltonen, E., et al. (2015) Dissecting direct and indirect parental effects on reproduction in a wild bird of prey: dad affects when but not how much. *Behavioral Ecology and Sociobiology* 69(2), 293-302.

맹금류와 유사한 참새목 조류인 큰재때까치(*Lanius excubitor*)는 번식쌍이 영역을 형성하는 사회적 일부일처제 종이다. 이 종은 보통 암컷과 수컷이 모두 새끼를 키우는 데 기여한다. 수컷은 식물의 가시나 가시 돋친 철조망 울타리에 먹이(큰 곤충, 작은 포유류, 새, 파충류)를 꽂는 행동으로 잘 알려져 있으며 이러한 행동 때문에 '도살자'라는 별명을 얻었다. 실험을 통해 이 저장먹이의 질, 즉 먹이의 크기와 영양 가치가 암컷이 짝을 고를 때 사용하는 핵심 판단 요소 중 하나로 나타났다. 큰 먹잇감은 이를 잡는 능력과 가공하는 데 소비되는 에너지라는 측면에서 큰 노력이 필요한 것으로 여겨지므로 저장한 먹잇감은 수컷의 신체적인 질을 알려주는 표식이 될 수 있을 것이다.

나는 앞서 이 큰재때까치가 사회적 일부일처제라고 언급했다. 이는 암수 한 마리씩 두 마리의 새가 새끼를 함께 키우는 번식쌍을 형성한다는 뜻임을 기억하라. 하지만 이 새들이 짝에게 충실하다는 것으로 이어지지 않는다는 점 또한 기억할 필요가 있다. 큰재때까치 수컷은 이웃과 바람을 피

그림 5.3 큰재때까치 © Ian Robinson

위 수정시킨 알을 영문도 모르는 양아버지가 양육하도록 한다. 그런데 암컷은 왜 적합한 짝이 있음에도 불구하고 혼외교미에 가담할까? 피오트르 트리아노브스키(Piotr Tryjanowski)와 마틴 흐로마다(Martin Hromada)는 이 새의 개체군을 자세히 관찰하여 수컷이 이미 짝이 있는 다른 암컷과 교미하기 위해 처음에 자신의 짝을 감동시키는 데 사용했던 저장먹이로부터 먹이 선물을 제공한다는 점을 보여주었다.

이 자료(그림 5.4)는 수컷이 암컷에게 더 좋은 선물을 제공할 때 성공할 확률이 커지며, 가장 좋은 선물들(가장 에너지 가치가 높은)을 그들의 '내연녀'에게 제공하는 경향이 있음을 보여준다. 수컷이 짝에게 제공한 선물이 암컷의 하루 먹이 요구량의 16%에 지나지 않았던 반면, '내연녀'에게 제공한 선물은 암컷의 하루 먹이 요구량의 66%를 기여했다. 이 관계에서 암컷은 높은 질의 수컷(추정컨대 그들의 짝보다 더 높은 질의 수컷)과 짝짓기할 기회를 얻는다는 점에서 혼외교미를 통해 이익을 얻는다. 반면 이 둥지의 수컷은 경쟁 수컷의 새끼새를 키우는 데 자원을 투자하게 되기 때문에 손해를 본다. 하지만 이 수컷들이 혼외교미에 따른 손실을 피할 수 없다고 생각하는 것은 상당한 잘못이다. 수컷이 짝의 혼외교미를 막기 위

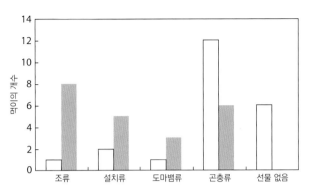

그림 5.4 수컷 큰재때까치는 짝과 짝짓기할 때(흰 막대)보다 혼외교미를 시도할 때(푸른색 막대) 더 많은(그리고 더 좋은) 선물을 제공했다. Tryjanowski, P. and Hromada, M. (2005) Do males of the great grey shrike, *Lanius excubitor*, trade food for extrapair copulations? *Animal Behaviour* 69, 529-533.에서 가져왔다.

해 최선을 다한다는 풍부한 증거가 있다.

프란시스코 발레라(Francisco Valera)와 동료들은 큰재때까치의 매우 가까운 친척이자 먹이를 구애 선물로 활용하는 또 다른 도살자 새인 쇠재때까치(*L. minor*) 개체군의 번식행동을 자세히 관찰했다. 그들은 혼외교미를 적극적으로 시도하는 행동으로 여겨지는 수컷의 영역 침범이 거주자(resident) 암컷의 가임기에 7배 더 흔하다고 기록했다. 이 시기 동안 영역의 거주자 수컷은 짝에 특별히 주의를 기울이며 암컷과 50m 거리 내에서 80%에 육박하는 시간을 소비하는 것으로 나타났다. 또 거주자 수컷은 수컷 침입자에게 달려들어 쫓아내는 특별히 공격적인 반응을 보인다. 즉, 짝 지키기(mate guarding)는 혼외교미를 최소화하는 효과적인 전략으로 보인다. 하지만 수컷이 짝을 지키지 않는 20%의 시간은 어떨까? 수컷이 혼외교미가 일어났다고 의심할 만한 명확한 이유가 있는 경우 어떤 일이 일어나는지 알아보기 위해 연구자들은 가임기의 암컷을 잡아 한 시간 동안 영역에서 내보냈다. 그리고 인접한 영역에 이 암컷을 방사하여 짝에게 돌아갔을 때 경쟁 수컷을 방문했던 것처럼 보이도록 만들었다. 수컷은 이 분명한 불성실한 짝을 공격하고 많은 경우 교미를 공격적으로 강요함으로써 처벌하는 반응을 보였다. 이러한 보복적 교미는 물론 중요한 부성 확보 전략이다(박스 5.1). 반면 가임기가 아닐 때(예를 들어 포란 중일 때나 새끼 새를 키울 때) 똑같은 방법으로 암컷을 제거했을 경우 이 같은 반응이 나타나지 않았다. 또 수컷과 달리 이 개체군의 암컷은 혼외교미를 꺼린다는 의견이 제시되기도 했는데, 이곳의 암컷들은 수컷을 일시적으로 제거했을 때에도 가임기 동안 거의 영역을 떠나지 않았다. 유전적 부성 분석에서 서로 이부형제자매인 새끼들로 구성된 둥지는 매우 드물게 나타나, 이 종의 경우 수컷의 짝 지키기와 암컷 처벌 행동은 효과적인 전략으로 나타났다.

주요 참고문헌

Valera, F., Hoi, H. and Krištín, A. (2003) Male shrikes punish unfaithful females. *Behavioral Ecology* 14(3), 403-408.

5.3.2 장식과 과시

수컷 긴꼬리천인조(*Euplectes progne*)는 이름이 알려주듯 극단적으로 꼬리가 길다. 몸길이 15~20cm인 이 새는 번식기에 약 50cm 길이의 꼬리를 가질 수 있다. 2장에서 살펴본 바와 같이 깃털 생산에는 큰 비용이 들며, 당연히 이렇듯 긴 길이의 꼬리깃을 끌고 다니는 데에는 기체 역학적 비용이 따를 것이다. 그렇다면 수컷은 왜 이렇게 긴 꼬리를 가지게 되었을까? 이는 성선택의 결과로 진화한 것으로 보이며, 여기에는 꼬리 길이와 수컷의 번식 성공 그리고 암컷에 의한 선택의 연관성을 보여주는 좋은 실험 증거가 있다. 간단히 말하면 암컷은 꼬리가 긴 수컷을 원했다. 그 증거는 수컷을 잡아 인공적으로 꼬리 길이를 늘이거나 줄인 후, 이러한 조작이 번식 성공에 미치는 영향을 관찰한 조류학자 말테 앤더슨(Malte

Andersson)의 훌륭한 연구에서 나왔다. 긴꼬리천인조는 일부다처제이다. 긴꼬리천인조 수컷은 초지에 있는 영역을 다른 수컷으로부터 방어하며 눈에 잘 띄는 위아래로 튀어오르는 과시 비행-꼬리 자랑은 효과가 좋다-으로 암컷에게 자신의 존재를 알린다. 수컷 각 개체는 (물론 혼외교미가 없다고 가정했을 때) 그의 유전자를 가진 새끼를 도움 없이 키울 암컷들의 하렘(harem)을 자신의 영역으로 유혹하려 시도한다. 앤더슨은 수컷 새들을 잡아 임의로 세 그룹으로 분류했다. 대조군에 해당하는 새들은 꼬리깃을 반으로 자르고 다시 이어 붙였으며, 결과적으로 길이 변화량은 없었다. 다음 그룹의 새들은 꼬리깃을 25cm 정도 자르고 끝 부분을 다시 이어 붙였으며, 이로써 이 수컷들의 꼬리깃 길이는 짧아졌다. 이 그룹에서 잘라낸 25cm 부분은 마지막 실험군 그룹의 잘린 꼬리깃에 삽입하여 이들의 꼬리 길이를 연장했다. 앤더슨은 이후 새들을 영역으로 되돌려 보내 각 개체들이 지은 추가적인 둥지의 수를 기록했는데, 이는 각 수컷이 더 유혹한 암컷의 수를 보여주는 척도이다. 실험 결과(그림 5.5 A)는 꼬리가 가장 긴 수컷들이 가장 많은 짝을 유혹했음을 분명히 보여준다.

사라 프라이크(Sarah Pryke)와 스테판 앤더슨(Staffan Andersson)이 수행한 또 다른 꼬리 연장 실험의 결과(그림 5.5 B)는 이 장식 신호의 진화적 기초에 관한 흥미로운 통찰을 제공한다. 이들은 비교적 꼬리가 짧은 종인 붉은어깨천인조(E. axillaris)의 꼬리깃을 조작했다. 이 종의 수컷은 긴꼬리천인조의 수컷보다 몸길이는 조금 작지만 꼬리는 훨씬 더 짧다(약 7cm). 이들의 꼬리를 인공적으로 연장했을 때(몇몇 경우 22cm까지) 수컷은 최대 6마리의 암컷을 유혹했는데, 이는 꼬리깃 길이를 조작하지 않은 수컷 중 가장 꼬리가 길었던 개체의 3배에 달하는 것이다. 그러므로 암컷 천인조들은 일반적으로 긴 꼬리를 선호하는 것으로 보이며, 이러한 감각적 편향은 몇몇 종들에서 대단히 긴 꼬리를 진화시키는 동력이 되었을 것이다.

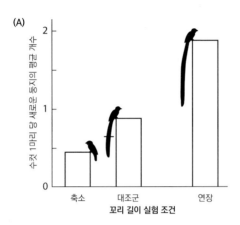

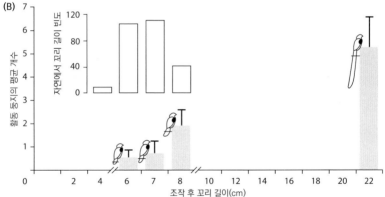

그림 5.5 긴꼬리천인조(A)와 꼬리가 짧은 붉은어깨천인조(B)에서 수컷 꼬리 길이와 번식 성공의 관계. (A)는 Andersson, M. (1982) Female choice selects for extreme tail length in a widowbird. *Nature* 299, 818-820.에서 가져왔으며 (B)는 Pryke, S.R. and Andersson, S. (2002) A generalized female bias for long tails in a short-tailed widowbird. *Proceedings of the Royal Society of London. Series B: Biological Sciences* 269, 2141-2146.에서 가져왔다.

5.3.3 짝 공유

들바위종다리(*Prunella modularis*)의 암컷과 수컷은 모두 어떤 상황에서는 기꺼이 짝을 공유하려는 것으로 보인다(박스 5.4). 또 암컷 천인조들은 하렘 안에서 다른 암컷들과 한 수컷을 공유하는 데 만족하는 것으로 보인다. 이는 아마 이 암컷들이 수컷에게 요구하는 것이 그의 유전자와 영역에 있는 자원 접근성뿐이기 때문일 수도 있다. 이 암컷들은 수컷의 도움 없이 새끼새를 키운다. 반면 일부 종들에서는 일부다처제가 적어도 이에 참여한 암컷 중 일부의 번식 성공 저하로 귀결되는 것으로 나타났다. 그렇다면 왜 이 암컷들은 일부다처제를 받아들일까?

1969년 고든 오리안스(Gordon Orians)는 암컷이 일부다처제를 받아들이는 현상을 설명하는 수학적 모델을 제안하는 매우 영향력 있는 논문을 발표했다. 오리안스는 자신의 일부다처제 문턱 모델(polygyny threshold model, 이하 PTM)에서, 암컷이 구할 수 있는 수컷의 영역들을 골라 비교하면서, 자신이 모은 정보를 활용해 이미 짝이 있는 수컷과 일부다처제 관계에 동참할지, 짝이 없는 수컷과 일부일처제 관계를 맺을지 선택하는 상황을 가정했다. 이 모델은 일부다처제에 따르는 비용 때문에 암컷이 일부일처제를 선호할 것이며, 짝이 없는 수컷과의 일부일처제와 비교하여 일부다처제의 이익이 비용보다 더 클 때에만 일부다처제를 선택할 것이라고 추정했다. 이러한 경제학적 결정이 이루어지는 지점을 일부다처제의 문턱이라고 한다(그림 5.6).

주요 참고문헌

Orians, G.H. (1969) On the evolution of mating systems in birds and mammals. *The American Naturalist* 103, 589-603.

암컷 새들이 실제로 PTM에 부합하는 방식으로 행동할까? 스타니슬라

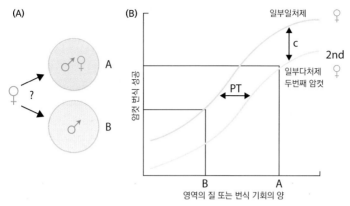

그림 5.6 일부다처제 문턱 모델. 이 모델은 암컷에게 선택권이 있으며 이미 짝을 지은 수컷과 짝을 맺을지, 짝이 없는 수컷과 짝을 맺을지 고를 수 있다고 전제한다(A). 암컷의 번식 성공은 선택한 수컷의 영역의 질에 따라 달라진다. 암컷이 이미 짝을 지은 수컷을 고름으로써 얻는 것이 나홀로인 수컷을 고를 때보다 많다면, 그녀는 일부일처제 대신 일부다처제를 선택할 수 있다(B). Scott, G.W. (2005) *Essential Animal Behavior*, Blackwell Science, Oxford.에서 가져왔으며, 이는 Orians, G.H. (1969) On the evolution of mating systems in birds and mammals. *The American Naturalist* 103, 589-603.을 재인용한 것이다.

브 프라이빌(Stanislav Pribil)과 윌리엄 시어시(William Searcy)는 적어도 한 종, 붉은날개나도검은지빠귀[39](*Agelaius phoeniceus*)는 그렇게 행동한다는 것을 실험적으로 입증했다. PTM은 검증 가능한 여러 가지 가정을 제시한다: i) 암컷은 일부다처제에서는 큰 비용을 치르므로, 일부일처제를 선호할 것이다, ii) 암컷은 수컷의 질이나 영역의 질을 바탕으로 수컷을 선택할 것이며, iii) 질 낮은 일부일처제 수컷 및 영역과 질 높은 일부다처제 수컷 및 영역 중 하나를 선택해야 한다면(일부다처제의 비용이 일부일처제를 선택했을 때의 비용보다 적다면), 암컷은 일부다처제를 선택할 것이다. 프라이빌과 시어시는 관찰과 실험을 통해 그들이 연구한 붉은날개나도검은지빠귀 개체군의 경우 이 세 가정을 모두 만족함을 보여주었다.

---

39 나도지빠귀과(Icteridae)는 신대륙에만 서식하는 중형 조류 계통으로 지빠귀 등 구대륙 조류들과 연관성이 없으나, 유럽인들이 신대륙 조류들을 명명, 기재한 결과 New World Oriole(신대륙꾀꼬리), New World Blackbird(신대륙검은지빠귀) 등 구대륙 조류와 혼동할 수 있는 명칭을 가진 종이 다수 존재한다. 이 책에서는 과명을 나도지빠귀과로 했으며, 혼동 가능한 종은 접사 '나도-'를 이용하여 옮겼다.

주요 참고문헌

Pribil, S. (2000). Experimental evidence for the cost of polygyny in the red-winged blackbird Agelaius phoeniceus. *Behaviour* 137, 1153-1173.

Pribil, S., and Searcy, W.A. (2001) Experimental confirmation of the polygyny threshold model for red-winged blackbirds. *Proceedings of the Royal Society of London. Series B: Biological Sciences* 268, 1643-1646.

프라이빌은 먼저 붉은날개나도검은지빠귀 암컷이 이미 짝이 있는 수컷을 선택했을 때 이소시킨 새끼가 더 적고 무게도 가볍다는 관찰을 통해 이들이 번식 비용을 치른다는 점을 보임으로써 모델의 첫번째 예측을 입증했다. 이 종을 포함한 다양한 조류 종에서 이소 시의 체중과 성숙할 때까지의 생존율은 밀접한 관련이 있기 때문에, 즉 무거운 새들이 더 잘 살아남기 때문에 이 같은 관찰은 중요하다. 그는 또한 앞선 결과로 예상 가능하듯, 짝이 있는 수컷과 짝이 없는 수컷 사이에서 고를 수 있을 때 암컷은 예외 없이 일부일처제를 선택한다는 것을 실험적으로 보였다.

선택권이 있을 때, 암컷 붉은날개나도검은지빠귀는 영역의 질을 바탕으로 수컷들에 차등을 둘 수 있었다(모델의 두번째 예측). 그들은 수면 위로 돌출된 곳에 둥지를 지을 수 있는(이러한 둥지가 포식자로부터 더 좋은 방어를 제공하기 때문으로 추정된다) 영역을 가진 아직 짝이 없는 수컷을 선호했다.

프라이빌과 시어시는 PTM의 세번째, 그리고 아마 가장 중요한 예측-낮은 질의 일부일처제 수컷 및 영역과 높은 질의 일부다처제 수컷 및 영역 중 하나를 선택해야 할 때, (일부다처제의 비용이 일부일처제를 선택했을 때의 비용보다 낮다면) 암컷은 일부다처제를 선택할 것이다-을 검증하기 위해 암컷이 고를 수 있는 선택지들을 조작하는 훌륭한 야외 기반 실험을 고안했다. 이 실험에서 연구자들은 물 위에 둥지 자리가 없는 짝 없는 수컷의 영역과, 질 높은 둥지 자리(물 위에 있는 둥지; 그림 5.7)를 제공하는

그림 5.7 (A) 수컷 붉은날개나도검은지빠귀 © Ian Robinson (B) 시어시와 프라이빌이 물 위에 있는 높은 질의 둥지 자리를 제공하기 위해 설치한 대(臺) 위에 지어진 붉은날개나도검은지빠귀의 둥지 © Stanislav Pribil

짝이 있는 수컷의 영역 둘 중 하나로 영역 조건을 조작하여 각 수컷이 암컷에게 가지는 매력의 정도를 비교했다. 거의 모든 경우에서 새로 도착한 암컷은 일부일처제 대신 일부다처제를 선택했는데, 이는 정확히 PTM이 예측하는 것이다.

절대 다수의 조류 종은 수컷이 선택권을 가진 암컷의 주의를 끌기 위해 서로 경쟁하며, 암컷은 둥지에 낳는 알의 수를 달리함으로써 좋은 수컷과 우호적인 번식 조건으로 번식 성공을 최대화할 수 있다. 점박이깝작도요(*Actitis macularis*)는 이 규칙의 흥미로운 예외이다. 암컷 점박이깝작도요는 항상 둥지에 4개의 알을 낳는다. 한배산란수를 달리할 수 없기 때문에, 암컷이 좋은 해에 더 좋은 번식 결과를 얻기 위해서는 또 다른 4개의 알을 두번째 번식 둥지에 낳아야 한다. 하지만 점박이깝작도요의 번식기는 짧으며 암컷이 한 둥지의 새끼새를 키워 이소시킨 후 이동 전에 두번째 새끼들을 키워낼 시간이 있는지 의문스럽다.

이러한 어려움에 처한 암컷 점박이깝작도요는 흥미로운 전략을 쓴다. 이들은 수컷처럼 행동한다. 암컷은 여름철 번식지에 먼저 도착하며 영역을 확보하기 위해 서로 경쟁한다. 수컷이 도착했을 때 암컷은 적극적으로 구애행동을 하며 '가장 좋은' 암컷은 빠르게 짝을 확보해 둥지에 4개의 알을 낳는다.

자원이 허락할 때 일부 개체군의 암컷은 짝이 홀로 알을 품고 새끼새를 키우도록 남겨둔 채 둥지를 떠난다. 점박이깝작도요의 번식기는 곤충 먹이가 매우 풍부하게 등장하는 시기와 일치하며, 새로 부화한 점박이깝작도요는 조성성으로 부화 직후부터 체온 조절이 가능하고 스스로 먹이를 먹을 수 있기 때문에 수컷은 혼자 포란과 양육을 해낼 수 있다. 게다가 개체군에 수컷이 암컷보다 조금 더 많아, 암컷이 첫번째 짝을 떠난 후에도 두번째 수컷을 찾아 그가 키울 두번째 둥지의 알을 낳을 수 있기 때문에 이러한 시스템이 작동한다.

처음으로 짝을 지은 수컷들은 자식을 위한 가장 좋은 암컷의 유전자를 확보했고, 수컷이 할 수 있는 최선은 둥지에 있는 4개의 알을 스스로 지켜내는 것이기 때문에 분명히 이익을 본다. 하지만 암컷은 두번째 수컷을 택할 때 새끼의 질을 타협하게 되는가? 두번째 수컷들은 무엇보다도 처음에 '진열대에 남겨졌다'는 이유에서, 질이 낮을 것이라고 추정할 수 있다. 실제로 DNA 부성 분석은 두번째 둥지의 새끼새들이 종종 암컷이 저장한 첫번째 수컷의 정자로 수정되며, 그럼으로써 암컷은 자신이 쓸 수 있는 최대의 유전적 자원을 이용한다는 것을 밝혀냈다.

더 읽어보기

Oring, L.W., Fleischer, R.C., Reed, J.M. and Marsden, K.E. (1992) Cuckoldry through stored
  sperm in the sequentially polyandrous spotted sandpiper. *Nature* 359, 631-633.

[박스 5.4] 뚝바위종다리: 성갈등에 관한 사례 연구

  뚝바위종다리(*Prunella modularis*)는 한 개체군 안에서 유전적 일부일처제, 사
회적 일부일처제[40], 일부다처제, 일처다부제 그리고 심지어 다부다처제까지 관찰할
수 있다. 그 결과 크게 눈길을 끌지 않는 이 새의 번식행동에 관한 닉 데이비스(Nick
Davies)와 케임브리지 대학교 동료들의 연구는 새의 번식행동에 관한 가장 훌륭하고
잘 알려진 사례 연구 중 하나가 될 수 있었다.

  이 혼인관계의 중심에는 성적 갈등, 즉 암컷과 수컷의 이해관계에 따른 갈등이 있
다. 그림 5.8은 암컷과 수컷에게 각각의 혼인관계가 가져오는 이익과 비용을 그들이
생산한 새끼새 수라는 측면에서 요약해서 보여준다.

  일부일처제에서 시작해 보자. 이때 암컷과 수컷은 똑같은 이익-각자 5마리의 새끼
를 키운다(이것을 유전적, 사회적 일부일처제로 본다)-을 본다. 하지만 암컷은 이 상황
에서 두번째 수컷을 일처다부제 관계로 끌어들여 더 이익을 볼 수 있다는 것에 주목하
라. 그녀는 6.7마리의 새끼를 길러낼 수 있으며, 두번째 수컷 입장에서도 추가적으로
3마리의 자식을 얻을 수 있다는 점에서 이익이 된다. 암컷 뚝바위종다리는 이러한 방
식으로 이익을 보기 위해 정기적으로 수컷에게 구애한다. 하지만 이러한 재편은 첫번
째 수컷에게 이익이 되지 않는다는 것은 분명한데, 그는 새끼새 5마리의 아비가 되는
대신 평균 3.7마리의 아비가 되는 데 그치기 때문이다. 그러므로 첫번째 수컷은 두번
째 수컷을 쫓아내려 한다.

  비슷한 관계의 양상은 수컷이 두번째 암컷을 일부다처제 관계로 끌어들여 상당한
이익을 보는 경우에도 존재한다. 수컷은 일처다부제가 불가피할 때, 또 다른 암컷을 끌

---

40 유전적 일부일처제는 사회적 짝 간의 성적 충실성이 높아 새끼새 대부분이 사회적 부모의
    유전적 자손인 경우를 말한다. 반면 사회적 일부일처제는 사회적 짝 간의 성적 충실도가
    낮은 경우이다.

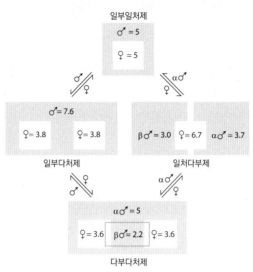

그림 5.8 들바위종다리의 복잡한 혼인관계. 일부 시나리오만을 표현했으며 각 경우에서 개체별로 생산할 수 있는 평균 새끼새 마리수가 적혀 있다. 자세한 설명은 본문을 참고하라. Davies, N.B. (1992) *Dunnock Behaviour and Social Evolution*. Oxford University Press, Oxford.에서 가져왔다.

어들여 일처다부제 그룹을 다부다처제 그룹으로 바꿈으로써 적어도 손해를 보지 않을 수 있다.

실제로 형성되는 혼인관계에서는 참여하는 주체 중 일부 혹은 전체가 타협한 결과가 나타날 것이다. 물론 혼외교미도 일어날 것이며, 그 결과 새끼새들의 실제 유전적 구성은 그림 5.8이 제시하는 것보다 더 **복잡**할 수도 있다.

5.4 노래

다양한 종의 수컷 새들은 짝을 유혹하고 자원을 방어하기 위해 구애 노래(courtship song)를 부른다(그림 5.9). 우리는 아래에서 노래의 두 기능에 관해 모두 논의할 것이다. 하지만 먼저 노래와 노래를 부르는 행동 자체에 관해 살펴볼 필요가 있다. 또한 단 세 분류군의 조류(명금류, 벌새류, 앵무류)만이 새로운 소리를 배우고 재생산할 수 있는 능력이 있다는 점에도 주목해야 할 것이다. 다른 모든 조류 분류군의 음성은 부모로부터 물려받은 선천적인 형질이다.

새의 노래는 공기가 사람의 성대에 대응되는 조류의 기관인 울대(syrinx)를 통과하면서 만들어진다. 노래의 변이는 울대의 근육과 막들의 수축으로 세심하게 조절되며, 이는 다시 기관지-울대 운동핵(tracheosyringeal motor nucleus, 종종 nXIIts라고 지칭한다)이라고 부르는 후뇌(hindbrain)의 특정한 영역에서 기원하는 신경 신호로 조절된다. 노래는 광범위한 환경 자극으로부터 유발된다(여기에서 환경은 새의 외적

그림 5.9 흰턱딱새 수컷이 자기가 영역을 점유하고 있다는 사실과 짝짓기를 할 수 있다는 사실을 선전하며, 한창 노래하고 있다. © Ian Robinson

환경인 물리적, 사회적 환경과 내적 환경인 혈류에 흐르는 특정한 호르몬 등을 통틀어 의미한다). 하지만 노래의 생산은 고등음성중추(High Vocal Centre, 이하 HVC)라고 부르는, 전뇌, 중뇌 그리고 후뇌의 특정 부분을 포함하며 궁극적으로 nXIIts와 울대를 잇는 신경 경로를 통해 신호를 전달하는 특정 뇌세포 집단의 조절을 받는다. 이 경로에 관한 자세한 설명은 이와 같은 개론서의 범위를 넘어선다. 관심 있는 독자들에게는 피터 말러(Peter Marler)와 한스 슬라베쿠른(Hans Slabbekoorn)의 훌륭한 책『자연의 음악(Nature's Music)』을 추천한다.

수컷 명금류의 HVC는 암컷보다 확연히 크게 발달되어 있으며 이런 차이는 뇌 발달과정 중 이른 시기부터 시작된다. 하지만 정확히 무엇이 노래의 신경학적 기초에서 나타나는 성적 차이를 유발하는지는 아직 비밀에 싸여 있다. 최근 쉬치 첸(Xuqi Chen)과 동료들은 수컷 금화조에서 뇌의 HVC 발달이 타이로신인산화효소수용체 B(tyrosine kinase receptor B, 이하 trkB) 단백질을 암호화하는 Z-연관 유전자의 발현과 일부 연관되어 있다고 보고했다. 이 단백질은 BDNF라고 불리는 신경전달물질의 수용체 역할을 하며, 다시 BDNF는 특히 HVC의 발달을 포함하는 뇌세포의 분화에 관여한다고 알려져 있다. 수컷은 Z-연관 trkB 유전자가 암컷보다 두 배 많으므로 우리는 합리적으로 수컷이 훨씬 더 높은 수준으로 trkB 단백질을 가진다고 기대할 수 있다. 그러므로 표현형에 효과를 불러오는 정확한 기제는 아직 밝혀지지 않았지만, 성연관 유전자와 성 특이적 행동이 직접 연관되어 있음을 확인할 수 있다. 수컷의 HVC는 발달하면서 두 가지 방향성을 형성한다. 그 중 하나는 nXIIts와 같은 조절 경로의 일부분으로, 학습된 노래의 생산에 관여하는 후뇌의 편도체 활성 신경핵(Robust nucleus of the Arcopallium, 이하 RA)과 연결된다. 암컷의 뇌에서는 HVC-RA 경로가 발달하지 않는다. 다른 방향성은 수수께끼처럼 이름 붙여진 전뇌 X영역을 향하고 있으며 이 장에서 나중에 논의할 것이다.

주요 참고문헌

Chen, X., Agate, R.J., Itoh, Y., and Arnold, A.P. (2005) Sexually dimorphic expression of trkB, a Z-linked gene, in early posthatch zebra finch brain. *Proceedings of the National Academy of Sciences* 102(21), 7730-7735.

Marler, P.R., and Slabbekoorn, H. (2004) *Nature's music: the science of birdsong.* Elsevier, San Diego.

5.4.1 노래 학습

노래를 부르는 것은 선천적 형질로, 고립되어 길러진 수컷도 성숙해지면 노래를 부른다. 최근에 사초개개비(*Acrocephalus schoenobaenus*)에서 고립된 채로 성숙한 개체도 정상적으로 노래할 수 있다는 것이 보고된 바 있다. 하지만 '알맞은 노래'는 적절한 교육에 의한 노래 '학습'에 크게 의존하는 것으로 보인다. 새들은 다양한 방법으로 노래를 배운다. 흰정수리멧새와 같은 일부 새들은 종종 민감기(sensitive period)라고 불리는, 생애 초기 아주 짧은 기간 동안에만 노래를 배울 수 있다. 푸른머리되새는 이 민감기가 더 길다. 이 새의 민감기는 태어난 첫 해를 온전히 채워 지속된다. 이러한 새들을 '닫힌 학습자(close-ended learner)' 또는 '연령 제한 학습자(age-limited learner)'라고 부른다. 다른 한편 연노랑솔새와 같은 몇몇 종의 수컷은 전 생애에 걸쳐 새로운 노래를 배워 그들의 노래목록에 추가할 수 있다.

노래 학습이 이루어지는 기제는 과거 생각되었던 것보다 더 다양한 것으로 드러났다. 여기에 관심 있는 독자들은 비처(M. D. Beecher)와 브레노위츠(E. A. Brenowitz)의 논문을 참고하길 추천한다. 학습의 기본 모델은 '예비 감각 습득 단계(preliminary sensory acqusition phase)', '침묵 단계

(silent phase)' 그리고 마침내 '감각운동 단계(sensorimotor phase)'의 3단계 과정을 포함한다.

주요 참고문헌

Beecher, M.D. and Brenowitz, E.A. (2005) Functional aspects of song learning in songbirds. *Trends in ecology and evolution* 20(3), 143-149.

Wheelwright, N., Swett, M.B., Levin, I.I., et al. (2008) The influence of different tutor types on song learning in a natural bird population. *Animal Behaviour* 75, 1479-1493.

어린새들은 학습 과정을 통해 어느 정도 수정될 수 있는 선천적인 주형(template)을 보유한 것으로 보인다. 노래 발달의 첫번째 단계인 예비 감각 습득 단계는 시기적으로 민감기와 일치한다. 이 단계에 어린새는 다양한 소리를 듣게 되지만, 자신의 선천적인 주형과 가장 가까운 소리, 즉 같은 종의 적절한 선생의 노래에 가장 민감하다는 증거가 있다. 금화조나 갈라파고스핀치과(Geospizidae)와 같은 사례들에서 선생은 거의 항상 그들을 기르는 수컷 부모였다. 반면 다른 경우들에서는 새들이 배우는 노래가 아버지 노래의 완전한 복사본은 아니다. 야생 초원멧새(*Passerculus sandwichensis*)[41] 개체군에 관한 연구에서 너새니얼 휠라이트(Nathaniel Wheelwright)와 동료들은 수컷 중 사회적 아버지의 것과 비슷한(하지만 동일하지는 않은) 노래를 발달시킨 경우는 12%에 불과했고, 대부분의 개체들은 이웃과 더 닮은 노래를 배웠음을 보여주었다. 또 개체들이 여러 선생의 노래 요소들을 자신의 노래목록에 통합시킨다는 것을 보여준다.

예비 감각 습득 단계에서 새들은 선생의 노래 특징을 암기하여 선천적

---

41 이 종도 흰정수리멧새와 같이 미주멧새과에 속한다.

인 주형을 개선하는 데 사용하며, 이로써 자신이 속한 종 특유의 노래 패턴과 일치하는 더 정확한 노래 주형을 만들게 된다. 고립된 상태의 몇몇 새들은 녹음본을 통해 배울 수도 있지만, 살아있는 선생이 있을 때 학습 능률이 향상되는 것으로 나타났으며, 금화조와 같은 몇몇 사례에서는 살아있는 선생이 꼭 필요한 것으로 나타났다. 노래 습득 이후에는 침묵 단계가 이어지며 이때 새들은 노래를 부르지는 않지만 학습한 노래의 구성 요소들을 미래에 이용하기 위해 저장한다. 번식기가 시작되기 직전, 정소(testis)가 다시 발달할 때 테스토스테론은 노래 부르기와 함께 노래 습득의 마지막 단계인 감각운동 단계로의 진입을 유도한다. 이제 새는 노래를 부른다. 처음에 부르는 노래는 완벽하지는 않지만, 종 특유의 노래에 매우 가까운 것이다. 시간이 지나면서(그리고 실제로 무척 빠르게) 노래는 완벽하거나 확고해질 때까지 계속 다듬어진다. 이 시기에 자신의 노래를 듣는 것은 매우 중요하며 자기가 부르는 노래를 이미 완성된 내적 주형에 대응시키는 것으로 보인다. 하지만 새들이 어떻게 이것이 맞아떨어지고 있다는 것을 아는가? 제시 골드버그(Jesse Goldberg), 비크람 가다카르(Vikram Gadagkar)와 동료들은 전뇌의 일부로 HVC와 연결된 X영역이 노래의 발달에 결정적인 역할을 한다는 사실을 입증했다. '연습중인' 새는 그의 노래를 발달시키면서 맞는 음정을 부르거나 틀린 음정을 부를 수 있다. 골드버그의 연구진은 X영역을 향하는 복측피개영역(ventral tegmental area, 이하 VTA) 뉴런의 활동을 기록함으로써, VTA 뉴런들이 새가 틀린 음정을 불렀을 때 뇌 활동을 억제하는 효과가 있지만, 맞는 음정을 불렀을 때 도파민 반응을 촉진시킨다는 사실을 밝혀냈다. 간단히 말해 새들은 보상을 받았다. 이 도파민 보상은 몇 차례 어려움을 겪었던 음정이 결국 완벽해질 때 더 컸다. 그러므로 VTA 뉴런들은 성공을 촉진하기 위해 보상을 사용하는 내적인 비평가 역할을 하는 것으로 보인다.

주요 참고문헌

Gadagkar, V., Puzerey, P.A., Chen, R., et al. (2016) Dopamine neurons encode performance error in singing birds. *Science* 354, 1278-1282.

5.4.2 노래의 기능

새의 노래는 두 가지 주된 기능이 있다. 수컷은 노래를 주로 짝을 유혹하는 구애의 신호와 다른 수컷에게 영역을 이미 차지했음을 알리는 신호로 사용한다(박스 5.5). 인위적으로 소리를 내지 못하게 된 수컷 새들은 영역을 얻을 수도, 짝을 유혹할 수도 없는 것으로 나타났다. 최근 제시된 실험적 증거는 수컷 새들이 경쟁자들을 그들이 부르는 노래를 토대로 평가한다는 것이다. 사무엘 힐(Samuel Hill)과 동료들은 영역성인 수컷 투이(*Prosthemadera novaeseelandiae*, 뉴질랜드 고유종)가 복잡성에서 차이가 있는 노래 녹음본들에 대해 보이는 반응을 알아보기 위해 소리재생 실험을 수행했다. 이들의 연구 결과는 수컷이 단순한 노래에 비해 더 복잡한 노래에 보다 빠르게 접근하고 공격적으로 반응한다는 점을 보여주었다. 추정컨대 이는 이 수컷들이 복잡한 노래와 이러한 노래를 부른 새를 더 위협으로 받아들인다는 것이며, 연구자들은 노래의 복잡성이 개체의 우수성, 암컷에 대한 매력 그리고 세력권을 주장하는 의사소통 정보일 수 있다고 짐작했다. 암컷의 노래에 대한 보고는 드물지만, 몇몇 암컷 새들이 수컷과 마찬가지로 영역과 짝을 방어하기 위한 것으로 보이는 행동 맥락에서 노래를 부르는 것이 관찰되었다. 예를 들어 더스틴 레이차드(Dustin Reichard)와 동료들은 캘리포니아 도심의 검은눈준코 개체군 암컷들이 자신과 수컷 짝이 잠재적인 암컷 경쟁자에게 노출되었을 때 수컷과 비슷한 노래를(하지만 더 좁은 주파수 대역에서) 부르는 것을 기록했다.

주요 참고문헌

Reichard, D.G., Brothers, D.E., George, S.E., et al. (2018) Female Dark-eyed Juncos *Junco hyemalis thurberi* produce male-like song in a territorial context during the early breeding season. *Journal of Avian Biology* 49(2), 1-6.

Hill, S.D., Brunton, D.H., Anderson, M.G., and Ji, W. (2018) Fighting talk: complex song elicits more aggressive responses in a vocally complex songbird. *Ibis* 160, 257-268.

[박스 5.5] 노래에는 무엇이 들어 있는가?

흰점찌르레기(*Sturnus vulgaris*)는 뛰어난 '가수'라는 별명도 있다. 이 종의 수컷들은 엄청나게 다양한 레퍼토리를 가지고 있으며 번식기에는 오래 노래한다. 이 노래가 암컷을 유혹하는 기능과 수컷을 저지하는 기능을 함께 수행한다는 점을 입증하기 위해 제임스 마운트조이(James Mountjoy)와 로버트 레몬(Robert Lemon)은 둥지상자에도 쉽게 둥지를 트는 흰점찌르레기 야생 개체군을 연구했다. 연구자들은 새들이 노래에 유혹되는지 알아보기 위해 둥지상자 일부에서 흰점찌르레기 노래를 재생했다. 그리고 비교를 위해 대조구로 아무런 노래도 틀지 않은 상자들을 짝지어 배치했다. 관찰 기간 동안 연구팀은 조용한 둥지상자에서 암컷의 모습을 보지 못했던 반면, 노래를 재생한 둥지상자에서는 상자를 살펴보는 암컷 12마리를 관찰했다. 노래는 이들에게 확실히 매력적이었다. 노래가 경쟁자들을 저지하는 기능을 한다는 가설에 따라 수컷 흰점찌르레기들은 암컷과 다르게 행동하리라고 기대할 수 있다. 하지만 실제로는 둥지상자에서 관찰된 수컷 20마리 중 17마리는 노래를 재생한 상자에서 관찰되었다. 그렇다면 이 종에서 노래가 수컷을 저지시킨다는 가설이 맞다고 할 수 있을까? 결론부터 말하면, 이 가설은 이 실험을 수정한 후속 실험을 통해 실제와 부합하는 것으로 드러났다.

두번째 실험에서 연구자들은 단순한 흰점찌르레기 노래가 재생되는 둥지상자와 매우 복잡한 노래가 재생되는 상자를 대응시켰다. 이번에는 암컷과 수컷이 다르게 반응했다. 관찰된 모든 암컷이 복잡한 노래에 유혹된 반면, 수컷 90%는 단순한 노래 쪽을 향했다. 그러므로 복잡한 노래는 암컷을 유혹하고 수컷 경쟁자들을 저지할 것이기 때문에 수컷에게 이익이 된다.

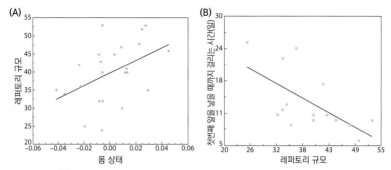

그림 5.10 (A) 흰점찌르레기 수컷 노래의 레퍼토리 규모와 수컷의 몸 상태의 관계. (B) 흰점찌르레기 수컷 노래의 레퍼토리 수와 암컷 짝이 첫번째 알을 낳을 때까지 걸리는 시간. Mountjoy, D.J. and Lemon, R.E. (1996) Female choice for complex song in the European starling: a field experiment. *Behavioral Ecology and Sociobiology* 38, 65-71.에서 가져왔으며 Oxford University Press의 허락을 받았다.

마운트조이와 레몬은 또 다른 연구에서 암컷 흰점찌르레기가 복잡한 노래를 부르는 수컷의 질이 더 높다고 판단한다는 추가적인 증거를 제시했다. 그들은 연구 대상 개체군을 더 자세히 관찰하면서, 이번에는 구애 시기 수컷 각 개체가 부르는 노래의 복잡성을 기록하고, 이 수컷들이 차지한 둥지상자에서 암컷이 첫번째 알을 낳은 날짜를 비교했다. 연구자들은 가장 복잡한 노래를 부르는 수컷이 가장 건강할 것이며, 그러므로 암컷들에게 가장 매력적일 것이라고 예상했다. 그러므로 암컷들은 이 수컷들과 짝을 맺을 준비가 되어 있고 우선적으로 알을 낳을 것이다.

그림 5.10 A는 노래의 레퍼토리와 몸 상태(몸의 크기와 체중)가 양의 상관관계임을 분명하게 보여준다. 즉, 건강할수록 노래를 잘 불렀다. 또 예상과 같이 레퍼토리가 가장 많은 수컷과 짝을 지은 암컷들이 레퍼토리가 빈약한 수컷과 짝을 지은 개체들보다 이른 시기에 알을 낳았음을 그림 5.10 B를 통해 알 수 있다. 데보라 더피(Deborah Duffy)와 그레고리 발(Gregory Ball)이 수행한 실험은 흰점찌르레기 암컷들이 잠재적인 짝의 질을 평가할 때 노래를 이용할 수 있으며, 이에 따라 잠재적인 자식의 질에도 결과적으로 영향을 줄 수 있다는 어쩌면 중요한 또다른 증거를 밝혀냈다. 이 연구자들은 수컷 노래의 마디 길이(bout length; 단일한 노래의 평균 길이) 및 노래 빈도(1시간 동안 새가 노래를 부른 평균 횟수)와 새의 면역 체계의 건강함을 알려주는 두 가지 척도 사이의 상관관계를 입증했다. 이들의 결과는 두 경우 모두 노래를 더 잘 부르는 개체가 가장 건강한 면역 체계를 가졌음을 분명히 보여주었다.

참고문헌

Duffy, D.L. and Ball, G.F. (2002) Song predicts immunocompetence in male European starlings (*Sturnus vulgaris*). *Proceedings of the Royal Society of London. Series B: Biological Sciences* 269, 847-852.

수컷이 노래 행동을 시작하는 시기와 번식행동을 시작하는 시기가 시간적으로 일치한다는 사실은 노래에 구애 기능이 있음을 강력하게 보여주며, 이를 뒷받침하는 증거는 다양한 야외 연구와 실험실 연구를 통해 제시되었다. 영역 행동을 하는 종의 수컷은 영역에서 짝을 맺은 후보다 암컷과 짝을 형성하기 전에 더 자주 노래를 부르는 것으로 나타났다. 하지만 일시적으로 암컷을 영역에서 제거하면 영역을 차지하고 있는 수컷은 노래 빈도를 높이는 반응을 보였다. 그는 자신의 '잃어버린' 짝을 대체하려 시도하는 것으로 추정된다. 비슷하게 수컷은 짝이 둥지에서 알을 품을 때 노래 행동을 늘릴 수 있다. 추정컨대 이 수컷들은 두번째 짝을 유혹하거나 혼외 교미를 시도하는 것으로 보인다. 대그 에릭손(Dag Eriksson)과 라스 월린(Lars Wallin)은 목도리딱새(*Ficedula albicollis*)와 알락딱새(*F. hypoleuca*) 모두 수컷의 노래가 암컷을 유혹함을 확실히 입증했다. 이 새들은 둥지상자에 곧잘 둥지를 짓는데, 둥지상자는 이를 이용하는 새들을 잡는 데 사용될 수 있다(잡은 새들은 손상 없이 바로 방사되었다). 연구자들은 이들 개체군의 서식지에 둥지상자 28개를 설치했으며 각각의 상자에서 1m 떨어진 눈에 잘 띄는 횃대에 딱새 모형을 하나씩 설치했다(실제 이들 종의 수컷은 대체로 횃대와 같은 곳에서 아마도 암컷을 유혹하기 위해 노래를 부른다). 상자 절반에는 횃대에 있는 수컷 모형과 같은 종의 노래를 재생했다. 다른 절반의 둥지에는 어떤 소리도 틀지 않았다. 연구 결과 암컷은 노래 부르는 수컷이 있는 상자를 훨씬 높은 확률로 점검했다. 그러므로 노래는 암컷을 영역으로 유인하고, 거기에 좋은 둥지를 만들 수 있다고 설득할 수 있는 것으로 추정되었다. 둥지상자를 둘러보다가 잡힌 암컷 알락딱새, 목도리딱새 중 90%는 수컷 모형이 있으면서 그 종의 노래도 재생한 둥지상자에 유인되었다.

주요 참고문헌

Eriksson, D., and Wallin, L. (1986) Male bird song attracts females—a field experiment. *Behavioral Ecology and Sociobiology* 19, 297-299.

암컷은 노래를 토대로 수컷들을 식별할 수 있었으며, 일부 노래 유형들을 다른 노래보다 선호했다. 예를 들어 짝이 제거되었을 때, 들바위종다리 암컷은 이웃의 노래보다 녹음된 짝의 노래에 더 큰 주의를 기울이는 것으로 나타났다. 게다가 이는 암컷이 가임기일 때 특히 더했는데, 이는 암컷이 교미를 위해 짝을 찾는 방법으로 노래를 이용한다는 것을 의미한다.

5.4.3 동기화된 노래

한 종에 속하는 개체들의 노래는 서로 다를 수 있다. 하지만 새들이 자기 주위의 개체들을 학습하기 때문에 어떤 지역에 있는 한 종의 새 모두는 크게 볼 때 비슷한 곡의 노래를 발달시킬 수 있다. 이는 몇몇 경우에서 이득이 될 수 있으며, 수컷들은 노래 경합 중에 레퍼토리를 일치시키는 것으로 알려져 있다. 어떤 상황에서 경쟁자와 비슷한 노래를 부르는 수컷은 경쟁자에게 자신이 친숙한 이웃으로서 용인될 수 있는 상대임을 드러내는 것으로 나타났다. 반면 다른 종류의 노래를 부르는 것은 그 노래를 부르는 개체가 알려지지 않은 침입자이며 그러므로 더 큰 잠재적 위협이 될 수 있음을 나타내기 때문에, 경쟁 수컷이 더 공격적으로 반응할 확률이 높았다.

하지만 몇몇 종에서 노래를 대응시키는 것, 즉 경쟁자와 같은 노래를 같은 시간에 노래 구절을 겹쳐서 부르는 것은 이웃끼리라도 특별히 공격적인 신호로 나타났다. 새들이 이러한 방식으로 노래를 대응시키거나 겹치는 행동은 '경합'을 진정한 의미의 '싸움'으로 악화시킬 가능성이 크다. 이러한 경합이 이미 영역을 정한 이웃들끼리보다 낯선 개체들 사이에서나 번식기 초반 영역을 정하고 있는 이웃한 새들 사이에서 더 흔하다는 사실은 놀라운 일이 아닐 것이다.

어쩌면 많은 조류 개체군의 수컷들은 비교를 위해 노래 행동을 동기화시킬 수도 있는데, 새벽 합창은 아마 이 현상의 가장 친숙한 예시일 것이다. 정체된 새벽 공기는 소리의 전달을 촉진하며, 새벽의 낮은 조도와 낮은 기온은 곤충을 잡아먹는 것과 같은 다른 행동을 어렵게 만든다. 또 새벽에는 소음 공해로 인한 방해가 덜할 수도 있다(박스 5.6). 밤중에 폐사율이 높으므로, 수컷이 새벽 노래로 영역 사이에 생긴 틈을 알아낼 수도 있지 않을까? 혹은 동기화된 합창으로 수컷들은 서로 경쟁하고, 암컷은 이를 쉽게 수컷을 비교할 기회로 삼는지도 모른다. 무선 추적 연구를 통해 적어도 밤꾀꼬리울새(*Luscinia megarhynchos*)의 새벽 합창에는 수컷들이 서로 경쟁하고 비어있는 영역을 탐색하는 의미가 있는 것으로 드러났다. 토비아스 로스(Tobias Roth)와 동료들은 암컷 밤꾀꼬리울새를 무선 추적하고 수컷의 노래 행동을 기록했다. 연구자들은 번식기 초반 암컷이 번식지로 이동해 오기 전에는 수컷들이 새벽에 노래를 가장 많이 부른다는 사실을 발견했다(그림 5.11 A). 암컷이 도착하면, 짝을 지은 수컷은 계속 새벽에 노래를 가장 많이 불렀지만(그림 5.11 B), 아직 짝을 찾지 못한 수컷은 밤까지 노래 행동을 늘렸다. 무선 추적된 암컷들(이들이 새로 도착한 상황을 시뮬레이션하기 위해 연구자들이 이 공간에 방사했다)은 밤에 가장 활동적인 것으로 나타났다(그림 5.11 C). 로스와 동료들은 이 결과를 다음과 같이 해석했다. 새로 도착한 암컷들은 밤중에 몇몇 수컷을 방문하며,

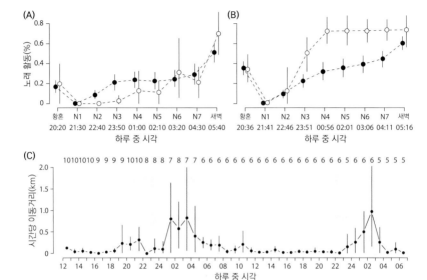

그림 5.11 밤꾀꼬리울새 수컷의 노래 행동과 암컷의 활동. (A) 암컷이 도착하기 전에, 결과적으로 짝을 찾을 새들(검은색 원)과 그렇지 못할(흰색 원) 새들은 모두 해 뜨기 직전에 노래 행동을 늘렸다. (B) 암컷이 도착한 후에 이미 짝을 지은 새들과 결국 짝을 찾을 새들(검은색 원)은 황혼과 새벽이 다가올 때 가장 많이 노래를 불렀다. 그리고 (C) 잠재적인 짝을 찾는 암컷은 밤에 가장 활동적이었다. Roth, T., Sprau, P., Schmidt, R., et al. (2009) Sex-specific timing of mate searching and territory prospecting in the nightingale: nocturnal life of females. *Proceedings of the Royal Society B: Biological Sciences* 276, 2045-2050.에서 가져왔다.

짝을 선택하기에 앞서 노래를 듣는다. 이러한 까닭으로 이 시간에 짝이 없는 수컷들은 노래를 부르지만 이미 짝을 지은 수컷은 노래를 부르지 않는다. 새벽에는 암컷의 활동성이 줄어들며 노래의 기능은 짝 유혹에서 영역 방어로 전환된다. 그러므로 영역을 가진 모든 수컷이 이 시간에 노래를 부른다.

[박스 5.6] 새의 노래와 소음 공해

2003년 프랑크 라인트(Frank Rheindt)는 독일에서 통행량이 많은 고속도로 가장자리부터 숲을 가로지르며 번식하는 새들을 조사했다. 그는 낮은 주파수로 노래를 부르는 검은다리솔새(*Phylloscopus collybita*)와 오색딱다구리(*Dendrocopos major*) 같은 종들이 도로와 가까운 곳에서 65~70% 더 적게 관찰된다는 점을 발견했다. 더 높은 주파수로 노래를 부르는 새들은 비슷한 영향을 받지 않았기 때문에, 라인트는 낮은 주파수의 배경 교통 소음이 이 새들의 노래를 삼켜 버려 아마도 도로와 가까운 곳을 피하는 것이라고 결론지었다. 그 이래로 수많은 연구들이 교통과 산업에서 발생한 도시의 소음 공해가 새에, 특히 새의 번식행동 양상에 미치는 영향을 보여주고 있다. 예를 들어 2006년에 한스 슬라베쿠른(Hans Slabbekoorn)과 아르디 덴 보어-비서(Ardie den Boer-Visser)는 「도시가 새의 노래를 변화시킨다(Cities Change the Songs of Birds)」라는 눈길을 끄는 제목의 보고서를 공동 저술했다. 이 주목할 만한 보고서에서 이들은 "세계적인 도시화와 도시 소음 수준의 지속적인 상승은 도시 내부와 주변의 서식 조건에 심각한 위협이 된다."라는 으스스한 주장을 펼친다. 라인트와 같이 이들은 특히 도시의 소음 공해에 맞서 노래 소리로 경쟁해야 하는 명금류들이 처한 문제를 강조한다. 슬라베쿠른과 덴 보어-비서는 유럽 10개 대도시와 그 주변 숲에서 번식하는 노랑배박새(*Parus major*) 개체군의 노래를 비교했다. 이들도 마찬가지로 저음의 소음 공해가 주파수가 낮은 새의 노래를 가린다고 결론을 내렸다. 하지만 이 연구에서는 새들이 노래를 바꿈으로써 이에 맞서고 있음을 또한 발견했다. 이들이 연구한 노랑배박새 개체군의 노래 분석은 도시 새들에게서 주파수 이동이 나타났음을 보여준다. 새들은 이제 더이상 낮은 주파수로 부르는 낮은 음을 노래하지 않았다. 이들의 노래에서 높은 주파수 부분은 바뀌지 않고 남아있었지만, 낮은 음들은 이제 시골 환경보다 도시에서 주파수가 더 높았으며, 그에 따라 도시 주변 새들의 노래에서 주파수 대역의 폭은 더 좁았다. 이같이 반응하고 적응하는 능력이 있다는 점은 좋은 소식으로 들릴 수 있고, 노랑배박새가 서로의 노래를 들을 수 있다는 점에서는 실제로 좋은 일인지도 모른다. 하지만 최근 실험실과 야외에서 배경 소음 수준을 조작한 여러 연구들은 소음 노출 증가가 단지 노래를 더 듣기 어렵게 만드는 데 그치는 것이 아니라, 훨씬 더 광범위하게 영향을 끼친다는 것을 보여준다. 소음 공해는 성조와 새끼새들에게 생리학적인 영향을 준다. 엘리제 멜레르(Alizée Meillère)와 동료들은 소음에 노출된 집참새(*Passer domesticus*) 새끼들의 텔로미어(telomere) 길이가 짧아진다는 사실을 입증했는데, 텔로미어의 길이는 장기적인 생존에 영향을 줄 수 있다. 또 소음에 노출된 새들은 종종 면역 반응이 저하되었으며 혈중 스트레스 지수가 높아졌다. 철새들은 높은 소음 공해 수준을 보이는 중간 기착지를 기피하는 것으로 나타났는데, 이는 이 새들이 여정에서 적절하게 재충전하는 것에 영향을 줄 가능성이 있다.

최근 앨리슨 인자이안(Allison Injaian)과 캘리포니아대학교의 동료들은 둥지상자에서 번식하는 나무제비(*Tachycineta bicolor*)를 대상으로 소음 공해 노출과 이로 인한 체감 서식지 질의 저하가 새의 영역 점유 패턴과 번식 성공에 어떻게 영향을 끼치는지 이해하기 위해 야외 기반 연구를 수행했다. 연구진은 소음 공해의 영향을 측정하기 위해 몇몇 둥지상자들을 실험군으로 지정하고 나무제비들이 월동지에서 돌아오기 며칠 전부터 모든 둥지상자가 점유될 때까지 시끄러운 교통 소음 녹음본을 재생했다 (어떠한 알이나 새끼새도 너무 심한 소음에는 노출하지 않았다)[42]. 다른 둥지상자들은 비교를 위한 대조군으로 이용되었으며 이곳에서는 교통 소음을 재생하지 않았다.

연구팀은 실험군과 대조군 둥지상자의 점유율을 기록하고 나무제비들의 번식 성공을 모니터링함으로써 높은 소음 수준이 점유율과 번식 성공의 양상들에 모두 영향을 끼친다는 사실을 입증할 수 있었다. 구체적으로 연구자들은 이동을 마치고 돌아온 새들이 대조군의 조용한 둥지상자들을 시끄러운 실험군 둥지상자들보다 더 빠르게 점유했다는 점을 발견했는데, 이는 새들이 조용한 둥지상자를 선호한다는 것을 보여준다. 연구자들은 또한 암컷들이 조용한 둥지상자에서 더 이르게(약 3.8일) 알을 낳는 경향이 있었으며, 시끄러운 둥지상자의 한배산란수가 조용한 둥지상자보다 평균 0.58개만큼 작았다는 점을 발견했다. 이소까지의 생존율은 소음 수준과 연관이 없었다. 그리고 시끄러운 둥지상자의 새끼새들은 소음에 직접 노출된 적이 없어도 몸 상태가 더 나빴다. 이러한 연구 결과는 새들이 소음 공해에 노출된 지역을 더 질 낮은 영역으로 인식하며, 소음 공해가 번식 성공의 중요한 측면들에 부정적인 영향을 미침을 보여준다. 그림 5.12 A와 B에서 볼 수 있듯이 둥지 점유율에 소음이 미치는 영향이 수컷보다 암컷에서 더 크게 나타났다. 이는 연구자들이 지적했듯 나무제비의 혼외교미 빈도가 특히

---

42 둥지에서 5m 떨어진 곳에 스피커를 설치하고 교통 소음을 41~60데시벨(보통의 대화소리 수준)로 재생했다.

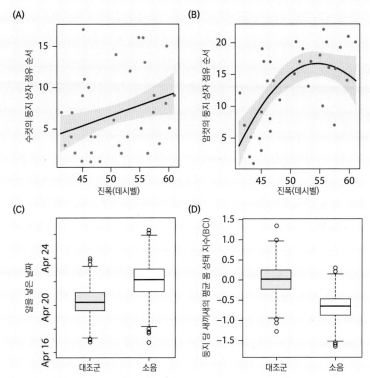

그림 5.12 나무제비 수컷(A)과 암컷(B)에서 둥지상자가 점유된 순서는 배경 소음의 수준(데시벨 단위의 진폭)과 관련이 있었다. 더 조용한 둥지상자들부터 점유되었다. 암컷 나무제비들은 시끄러운 둥지상자보다 조용한 상자에서 더 빨리 첫번째 알을 낳았으며(C), 시끄러운 상자의 새끼들의 몸 상태는 더 나빴다(D) (몸상태 지수(BCI)는 체중/날개 길이로 측정된다). Injaian, A.S., Poon, L.Y. and Patricelli, G.L. (2018) Effects of experimental anthropogenic noise on avian settlement patterns and reproductive success. *Behavioral Ecology* 29(5), 1181-1189.에서 가져왔으며 Oxford University Press의 허락을 받았다.

높다는 사실(전체 둥지의 약 50%에 혼외 자식이 있다)로 설명될 수 있다. 수컷은 혼외 교미를 통해 더 조용한 둥지상자에서 자식 일부가 자라도록 할 수 있기 때문에 시끄러운 영역으로 인한 적합도 비용이 암컷보다 낮을 수 있다.

이렇듯 교통 소음으로 발생하는 소음 공해가 새에게 해로운 영향을 준다는 것은 분명해 보인다. 그렇다면 우리는 이에 대해 무엇을 할 수 있을까? 필요한 곳이 있다면 방음벽을 세우거나 소음 전달을 경감하도록 식생을 관리할 수 있을 것이다. 연구 결과는 교통에서 발생하는 소음 대부분이 차량의 속도 그리고 타이어와 도로 표면의 상호 작용과 관련이 있음을 보여준다. 그러므로 특별히 보전이 필요한 중요한 곳에서는 속도 제한을 설정하고 소음을 줄이는 도로 포장(다공성 아스팔트 등)을 사용하는 것이 하나의 방법이 될 수 있다.

참고문헌

Meillère, A., Brischoux, F., Ribout, C. and Angelier, F. (2015) Traffic noise exposure affects telomere length in nestling house sparrows. *Biology letters* 11(9), 1-5.

Rheindt, F.E. (2003) The impact of roads on birds: does song frequency play a role in determining susceptibility to noise pollution? *Journal für Ornithologie* 144, 295-306.

Slabbekoorn, H., and den Boer-Visser, A. (2006) Cities change the songs of birds. *Current biology* 16, 2326-2331.

노래 동기화는 같은 곳에 있는 새들이 나머지 번식행동들을 동기화하는 데 도움이 될 수 있다는 점에서도 이익이 된다. 동시에 새끼를 생산하면 포식자 집단을 먹이 양으로 압도함으로써 어린새들을 더 높은 비율로 살려 새끼새들의 개체 생존 확률을 높일 수 있다. 또 번식행동을 동기화하면 부모새들이 둥지와 새끼새에 대한 방어행동을 공유할 수 있다. 먹이를 찾는 부모들이 무리를 이루어 먹이 활동을 할 수 있다면 이들의 섭식 효율성을 높일 수도 있다. 요제프 와스(Joseph Wass)와 동료들은 수컷 금화조가 다른 수컷의 구애 노래를 포함해 같은 종의 소리에 노출되면 자신의 노래 빈도를 높인다는 사실을 발견했다. 이 수컷들은 녹음된 소리의 출처가 같은 개체군의 개체들일 때 노래 빈도를 더 높였다. 또 이 연구자들은 같은 집단의 소리를 재생했을 때 암컷들이 알을 낳는 시기가 더 동시적이었으며 한배에 더 많은 알을 낳았음을 발견했다.

🕊 날아가기

포식자를 먹이로 압도하는 것이 개체의 포식 취약성을 줄일 수 있다. 306쪽(6.4.6 무리
와 집단)

주요 참고문헌

Waas, J.R., Colgan, P.W. and Boag, P.T. (2005) Playback of colony sound alters the
breeding schedule and clutch size in zebra finch (*Taeniopygia guttata*) colonies.
Proceedings of the Royal Society B: Biological Sciences 272, 383-388.

5.5 새끼 양육하기

우리는 4장에서 완전히 독립적인 일부 무덤꿩 종류의 새끼새들을 제외한 대부분의 어린새들이 부모의 양육을 어느 정도 필요로 한다는 점에 관해 살펴본 바 있다. 필요한 보살핌의 정도는 조성성 새들이 필요로 하는 낮은 수준의 보호와 교육부터, 부화했을 때 보거나 듣지 못하고 완전히 무력한 만성성 참새목 조류에게 필요한 것까지 다양하다. 부화 직후의 새끼새들은 스스로 충분한 체온 조절을 할 수 없으며 온기와 그늘(시원한 상태를 유지할 수 없는 것이 문제일 때)을 부모에게 크게 의존한다. 하지만 조성성 새들과 만성성 새들 모두 빠르게 발달하여 약 일주일이 지나면 대부분 자신의 체온을 어느정도 조절할 수 있게 된다. 새끼새들은 이를 위해 열 손실을 조절하는 보온용 솜털과 자라고 있는 겉깃, 발달한 다리와 가슴 근육의 떨림으로 형성되는 열을 이용한다.

빠른 성장은 많은 에너지를 요구하므로 새끼새들은 대체로 엄청난 식욕을 가지고 있다. 이 시기의 새들은 근육과 뼈의 발달을 위해 평소보다 많은 단백질, 지방 그리고 칼슘을 얻어야 하므로 같은 종의 성조와 먹이 구성이 다른 경우가 많다. 예를 들어 참새목 조류는 성조의 먹이 구성이 곡물과 과일로 한정되어 있더라도 새끼새 대부분은 부드러운 곤충, 달팽이 그리고 알껍질 조각을 먹으면서 자란다. 비둘기와 펭귄 같은 몇몇 특화 종들은 새끼새가 아주 빠르게 자랄 수 있도록 지방과 단백질로 구성된 영양소 혼합물을 게워낸다. 비둘기류가 게워내는 '피죤 밀크(pigeon milk)'는 구성물질의 대부분이 떨어져 나온 식도 상피세포들로 이루어져 있다.

5.5.1 먹이재촉

새끼새들은 많은 경우 괴성을 지르는 울음과 넓게 벌린 입 그리고 머리를 과장하여 움직이는 행동인 먹이재촉(begging)을 통해 부모에게 먹이를 요청한다. 일부 새들, 특히 어두운 둥지에 있는 새들의 경우 벌린 입의 테두리와 입천장이 종종 밝은 색을 띠어 이를 더 뚜렷한 자극으로 만든다(그림 5.13). 대부분의 어린새들이 처음에는 상황을 가리지 않고 먹이를 재촉한다. 예를 들어 구멍에 둥지를 짓는 참새목 조류들의 아주 어린 새끼새들은 친구이든 적이든 둥지 입구 앞을 지나는 어떠한 그림자에 대해서도 먹이재촉을 한다. 새끼새들이 성숙해짐에 따라 이러한 행동은 점차 수정되며, 결국 상황을 구별하여 먹이재촉을 하게 된다. 그 결과 새끼새들의 먹이재촉은 부모새에게 한정되고, 다른 그림자에는 침묵을 지키고 몸을 웅크리는 반응을 한다. 먹이재촉 울음(begging call)이 포식자를 끌어들이기 때문에 상황을 구별해 적절한 때에만 먹이를 재촉하는 능력은 꼭 필요하다.

이제는 '고전'으로 평가받는 잭 헤일만(Jack Hailman)의 일련의 실험들은 유럽재갈매기(*Larus argentatus*)를 대상으로 이 현상을 입증했다. 니코

그림 5.13 먹이를 재촉하고 있는 제비(*Hirundo rustica*). 밝은 노란색을 띠는 벌린 입은 성실한 부모에게 보내는 효과적인 배고픔의 신호이다. © Bill Scott

틴버겐(Niko Tinbergen)이 먼저 보여주었듯이, 이 새끼새들은 실제 부리와 조금만 비슷한(길고, 가늘며, 끝 부분에 대조되는 색의 점이 있는) 자극에도 모두 본능적으로 쪼는 반응을 보인다. 유럽재갈매기의 부리는 노란색이며 아랫부리 끝 부분에 붉은 점이 있다. 새끼새가 본능적으로 이 점을 쪼는 행동은 성조가 먹이를 게워내도록 촉진한다. 그러므로 이 쪼는 행동은 먹이재촉이다.

헤일만의 연구 이전에는 이와 같은 본능적인 행동은 고정되어 있다고 여겨져 왔다. 그러나 그는 둥지에 있는 야생 유럽재갈매기 새끼새에게 각각 유럽재갈매기 머리와 부리가 있는 모형과 웃는갈매기(L. atricilla[43]) 머리와 부리(전체 붉은색)가 있는 모형을 제시함으로써 실제로는 그렇지 않다는 사실을 밝혀냈다. 그림 5.14에서 제시된 자료가 보여주듯이, 새끼새들은 처음에 두 자극에 모두 쪼는 반응을 보였으나 시간이 지나면서 웃는갈매기 모형에 대한 관심은 시들해졌다. 왜일까? 물론 이 새끼새들은 당연히 그들의 부모에게 먹이를 공급받고 있었으므로 먹이를 유럽재갈매기의 머리, 부리와 연관짓고 웃는갈매기 머리의 부적절한 자극을 무시하도록 학습했기 때문이다. 이 과정을 지각적 선명화(perceptual sharpening)라고 한다.

최근 먹이재촉 행동의 관계성에 관한 세부적인 요소들이 추가적으로 연구되었다. 새끼새들이 먹이를 받아먹으려 먹이재촉을 하며, 부모는 먹이재촉 행동에 새끼새를 먹임으로써 반응하리라는 점은 명확하다. 하지만 부모, 새끼새, 둥지 속 형제자매들의 요구 사항은 항상 일치할까?

주요 참고문헌

Moreno-Rueda, G., Soler, M., Soler, J.J. et al. (2007) Rules of food allocation between nestlings of the black-billed magpie *Pica pica*, a species showing brood reduction. *Ardeola* 54(1), 15-25.

---

43 현재 *Leucophaeus*속으로 분류하고 있다.

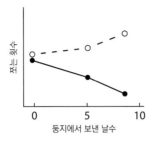

그림 5.14 방금 부화한 유럽재갈매기 새끼새들은 유럽재갈매기(흰색 원, 점선)와 웃는갈매기(검은색 원, 실선) 모형 모두에 같은 정도로 먹이재촉 행동을 하지만, 부모를 닮은 모형에 주의를 기울여야 함을 학습한다. Hailman, J.P. (1969) How an instinct is learned. *Scientific American* 221(6), 106.

그레고리오 모레노-루에다(Gregorio Moreno-Rueda)와 동료들은 유럽까치(*Pica pica*) 부모들이 먹이를 가장 높은 강도로 재촉하는 새끼새를 먹임으로써 새끼새들의 상이한 요구에 반응함을 입증했다. 이 종과 다른 종들에서 먹이재촉 강도는 배고픔과 강한 상관관계가 있다고 알려져 있으므로, 이는 성조의 입장에서 합리적인 전략으로 보인다. 하지만 먹이가 불충분하여 모든 새끼새들을 성공적으로 키울 수 없다면 어떤 일이 일어날까? (대부분의 새들에서 이소 시점의 크기·체중과 이소 후 생존율 사이에는 강한 상관관계가 있다) 부모가 항상 가장 배고픈 새끼새를 먹인다면 이는 가장 강한 새끼새를 불리하게 대하는 결과를 부를 수 있는데, 이는 부모새 자신의 번식 성공 감소로 이어질 수 있다. 모레노-루에다는 관찰 결과를 통해 부모새가 이 문제를 피할 수 있도록 행동을 더 수정한다고 본다.

날아가기

유럽까치 한배새끼들은 육추 단계에서 죽음의 위협에 시달린다. 175쪽(4.3 한배산란수)

유럽까치는 강하게 먹이를 재촉하는 새끼새를 우선적으로 먹이지만 그들은 또한 더 큰 새끼새를 우선적으로 먹이기도 한다. 유럽까치 알들은 동시에 부화하지 않기 때문에 한 둥지의 새끼새들의 크기가 꽤 다양하게 나타나는 일은 흔하다. 그러므로 형편이 어려운 시기에는 형제자매를 살리기 위해서 실제로 작은 새끼새들이 굶어 죽게 되는 경우도 있다.

주요 참고문헌

Porkert, J. and Špinka, M. (2006) Begging in common redstart nestlings: scramble competition or signalling of need? *Ethology* 112, 398-410.

이러한 유형의 새끼 수 감소는 한정된 자원에 대한 반응으로 드문 현상은 아니며, 일부 백로류, 맹금류 그리고 탁란성 두견이류와 같은 다수의 분류군에서 일반적인 현상이다. 종종 이 현상은 더 잔혹하게 나타나 경쟁 새끼새들이 형제자매들에 의해 둥지에서 쫓겨나고 죽임을 당하거나 잡아먹히기도 한다. 하지만 같은 둥지를 쓰는 새끼새들이 모두 이렇게 파괴적인 방법으로 경쟁하는 것은 아니다. 예를 들어 지리 포커트(Jiři Porkert)와 마렉 스핀카(Marek Špinka)는 유럽딱새(*Phoenicurus phoenicurus*)에서 먹이재촉 강도가 먹이 요구의 정직한 신호(즉, 더 배고픈 새가 더 많이 먹이를 재촉한다)이며, 유럽까치와 마찬가지로 성조 유럽딱새도 가장 배고픈 새끼새를 우선적으로 먹인다는 사실을 보여주었다. 이 종은 이소 시 같은 둥지 안의 새끼새들은 체중 차이가 매우 작은데, 이는 새끼새들 사이에 경쟁이 적다는 것을 말해준다. 그렇다면 부모 유럽딱새에게는 먹이를 공급하는 다른 우선순위 기준이 있을까? 있다. 부모새들은 구멍형 둥지 입구 가장 가까이에서 먹이를 재촉하는 새끼새들을 우선적으로 먹인다. 그렇다면 이는 유럽까치의 경우에서처럼 유럽딱새도 어떤 새끼새들이 다른 개체들보다 더 많이 먹게 된다는 의미일까? 포커트와 스핀카는 둥지 속 새끼들의 행동을 관찰함으로써 한 번 배불리 먹은 새끼새가 일반적으로 둥지 뒤쪽으로 움직임으로써 같은 둥지의 배고픈 형제자매가 앞쪽에서 자기 순서를 맞이할 수 있도록 행동한다는 것을 발견했다.

하지만 이 사실이 유럽딱새 부모가 모든 새끼새를 공평하게 먹인다는 의미는 아니다. 우리는 4장에서 암컷이 알 각각에 서로 다른 투자를 한다는 점에 관해 살펴보았다. 암컷들은 그 결과 더 선호하는 자식이 유리한 출발선에 설 수 있도록 한다. 또 우리는 알이 부화한 후 어떤 새끼새들이 다른 새끼새들보다 먹이를 더 많이 먹게 되는 방식으로 부모의 차등 투자가 존재한다는 점을 살펴보았다. 최근 연구를 통해 이 현상에 우리가 기존에 생각해왔던 것보다 더 복잡한 양상이 숨어 있다는 사실이 드러나고 있다. 수컷 민무늬찌르레기(*Sturnus unicolor*)는 알껍질이 더 어두운 알에서 부화한 새끼새에게 더 많은 먹이를 제공하는 것으로 나타났다. 여기서 수컷은 가장 질 높은 알에서 부화한 새끼새를 선호하는 것으로 보인다. 또 아직 그 기제가 밝혀지지 않았지만, 어떤 수컷 새들은 둥지 속 새끼새가 혼외교미로 태어나 자신과 유전적 관계가 없을 가능성을 평가할 수 있다. 수컷들은 먹이 제공을 새끼별로 할당하여 자신이 아비일 확률이 가장 높은 새끼새들을 우선적으로 먹인다. 물론 부모새들이 먹이 제공을 차등 할당하는 것이 때때로 자신의 입장에서 적합도가 높을 것으로 추정되는 새끼새들을 선호함으로써 개체 적합도를 높이려는 행동이 아닐 수도 있다. 이는 단순히 한 쌍의 새들이 새끼들을 더 효과적으로 양육할 수 있는 방법일지도 모른다.

주요 참고문헌

Draganoiu, T.I., Nagle, L., Musseau, R. and Kreutzer, M. (2006) In a songbird, the black redstart, parents use acoustic cues to discriminate between their different fledglings. *Animal Behaviour* 71(5), 1039-1046.

튜더 드래고이뉴(Tudor Draganoiu)와 동료들은 딱새류, 구체적으로 검은머리딱새(*Phoenicurus ochruros*)에서 번식쌍을 이루는 개체들이 짝을 거의, 혹은 아예 신경 쓰지 않고 각자 둥지의 새끼새들 중 일부를 우선적으로

먹인다는 것을 밝혀냈다. 연구자들은 수컷이 암컷보다 더 적은 새끼새들을 먹이는 것을 자주 관찰했으며, 몇몇 경우 이러한 노동 분업으로 암컷이 수컷보다 3배 더 많은 새끼들을 담당하여 먹이는 것으로 나타나기도 했다. 비록 이 종에서 이러한 행동의 원인은 아직 밝혀지지 않았지만, 드래고이뉴 연구팀은 이 새들이 자신이 먹이를 줄 새끼새를 알아볼 수 있다는 사실도 입증했다. 연구팀은 또한 녹음된 먹이재촉 울음에 대한 성조의 반응을 관찰하여 성조들이 새끼새 각 개체의 먹이재촉 울음을 구별할 수 있다는 것도 밝혀냈다.

[박스 5.7] 둥지의 도우미들

　가족을 양육하는 것은 노동력을 요구하며 혼자보다는 두 부모가 이 일을 더 잘 해낼 수 있다는 것은 과학 문헌에서 흔히 인용되곤 하는 사실이다. 하지만 두 부모로도 충분하지 않은 경우들이 있으며, 이러한 상황에서는 무리를 이룬 새들이 함께 협력하여 새끼새들을 키우는 행동을 흔히 볼 수 있다. 어떤 경우 여러 쌍의 새들이 서로 가까운 곳에 집단을 이루어 번식하면서 먹이 찾기와 방어의 역할을 공유한다. 그러나 어떤 종들은 흔히 영역을 가진 번식쌍이 비번식 도우미들의 도움을 받는다. 세이셸개개비 (*Acrocephalus sechellensis* 그림 5.15)는 협력적 번식을 하는 조류 중 가장 잘 알려진 종이다.

　1960년대 중반 이 종은 세이셸 군도의 커즌섬에 단 26쌍으로 이루어진 개체군만이 남았을 정도로 절멸의 벼랑 끝에 몰렸다. 국제조류보호회의(International Council for Bird Preservation)[44]는 이 종의 보전을 위해 포식자 제거, 이 새들의 먹이인 곤충을 풍부하게 하는데 도움이 될 나무 식재, 그리고 세이셸 군도의 다른 섬들로의 이동을 포함한 효과적인 보전 조치들을 시행했다. 그 결과 IUCN의 세이셸개개비 개체군에 관한 최신 평가(2016)에 따르면, 이 종은 세이셸 군도의 여러 섬들에(커즌섬, 프리게이트섬, 드니섬, 아리드섬) 최소 3,000개체가 살고 있으며, 이 종의 개체군은 지속적으로 성장하고

44　현재 버드라이프 인터내셔널(Birdlife International)로 이름을 바꾸었다.

그림 5.15 세이셸개개비(*Acrocephalus sechellensis*) © Ian Robinson

있다. 그 결과 세이셸개개비는 더 이상 절멸 위험에 처한 평가를 받지 않으며 IUCN은 이 종을 준위협(NT) 단계로 분류했다. 이는 보전 성공 스토리의 완벽한 사례이다.

커즌섬의 개체군이 성장하던 초기에 세이셸개개비 쌍은 스스로 영역을 방어하고, 알을 포란하고, 가족을 양육했다. 하지만 이후 개체군이 성장하면서 동종의 비번식 개체가 번식쌍을 돕는 경우가 더 흔해졌다. 얀 콤데어(Jan Komdeur)와 동료들은 이때 번식하는 세이셸개개비를 모니터링했으며 그림 5.16에 그 결과 중 두 가지 요점이 강조되어 있다. 먼저 세이셸개개비가 점유한 영역의 수는 1980년대 초반 이 섬의 환경 수용력(carrying capacity)으로 추정되는 약 120개소로 안정되었다. 이는 새들의 개체군이 성장하면서 이용 가능한 영역의 개수보다 번식 가능 연령의 새들이 훨씬 더 많아지는 지점에 도달했음을 의미한다. 다음으로, 섬이 기능적으로 포화된 시점에 즈음하여 일부 새들은 독립하게 되었을 때 분산하기를 멈추고 대신 태어난 영역에 도우미로 남는 것을 선택했다. 도우미 행동이 발달하는 이러한 과정이 일반적인 현상이라는 사실은 인접한 아리드섬, 프리게이트섬 그리고 드니섬에 소수의 세이셸개개비를 도입한 보전 노력을 통해 증명되었다. 아리드섬의 경우 섬 개체군이 환경 수용력에 도달하기 전까지 도우미 행동은 관찰되지 않았다.

이러한 도우미(어린새)들은 부모의 포란(오직 암컷만), 새끼새 먹이기, 영역 방어 그리고 포식자에 대한 공세적 방어(mobbing)를 도왔다. 이들은 높은 질의 영역, 즉 곤충 먹이가 특히 풍부해 많은 개체수의 새들을 수용할 수 있는 영역에서 더 자주 발견되었다. 이용 가능한 영역이 생겼을 때 도우미들은 집에 머물거나, 빈 영역을 차지하려 떠나는 것 중 하나를 선택할 수 있다. 연구자들은 이 새들이 많은 면에서 일부다처제

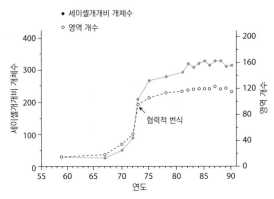

그림 5.16 커즌섬에 서식하는 세이셸개개비 개체군의 성장. Komdeur, J. (1992) Importance of habitat saturation and territory quality for evolution of cooperative breeding in the Seychelles warbler. *Nature* 358, 493-495.에서 가져왔으며 이용 허락을 받았다.

문턱 모델의 예측과 비슷한 방식으로 행동한다는 것을 발견했다. 처음으로 생긴 공백이 낮은 질의 영역에 생겼을 때 새들은 집에 머무르며 더 좋은 것이 시장에 나올 때까지 기다린다. 반대로 처음에 좋은 질의 영역을 이용할 수 있게 되었다면 이 새들은 집을 떠나 그 영역을 차지한다. 기본적으로 이 행동은 질이 낮은 영역을 차지해서 일생을 그 영역에서 지내면서 눈앞의 이익을 얻는 것이 질 높은 영역이 나올 때까지 기다리는 것보다 번식 생애 전체에서 손해이기 때문으로 보인다. 도우미는 모두 그들의 형제자매나 손주의 양육을 돕는다는 점을 기억하라. 이는 사실상 자신과 공유하는 유전자의 전달을 돕는 것이다. 분산과 번식을 미루고 있는 새는 이러한 방법을 통해 여전히 자신의 유전적 적합도에 간접적으로 기여하고 있다.

어린새들만 도우미가 되는 것은 아니다. 콤데어와 동료들은 연구를 통해 조부모 역시 도우미가 된다는 사실을 밝혀냈다. 24년의 관찰 기간 동안 거의 14%에 달하는 번식 암컷이 더 어린 친척에 의해 자리에서 물러났다. 이 '할머니'들 중 68%는 분산하여 비번식 방랑자(영역이 없는 새)가 되는 대신 영역에 머무르며 자식이 다음 세대를 양육하는 것을 도왔다. 최근 연구에 따르면 이 조부모들은 그들 자신이 양육을 하면서 도움을 받은 경험이 있기 때문에 도움이 될 수 있는 것으로 보인다. 마르틴 해머스(Martijn Hammers)와 동료들은 번식 암컷과 수컷 세이셸개개비의 생존율은 도우미의 유무에 관계없이 비슷했지만, 도우미가 있을 때 나이든 번식 암컷의 장기적인 생존 감소율이 완만했으며(그림 5.17), 나이든 번식 수컷에게도 뚜렷하진 않지만 비슷한 경향이 분명

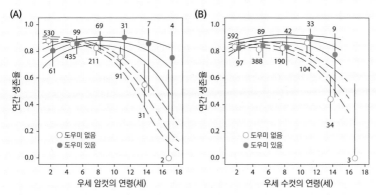

그림 5.17 둥지에서 도우미의 도움을 받거나(실선) 그렇지 않은(점선) 세이셸개개비 암컷(A)과 수컷(B)의 나이에 따른 생존율. 선은 주어진 데이터로부터 도출된 모델 예측 곡선을 보여준다. Hammers, M., Kingma, S.A., Spurgin, L.G. et al. (2019) Breeders that receive help age more slowly in a cooperatively breeding bird. *Nature Communications* 10, 1-10.에서 가져왔으며 이용 허락을 받았다.

히 나타났다는 점을 밝혀냈다. 흥미롭게도 연구자들은 도우미가 없는 나이든 암컷의 텔로미어 길이가 도우미가 있는 새들보다 짧다는 사실을 발견했다. 텔로미어 단축은 연령에 따른 노쇠와 관련이 있으므로, 이 결과는 새들이 도우미를 갖는 이익이 번식 암컷의 몸 상태를 유지하여 노화의 효과를 지연시키는 데 있다고 암시한다.

더 읽어보기

Richardson, D.S., Burke, T. and Komdeur, J. (2007) Grandparent helpers: the adaptive significance of older, postdominant helpers in the Seychelles warbler. *Evolution* 61(12), 2790-2800.

5.5.2 각인과 독립

완전히 독립하기 전 새끼새 시기부터 이소 직후까지 어린새들은 부모에게 각인되어 있다. 이 독특한 학습 과정은 개체의 종 정체성을 '확립'하고 성조가 되어서도 유지될 행동 경로를 설정하는 기능을 한다. 우리가 노래 획득의 민감기에 관해 살펴본 것처럼, 각인은 어린새의 삶에서 짧고 명확히 특정되는 시기에 이루어진다. 각인의 중요성을 잘 보여주는 예시로 성조의 짝짓기 선호도가 자신이 아닌 '부모'의 종에 각인된다는 사실을 생각해 볼 수 있다. 금화조(*Taeniopygia guttata*)의 알이 교차 양육으로 가금화된 십자매(*Lonchura striata*) 부모에게서 부화되고 길러졌다면, 그 수컷 금화조는 십자매 암컷에게 우선적으로 구애할 것이며 자신의 종 암컷은 무시할 것이다. 이 때문에 보전 프로그램의 일환으로 인공적으로 길러진 새들에게는 정상적인 발달을 위해 조심스럽게 조절된 환경 유지와 적절한 동종의 자극이 필요하다. 그럼에도 불구하고, 부적절한 각인이 도움이 되는 경우도 가끔 있다. 예를 들어 사람에게 잘못 각인된 수컷 맹금류를 훈련사의 장갑 낀 손과 짝짓기하고 사정하도록 유도하여 이를 통해 얻은 정액을 인공수정 프로그램에 활용하기도 한다.

새끼새가 형제자매들과의 경쟁과 둥지 속에서의 취약한 시기, 험난한 환경으로의 이소까지 위험한 일들을 거쳐 끝내 살아남았다면, 독립해야 할 시간이 반드시 찾아온다. 몇몇 종에서 이 새들은 확장된 가족 집단으로 남지만(박스 5.7), 대부분 독립한 새들은 부모로부터 도망치거나 쫓겨나 분산함으로써 성조의 삶을 시작하게 된다.

마리온 제르망(Marion Germain)과 동료들은 목도리딱새(*Ficedula albicollis*) 개체군의 구성원들을 스웨덴의 여름철 번식지에 도착하자마자 붙잡아 다른 곳으로 이동시킴으로써 익숙하지 않은 공간으로의 분산이 미치는 잠재적인 영향을 연구했다. 대조군에 해당하는 새들은 단순히 포획 후 방사된 반면, 실험군 새들은 포획 후 다른 공간으로 이동되었다. 이는 포획 그 자체에 의한 영향과 다른 공간으로의 이동에 의한 영향을 분리하기 위한 실험적 조작이었다. 다른 공간으로 이동된 새들 중 일부는 포획 장소로 돌아오는 길을 찾아 이곳에서 번식했지만, 다른 새들은 풀어준 장소에서 번식했다. 연구자들은 실험군의 새들과 대조군의 새들, 그리고 잡힌 적이 없는 새들의 번식 성공을 비교함으로써 새로운 공간에서의 번식에 따르는 비용이 있다는 증거를 제시했다. 그림 5.18에서 볼 수 있듯 새로운 공간에서 번식한 새들은 처음에 잡힌 곳으로 돌아갈 길을 찾은 새들이나 이동시키지 않은 새들에 비해 더 가벼운 새끼새들을 길러냈다. 앞서 살펴보았듯이, 더 작은 새끼새는 무거운 개체들보다 살아남을 확률이 적기 때문에 새끼새의 크기는 번식 성공을 평가하는 척도가 될 수 있다.

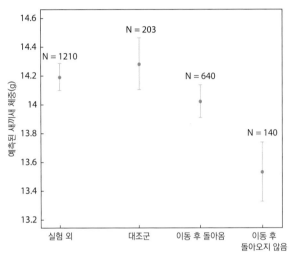

그림 5.18 번식지에서 다른 곳으로 옮겨진 새들은 그렇지 않은 새들에 비해 길러낸 새끼들의 무게가 가벼웠다. 하지만 옮겨진 곳에서 원래의 번식지로 돌아온 개체들은 그렇지 않은 개체들에 비해서 길러낸 새끼들의 무게가 더 무거웠다. Germain, M., Pärt, T. and Doligez, B. (2017) Lower settlement following a forced displacement experiment: nonbreeding as a dispersal cost in a wild bird? *Animal Behaviour* 133, 109-121.에서 가져왔으며 Elsevier의 이용 허락을 받았다.

요약

암컷과 수컷은 둘 모두 자신의 유전자 전달을 우선시하지만, 이형배우자접합으로 인해 암컷과 수컷의 우선순위는 다르다. 그 결과 다양한 짝짓기·번식 전략이 진화했다. 암컷은 노래, 과시행동, 자원 제시 또는 유전적 질을 토대로 수컷을 선택하며, 수컷은 짝에 접근하기 위해 서로 경쟁한다. 새끼새는 부모를 조종하지만, 어미와 아비 또한 자신들이 제공하는 보살핌을 조작할 수 있다.

6장

먹이 활동과 포식자 회피

"호기심 많은 사다새는 배에 담을 수 있는 것보다 더 많은 것을 입에 문다!"

-D. L. 메릿(D. L. Merritt), 일간지 「내쉬빌 베너(Nashville Banner)」(1913)

새는 먹고 마셔야 한다. 포식자인 올빼미든, 초식성인 기러기든, 또 까마귀 같은 잡식성 조류이든, 꿀을 빨아먹는 벌새 같은 고도의 특화종이든, 먹이와 물을 찾는 기본 원칙은 모든 종에 공통적이다. 먹이나 물을 발견하거나, 잡거나, 얻어야 하며 이후 가공하고 소화해야 한다. 동시에 먹이를 찾는 개체들은 먹이의 질에 대해, 아마 어떤 먹이를 다른 것 대신 고를지 결정을 내려야 하고, 얼마나 많이 먹고, 어떤 경우 얼마나 많이 저장할지에 대해 결정해야 하며, 먹이를 무리의 동료들과 나누어야 할 때와 자원을 방어해야 할 때가 언제인지 결정을 내려야한다. 언젠가 먹이를 먹는 새를 보게 되면 생각해 보라. 이들의 행동은보이는 것처럼 단순하지 않을지도 모른다!

6.1 먹이 찾기와 먹잇감 잡기

 3장에서 우리는 박새 같은 새들이 인상적인 기억력으로 이전에 저장했던 먹이를 다시 찾아낼 수 있다는 것을 살펴보았다. 하지만 많은 경우에서 먹이 찾기는 사전에 특정되지 않은 먹이 자원의 위치를 파악하고 획득하는 활동을 포함하며 모든 감각이 관여한다.

 🦅 날아가기
먹이 활동은 길찾기와 공간 기억을 수반할 수 있다. 149쪽(박스 3.6 저장한 먹이 찾기)

 새들은 고도로 발달한 눈과 좋은 시력을 가졌으므로 많은 새들이 먹잇감을 찾아낼 때 시각에 의존한다는 사실은 놀랍지 않다. 새매류와 올빼미류 등 일부 새들의 눈은 앞쪽을 향하는데, 이는 움직이는 먹이를 움켜잡기 위해 꼭 필요한 양안시(binocular vision)를 제공한다. 다른 새들의 눈은 머리 측면을 향하는데, 이는 먹잇감을 잡기 위한 양안시와 포식자 회피를 위한 더 넓은 시야를 제공하는 일종의 단안시를 절충하는 것이다. 이 새들은 먹이를 쪼기 전 목표를 정확하게 포착하기 위해 종종 머리를 양옆으로 기울여야 한다. 물론 시각으로 충분치 않을 때도 있다. 야행성 올빼미류는 달빛을 이용해 볼 수 있지만, 먹잇감의 위치를 파악하기 위해 청각에 더 크게 의존한다. 비슷하게 로버트 몽고메리(Robert Montgomerie)와 패트릭 웨더헤드(Patrick Weatherhead)는 울새지빠귀(*Turdus migratorius*) 또한 먹잇감을 잡기 위해 소리를 듣는다는 사실을 밝혀냈다. 먹이를 찾는 울새지빠귀는 낙엽과 토양에서 벌레를 잡을 때 시각 단서도 이용하지만, 먹잇감이 움직이지 않거나 벌레가 기어가며 만든 소리가 백색 소음에 의해 가려졌을 때 먹이의 위치를 잘 파악하지 못했다. 이는 울새지빠귀가 벌레를 찾기 위해 청각적 단서를 사용함을 보여준다.

주요 참고문헌

Montgomerie, R. and Weatherhead, P.J. (1997) How robins find worms. *Animal behaviour* 54, 143-151.

Nevitt, G., Reid, K. and Trathan, P. (2004) Testing olfactory foraging strategies in an Antarctic seabird assemblage. *Journal of Experimental Biology* 207, 3537-3544.

부드러운 침전물에서 먹이를 찾는 섭금류는 낮 동안이나 밝은 달빛 아래에서 먹잇감과 갯지렁이 분변과 굴의 입구 등 먹잇감의 시각적 단서를 볼 수 있다. 하지만 어쩔 수 없이 조수가 흐르는 시간에 먹이를 잡아야 할 때에는 종종 잘 볼 수 없음에도 먹이 활동을 해야 한다. 또 당연히 마도요류와 같이 부리가 긴 새들은 부드러운 진흙을 깊숙이 살필 때 자신이 찾는 먹잇감을 보지 못한다. 이러한 경우 섭금류들은 먹이의 감촉을 느낀다. 섭금류의 부리 끝은 촉각이 민감해 먹잇감과 먹잇감이 아닌 것을 구별할 수 있다. 부리가 짧은 섭금류들, 깝작도요류와 물떼새류는 어둠 속에서 표면의 먹잇감을 찾을 때 비슷한 전략을 사용한다. 이 새들은 낮에는 먹잇감을 보고 모래를 쏜살같이 가로질러 한 번의 잘 겨냥한 쪼기로 이를 잡아챌 수 있다. 밤에는 걸어서 지나갈 때 가끔 마주치는 먹잇감을 반복적이고 빠르게 모래나 진흙을 쿡 찌르는 '꿰매기(재봉틀 바늘이 옷감을 찌르는 것과 닮아 꿰매기라고 한다)'를 통해 사냥한다.

야행성 키위는 땅속에 굴을 파는 지렁이를 주로 먹는데, 부리가 긴 섭금류와 같은 방식으로 긴 부리로 부드러운 토양을 살펴 먹이를 잡는다. 하지만 이 경우 촉각 대신 후각이 중요한 감각인 것으로 보인다. 새들 대부분의 콧구멍은 부리 기부에 위치하지만, 키위의 콧구멍은 부리 끝 가까이에 있다. 이 새들은 굴에서 냄새를 맡아 먹잇감을 찾아내는 것으로 보인다. 비슷하게는 최근 일부 해양성 알바트로스류와 슴새류가 피라진(pyrazine)

냄새를 따라가도록 자극받는다는 사실이 밝혀졌다. 이 화학 물질은 플랑크톤과 크릴이 물고기나 다른 새들에게 잡아먹힐 때 방출되는 화합물이다. 이는 아마 몇몇 종들이 드문드문 분포하면서도 국지적으로는 아주 풍부한 크릴 떼를 어떻게 곧장 찾아내는지 설명할 수 있을 것이다. 불행하게도 크릴, 오징어 그리고 해파리를 먹는 많은 종의 바닷새들이 부수적으로 해양 플라스틱 오염물질을 먹게 되는데, 이는 치명적인 결과를 불러온다 (박스 6.1).

[박스 6.1] 플라스틱 오염

    플라스틱 오염은 전 지구적인 문제이며, 해양 플라스틱 오염은 특히 바닷새들에게 영향을 주는 것으로 알려져 있다. 실제로 전체 바닷새의 절반이 넘는 종들이 잠재적으로 유해한 플라스틱 조각을 삼키는 것으로 보고되었다. 현재 15조 개에서 51조 개에 달하는, 또는 250,000톤의 플라스틱 조각이 전 세계의 바다에 떠다니는 것으로 추산되고 있다. 이 문제에 대한 국제적인 인식이 증진되고 있음에도 불구하고 플라스틱 오염의 규모는 당분간 증가할 가능성이 높다. 해양 플라스틱은 어디에나 존재하지만 오스트랄라시아 태즈먼해의 남쪽 대양 경계부와 같은 핫스팟(hot-spot)에 집중되는 경향이 있는데, 이곳은 이 행성에서 바닷새의 다양성이 가장 높은 곳 중 하나이기도 하다. 바닷새들의 플라스틱 섭식은 새로운 현상이 아니며, 1960년내에 처음으로 보고되었다. 나는 1990년대 모니터링 프로그램의 일환으로 가락지를 부착했던 스코틀랜드의 어린 풀마슴새가 게워낸 위장 내용물에서 플라스틱 알갱이를 찾았을 때 처음으로 느꼈던 놀라움을 선명하게 기억한다(위장 내용물을 게워내는 행동은 움직이지 못하는 새끼새가 채택하는 매우 효과적인 방어 전략이다). 그러나 최근 몇 년에 걸쳐 이 문제의 잠재적 규모는 중대해졌으며, 플라스틱 오염의 환경 영향에 대한 대중적 분노는 심화되었다.

    로렌 로만(Lauren Roman)과 동료들은 플라스틱 오염이 바닷새에게 미치는 영향을 더 잘 이해하기 위해 호주 서부와 태즈메이니아, 뉴질랜드에서 슴새목

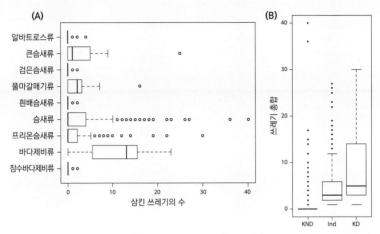

그림 6.1 (A) 슴새목에 속하는 각 종류의 새가 삼킨 플라스틱의 수, (B) 쓰레기를 삼켜 죽은 새들(KD)과 쓰레기와 관련 없는 사인으로 죽은 새들(KND), 그리고 삼킨 쓰레기가 죽음에 영향을 주었을 가능성이 있는 새들(Ind)이 각각 삼킨 해양 쓰레기의 양. (A)는 Roman, L., Bell, E., Wilcox, C. et al. (2019) Ecological drivers of marine debris ingestion in Procellariiform Seabirds. *Scientific reports* 9, 1-8.에서 가져왔고, (B)는 Roman, L., Hardesty, B.D., Hindell, M.A. and Wilcox, C. (2019) A quantitative analysis linking seabird mortality and marine debris ingestion. *Scientific Reports* 9, 1-7.에서 가져왔다.

(Procellariiform)에 속하는 51종 1,700개체 이상의 조류 사체를 수거하여 이 새들을 죽음에 이르게 한 원인을 조사하고 이들이 삼킨 플라스틱의 종류와 양을 기록했다. 연구자들이 수거한 모든 종의 새들이 플라스틱을 삼킨 것으로 기록되었지만 그림 6.1 A에서 볼 수 있듯이 삼킨 플라스틱의 수준은 다양했으며, 따라서 플라스틱을 먹을 위험이 모든 종에게 동등하지는 않을 것으로 생각된다. 그렇다면 왜 차이가 생기는가? 연구자들은 분석에 기초해 각 종이 채택하는 먹이 활동 전략이 떠다니는 플라스틱 쓰레기를 접하고 삼키게 될 확률을 결정한다고 주장한다. 예를 들어 알바트로스류는 수면 아래에서 어류를 사냥하기 때문에, 이를테면 바다제비류와 같이 수면을 떠다니면서 얕게 헤엄치는 갑각류(떠다니는 플라스틱 조각과 겉보기에 비슷한 특징이 더 많다)를 집어먹는 종들보다 플라스틱을 적게 접하고 삼키게 될 것이다. 오징어를 먹는 종들 또한 위험에 크게 노출된 것으로 생각되었는데, 풍선 조각과 다른 몇몇 해양 플라스틱이 오징어와 매우 비슷해 보이기 때문이다. 이 연구에서 풍선을 삼킨 것으로 확인된 모든 종들이 일반적으로 오징어를 사냥한다.

하지만 플라스틱 섭식 때문에 얼마나 많은 문제가 발생하는가? 조사된 새들 중 32%는 1개에서 40개의 플라스틱 조각을 삼켰으며, 대체로 딱딱한 플라스틱 조각과 알갱이였다(삼킨 쓰레기의 92%). 그 외에 삼킨 물체에는 풍선 조각, 고무 조각, 어업 쓰레기 그리고 포장재 등이 있었다. 연구자들은 적은 사례(13마리)에서만 죽음의 직접적인 원인을 플라스틱 탓으로 돌렸지만, 전체 시료의 27%(459마리)에서 삼킨 플라스틱이 폐사에 중요한 역할을 했을지도 모른다고 지목했다. 새가 더 많은 플라스틱을 삼킬수록 폐사 위험은 더 높았다(그림 6.1 B). 13마리의 새들은 딱딱한 플라스틱에 의해 내장 벽에 구멍이 뚫렸거나, 소화관이 플라스틱에 의해 막혀 있었기 때문에 플라스틱 섭식을 직접적인 사인으로 지목할 수 있었다. 풍선 조각은 상대적으로 드물었지만(발견된 조각 중 단 2%) 풍선 조각을 삼킨 새들은 딱딱한 플라스틱을 삼킨 새들보다 죽을 확률이 32% 더 높았다.

6.1.1 정보 나누기

슴새들은 먹이를 찾기 위해 바다에 뜬 피라진(pyrazine) 유막을 따라갈 수도 있다. 하지만 크릴이 수면에서 먹이 활동을 하는 다른 새들에게 공격당하고 있다면, 광란의 먹이 활동이라는 시각적 자극은 그 공간의 모든 새들에게 먹이 패치(patch)가 어디 있는지 알려주는 매우 강력한 단서가 될 것이다. 새들이 다른 새의 성공을 보고 이를 사냥을 위한 단서로 이용할 수 있다는 아이디어는 동물이 자신의 이익을 위해 다른 동물로부터 얻은 정보에 따라 행동할 수 있다고 예측하는 '정보 전달 가설(information transfer hypothesis)'로 간단히 요약된다. 먹이 활동을 하는 새들의 무리를 향해 날아가는 바다제비들의 사례에서는 물론 아무도 그 단서가 다른 개체들을 모집하려는 의도로 고안된 신호라고 말하지 않지만, 어떤 경우에서는 좋은 먹이터로 동료들을 모집하기 위해 의도적인 의사소통이 사용되는 것으로 보인다.

에릭 그리니(Erik Greene)는 물수리(*Pandion haliaetus*) 집단을 관찰하

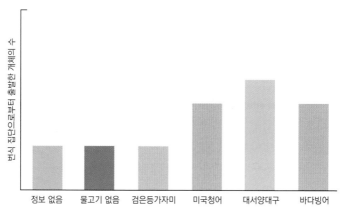

그림 6.2 물수리 집단에서는 동료가 무리를 이루는 종류의 물고기를 잡아서 돌아오는 것을 보면 사냥을 나서는 것이 일반적이다. Greene, E. (1987) Individuals in an osprey colony discriminate between high and low quality information. *Nature* 329, 239-41. 인용

면서, 물고기 사냥에 실패하고 집단으로 돌아온 새들은 바로 둥지나 자신이 선호하는 횃대로 날아간 반면, 사냥에 성공한 새들(물고기를 잡아 가져오고 있었다)은 그렇지 않았다는 것에 주목했다. 사냥에 성공한 새들은 그 대신 반복되는 울음소리를 내면서 오르락내리락하는 정교한 과시 비행을 보여주었다. 그리니는 이 새들이 자신의 성공을 의도적으로 광고한다면 집단 내 동료들은 이들이 제공한 정보를 이용할 것이며, 동료들은 물고기가 있다고 '들었을' 때 더 자주 사냥에 나설 것이고, 성공한 사냥꾼이 집단으로 돌아온 방향으로 더 자주 날아갈 것이라는 가설을 세웠다. 이는 그가 기록한 일들과 정확히 일치한다.

이 행동에는 한층 더 세밀한 점이 있다. 그림 6.2에 따르면 사냥에 나선 새가 미국청어, 대서양대구, 또는 바다빙어를 잡아왔을 때, 정보가 없거나 빈손으로 돌아왔을 때와 비교하여 사냥 여행에 나서는 새들의 수는 뚜렷하게 증가했다. 반대로 사냥에 나선 새가 검은등가자미를 잡아 돌아왔을 때 집단의 동료들이 반응하지 않았다는 점도 그림을 통해 확인할 수 있다.

이는 큰 무리를 짓는 미국청어, 대서양대구 및 바다빙어와는 달리 검은등 가자미는 단독 생활을 하는 어류이기 때문이다.

6.1.2 먹이 활동 무리

새들은 홀로 먹이를 찾을 때보다 정보 공유와 협동을 통해 무리를 지을 때 더 효율적으로 먹이를 찾고 큰 성공을 거둘 수 있다. 예를 들어 사육 상태의 붉은부리갈매기(*Larus ridibundus*[45])에게 물고기를 잡도록 한 실험에서 무리의 규모가 커질수록 각 개체가 물고기를 잡을 확률도 증가하는 것으로 나타났다(그림 6.3). 이는 아마 새들이 적극적으로 협동하고 있기에, 수많은 포식자에게 쫓기는 물고기가 혼란에 빠져 다른 곳으로 피하는 대신 그들 중 하나의 부리 속으로 들어가는 실수를 저지를 확률이 높기 때문일 것이다.

한편 해리스말똥가리(*Parabuteo unicinctus*)는 일상적으로 협력 행동을 한다. 이들 무리는 이른 아침에 모여 낮 동안 무리를 이뤄 돌아다니면서 적극적으로 먹잇감을 찾는다. 이때 각 개체들은 서로 앞서거니 뒤서거니 하며 토끼나 다른 작은 포유류를 찾는다(그림 6.4).

한 마리가 먹잇감이 될 동물을 찾으면 무리의 다른 개체들이 모여들어 한 마리 또는 그 이상이 공격힐 수 있는 위치까지 오도록 이를 힘께 유도한다. 때때로 이들은 그 동물을 개방된 곳까지 유도한 후 여러 마리가 서로 다른 방향에서 한 번에 덮치기도 한다. 만약 먹잇감이 도망쳐 나오면 한 마리가 이를 뒤쫓아 다른 새들이 매복해 기다리고 있는 곳을 향해 몰아붙인다. 그리고 숨통을 끊으면 모든 무리 구성원들은 먹이를 나눠 먹는다. 여러 마리의 해리스말똥가리를 배불리 먹이는데 토끼 한 마리면 충분한

---

45 현재 *Chroicocephalus*속으로 분류한다.

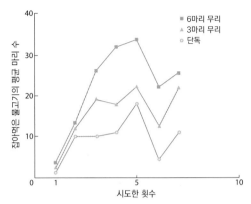

그림 6.3 단독 사냥하는 새들보다 큰 무리를 짓는 새들이 사냥에 더 성공적이다. Götmark, F., Winkler, D.W., and Andersson, M. (1986) Flock-feeding on fish schools increases individual success in gulls. *Nature* 319, 589-591.에서 허락을 받아 가져왔다.

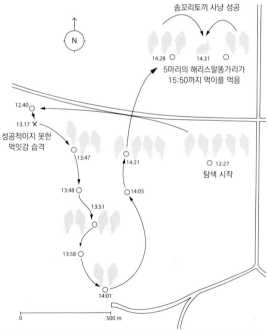

그림 6.4 결과적으로 성공한 사냥에서 해리스말똥가리가 움직인 순서. 각각의 단계에 그려진 새 그림의 숫자는 해당 시간과 장소에 기록된 해리스말똥가리의 수를 나타낸다. Bednarz, J.C. (1988). Cooperative hunting Harris' hawks (*Parabuteo unicinctus*). *Science* 239, 1525-1527.에서 가져왔으며 AAAS의 허락을 받았다.

것으로 보인다. 해리스말똥가리가 단독으로 사냥하는 모습은 아주 드물게 관찰되므로 협동 사냥은 이 종의 일반적인 행동으로 보인다. 실제로 이 행동을 연구한 베드나즈(J. C. Bednarz)는 관찰 결과를 토대로 협동 사냥은 해리스말똥가리가 뉴멕시코 남동부의 험난한 사막 환경에서 살아남는 유일한 방법이라고 주장했다.

6.1.3·초식성 조류는 협력하는가?

갈매기와 수리가 개체 성공을 최대화하기 위해 어떻게 행동을 조화시키는지 즉 먹잇감을 혼란에 빠뜨리거나 제압하기 위해 협력하는지 알아보는 것은 쉬운 일이다. 그러나 초식성 조류에게도 같은 이야기를 할 수 있을까? 식물은 제압할 필요가 없으며 도망치려 시도하지도 않는다(물론 그렇다고 이들이 무방비하다는 것은 아니다. 쐐기풀을 한 번 잡아 보라![46]). 나중에 이 장에서 초식성 조류의 무리 형성이 포식자 회피 전략일 수 있음에 관해 살펴볼 것이다. 하지만 여기에서는 먼저 초식성 조류의 무리 형성도 이용 가능한 먹이의 질을 높여 개체 성공을 최대화하려는 행동일 가능성을 살펴보고자 한다.

주요 참고문헌

Prins, H.T., Ydenberg, R.C. and Drent, R.H. (1980) The interaction of brent geese *Branta bernicla* and sea plantain *Plantago maritima* during spring staging: field observations and experiments. *Acta Botanica Neerlandica* 29, 585-596.

유럽에서 흑기러기(*Branta bernicla*)는 온대의 강 하구와 염습지에서 해안 식물, 특히 바다질경이(*Plantago maritima*)를 먹으며 겨울을 보낸다. 이

---

46 원문 'grasp a nettle'은 곤경에 맞서다'는 뜻의 관용표현으로도 쓰인다.

들이 먹는 식물은 특별히 영양이 높지는 않으나 양적으로 풍부하며, 뜯어먹은 지 며칠 안에 다시 자라 계속 보충된다. 새순은 자란 지 오래된 것들보다 더 영양이 높다. 그러므로 새들에게 가장 좋은 전략은 한 패치에서 먹이를 먹고 식물이 다시 자랄 때까지 방문하지 않는 것인데 식물이 오래되고 질겨질 때까지 너무 오래 자리를 비우면 안 된다. 이는 물론 무리의 모든 구성원이 특정 패치에서 함께 뜯어먹는 방식으로 협력할 때에만 잘 작동할 것이다. 만약 그렇지 않다면 새들은 아마 경쟁자를 이기기 위해 항상 조금 빠르게 다시 돌아와야 할 것이다. 허버트 프린스(Herbert Prins)와 동료들은 네덜란드 염습지에서 먹이를 뜯어먹는 흑기러기를 관찰하여 이 새들이 한 곳의 바다질경이를 4일 주기로 수확함으로써 협력한다는 사실을 밝혀냈다. 연구자들은 또한 인위적으로 식물을 잘라내는 실험을 통해 이들이 돌아와 이용할 수 있는 새로 자란 먹이의 양을 최대화하는 최적의 주기가 4일이라는 것을 보여주었다. 그러므로 협력은 육식성 조류와 마찬가지로 초식성 조류에게도 큰 이득을 주는 것으로 보인다.

6.2 최적화된 먹이 활동

우리가 방금 논의했던 흑기러기는 최적화라는 면에서 '지능적인 먹이 탐색자'로 행동했다. 이는 이 새들이 자신의 이익(섭식하는 먹이의 양)을 최대화하는 동시에 비용을 최소화하려 한다는 가설에서 예측 가능한 행동과 실제 행동이 일치했다는 의미이다.

많은 종의 연안 조류가 조간대에 서식하는 연체동물을 먹이로 삼는다. 검은머리물떼새(*Haematopus ostralegus*)를 비롯한 몇몇 새들은 먹잇감의 껍질을 열 때 부리를 이용하는데, 이를 위해 서로 구별되는 두 가지 부리 형태와 행동을 진화시켰다. 일부 검은머리물떼새들의 부리는 끝이 날카로워 먹잇감의 패각(조개껍질) 사이로 이를 찔러 넣은 후 비틀거나 돌려 껍질을 열어 조갯살을 얻는다. 다른 일부의 부리는 무겁고 끝이 뭉툭하며 먹잇감의 껍질을 부숴 여는 공구로 이용한다. 한편 갈매기와 까마귀는 다른 전략을 이용한다. 이 새들은 잠재적인 먹이를 고르면 이를 공중으로 옮겨 그 아래 바위에 떨어뜨려 산산조각 낸다.

레토 자크(Reto Zach)는 미국까마귀(*Corvus caurinus*[47])가 물레고둥을 떨어뜨리는 행동에 관해 연구하면서, 새들이 떨어뜨릴 물레고둥을 매우 까다롭게 고른다는 것에 주목했다. 연구된 환경에서는 1.5cm에서 5cm까지 다양한 크기의 물레고둥들이 있었지만, 미국까마귀들은 더 큰 고둥을 우선적으로 골라 떨어뜨렸다(그림 6.5 A). 그는 또한 이 새들이 지속적으로 5m 정도의 높이에서 물레고둥을 떨어뜨렸으며, 특정한 장소(부서진 껍질로 어질러져 있었다)를 선호하는 경향이 있다는 점에도 주목했다.

일련의 실험을 통해 자크는 먼저 작은 물레고둥이 까마귀들의 입맛에

---

47 현재 *Corvus brachyrhynchos*의 아종으로 분류하고 있다.

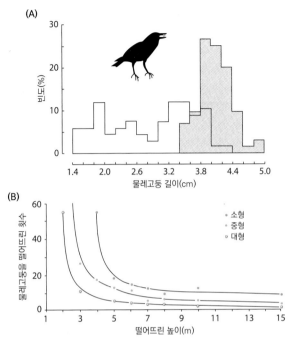

그림 6.5 (A) 이용 가능한 물레고둥의 크기는 길이 기준 1.4cm에서 5cm까지 다양했지만(흰색 막대) 미국까마귀는 보다 드문 큰 물레고둥을 우선적으로 선택했다(검은 막대). (B) 껍질이 부숴질 때까지 떨어뜨린 횟수는 큰 물레고둥이 작은 물레고둥보다 적었다. Zach, R. (1979) Shell dropping: decision-making and optimal foraging in northwestern crows. *Behaviour* 68, 106-117.에서 가져왔다.

맞지 않을 가능성을 배제했다. 둘 중에서 선택할 수 있을 때, 미국까마귀들이 작은 물레고둥의 조갯살과 큰 물레고둥의 조갯살을 먹을 확률은 서로 동등했다. 그는 큰 물레고둥이 작은 것들보다 떨어뜨렸을 때 더 쉽게 부서지며(그림 6.5 B), 당연하게도 가장 큰 보상(가장 많은 조갯살)을 제공한다는 점을 발견했다. 그는 또한 여러 장소에서 물레고둥을 떨어뜨리는 실험을 통해 미국까마귀의 선호 낙하지점에서 껍질을 떨어뜨렸을 때 다른 어느 곳에서 떨어뜨렸을 때보다 고둥이 부서질 확률이 더 높다는 사실도 발견했다. 가장 중요한 발견으로 그는 선택할 수 있는 다양한 높이 중에서도 5m 높이에서 여러 차례 떨어뜨렸을 때 새가 물레고둥을 먹어 얻는 총 에너지 수지가 최대가 됨을 계산했다(상기해 보면, 총 에너지 수지는 먹이로부터 얻은 에너지에서 이를 찾고, 부수기 위해 날 때 소모한 에너지를 뺀 것이다). 즉 그는 새들이 최적의 방식으로 먹이를 얻고 있음을 입증했다.

6.2.1 먹이 활동 영역

5장에서 살펴보았듯이 영역의 기능 중 하나는 새의 개체, 쌍 혹은 무리가 새끼를 키울 때 필요로 하는 자원을 제공하는 것이다. 하지만 많은 종의 새들은 번식기가 아닐 때에도 영역을 유지하거나 새로운 영역을 얻는다. 이러한 비번식 영역이 번식 영역과 일치하거나 번식 영역을 대부분 공유하는 경우, 번식을 위해 여러 해에 걸쳐 유지될 가능성이 크다. 반대로 비번식기에만 차지하는 비번식 영역도 있는데, 이러한 영역의 주된 기능은 이를 차지하고 있는 개체가 충분한 먹이에 접근할 수 있도록 하는 것으로 보인다. 이러한 맥락에서 상대적으로 작고 매우 짧게 지속되는 영역도 있다.

예를 들어 세가락도요(*Calidris alba*)는 먹이 활동 무리(feeding flock)로 해안가에 모여들어 종종 많은 수의 개체들이 나란히 먹이 활동을 하는 것을 볼 수 있다. 하지만 이 아주 작은 도요들은 어떤 조건이 갖추어지면 작은 먹이 활동 영역을 방어할 수 있다. 마이어스(J. P. Myers)와 동료들은 모래 해변에서 등각류인 *Exirolana linguifrons*를 먹는 세가락도요의 무리행동과 영역 행동을 관찰했다. 이들의 연구 결과(그림 6.6)는 이 새들이 영역을 방어할지 결정하는 데 이용 가능한 먹이의 양이 달려있음을 보여준다. 연구자들은 먹잇감이 드물 때 새들이 나란히 먹이 활동을 하는 것을 관찰했다. 이는 아마 개체들이 충분한 먹이를 제공할 만큼 넓은 영역을 방어할 수 없기 때문으로 보인다. 비슷하게 먹이가 아주 풍부할 때에는 아마 자원을 방어할 필요가 없을 것이므로 새들은 영역을 갖지 않는다. 하지

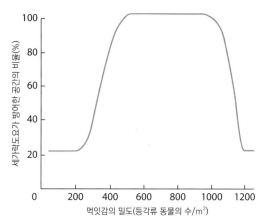

그림 6.6 세가락도요는 먹잇감 밀도가 중간일 때에만 영역을 방어한다. Myers, J.P., Connors, P.G. and Pitelka, F.A. (1979) Territory size in wintering sanderlings: the effects of prey abundance and intruder density. *The Auk* 96, 551-561.에서 가져왔으며 Oxford University Press의 허락을 받았다.

만 먹잇감 밀도가 중간이고 영역 행동의 문턱이 꽤 낮을 때, 이 새들은 영역을 방어했다. 이때 이용 가능한 먹이에 대해 접근권을 쥐는 이익이 영역 방어에 드는 비용을 넘어선다.

이러한 영역 방어행동에 관여하는 비용-이익 균형의 에너지론은 구대륙의 태양새와 신대륙의 벌새 사례에서 연구되었다. 이 둘은 모두 에너지가 풍부한 꿀에 크게 의존하며 꿀의 이용 가능성은 영역 규모를 정하는 핵심 결정 요인이 된다. 예를 들어 프랭크 길(Frank Gill)과 래리 울프(Larry Wolf)는 노랑날개태양새(*Nectarinia reichenowi*[48])의 먹이 활동 에너지 역학을 연구하여 새들이 방어하고 있는 꽃 무더기의 꿀 양이 방어하지 않는 무더기보다 높다는 것을 보여주었다. 이 연구에서 꽃 무더기를 방어하고 있는 새들은 8시간의 관찰 시간 동안 약 26kJ의 에너지를 쓴 반면 영역이 없는 새는 약 32kJ을 소모했다.

---

48 현재 *Drepanorhynchus*속으로 분류한다.

그림 6.7 정지비행하면서 나무담배의 꿀을 먹는 유리태양새 © Sjirk Geets

태양새들은 일반적으로 꽃 위에 앉아 꿀을 먹지만, 최근 정지비행하는 벌새에 의해 수분되는 신대륙 원산의 식물 나무담배(*Nicotiana glauca*)가 남아프리카에 침입한 결과 깜짝 놀랄만한 행동 발달이 나타났다. 쉴크 기츠(Sjirk Geerts)와 안톤 파우(Anton Pauw)는 오색태양새(*Cinnyris afer*)와 유리태양새(*Nectarinia famosa*; 그림 6.7)로 이루어진 군집의 새들이 나무담배의 꿀을 얻기 위해(그리고 그 과정에서 꽃을 수분하기 위해) 정지비행을 하기 시작했다고 보고했다. 그 결과 나무담배가 있는 곳은 자생종 꽃들만 있는 곳에 비해 더 많은 태양새를 부양하게 되었으며, 태양새들이 나무담배가 많은 곳에서 더 긴 시간을 보내면서 과거 알려진 것보다 계절에 따른 이동이 지연되는 것으로 나타났다.

주요 참고문헌

Gill, F.B. and Wolf, L.L. (1975) Economics of feeding territoriality in the golden-winged sunbird. *Ecology* 56, 333-345.

Geerts, S. and Pauw, A. (2009) African sunbirds hover to pollinate an invasive hummingbird-pollinated plant. *Oikos* 118, 573-579.

그림 6.8 수심, 온도, 가속도를 측정, 기록하는 데이터 수집 장치를 등에 부착한 큰부리바다오리. 가슴의 붉은 표식은 다친 것이 아니며 연구자들이 장치를 회수해야 할 때 집단에서 이 개체를 빠르게 다시 찾기 위해 소량의 페인트를 칠한 것이다. © Kyle Elliott

　최근 기술의 발전으로 직접 관찰이 어려운 종들의 먹이 활동에 관해 전례 없는 통찰을 얻을 수 있게 되었다. 어류를 비롯해 다양한 먹이를 먹는 종으로 먹이를 찾는 시간 대부분을 바다에서 보내는 큰부리바다오리(*Uria lomvia*)를 예로 들어 보자. 최근까지만 해도 이 새의 먹이 구성에 관해 연구할 수 있는 유일한 방법은 새끼를 먹이기 위해 번식 집단으로 가져온 먹이를 기록하는 것이었다. 하지만 에밀리 브리손-퀴라도(Émile Brisson-Curadeau)와 카일 앨리엇(Kyle Elliott)은 큰부리바다오리에게 일군의 자료 수집 장치(바이오로거)를 부착하는 연구 방법을 통해 이 새의 행동을 훨씬 더 자세히 이해할 수 있었다(그림 6.8). 연구자들은 새의 몸에 카메라 기록장치와 GPS 위치추적장치, 수심 기록장치를 부착하여 새들이 먹잇감을 잡기 위해 어디로 여행하는지, 사냥할 때는 얼마나 깊이 잠수하는지, 사냥이 얼마나 오래 걸리는지, 그리고 그 먹잇감이 무엇인지 기록할 수 있었다. 연구자들은 이 자료를 이용해 오리안스(G.H. Orians)와 피어슨

(N.E. Pearson)이 주창한 '중심 장소 먹이 활동 이론(central place foraging theory, 이하 CPFT)'이 예측한 먹이 활동을 확인할 수 있게 되었다. CPFT 는 번식 집단 같은 중심 장소로부터 먹이를 구하러 먼 길을 여행한 새들은 더 큰 먹잇감을, 그리고 중심 장소와 가까운 곳에서 사냥한 새들은 더 작은 먹잇감을 고른다는 것이다. 이 이론은 또 성조들이 새끼새를 먹이려 사냥할 때 자신이 먹을 것을 구할 때보다 큰 먹잇감을 고르리라고 예측한다.

수집된 자료는 CPFT의 예측과 부합했다. 평균적으로 큰부리바다오리들은 포란할 때나 자신이 먹을 때보다 새끼새를 먹일 때 더 멀리 여행하고 더 깊이 잠수했다. 실제로 새끼새를 먹이는 단계에서 이들은 평균 47m 깊이까지 잠수한 반면 포란 단계에서는 잠수로 단지 27m에 도달하는 데 그쳤다. 더 나아가 사냥에서 큰 먹잇감(예를 들어 대구)을 잡는 비율은 새끼새들을 먹일 때가 자신이 먹을 때보다 6배 더 높은 것으로 나타났으며, 성조의 먹이는 대부분 새우와 같은 작은 단각류(amphipod, 절지동물 갑각강에 속하는 한 목)로 구성되었다. GPS 데이터를 보면 새들은 대구와 같은 큰 먹잇감들을 번식 집단에서 약 35~45km 떨어진 곳에서 잡은 반면, 작은 단각류를 잡으러 가는 여행은 일반적으로 10km 미만의 짧은 거리에서 이루어졌다. 한편 흥미롭게도 각각의 개체들은 특정한 종류의 먹잇감에 특화되어 있고 특징 장소에서 먹잇감을 사냥하는 경향이 있었다.

주요 참고문헌

Brisson-Curadeau, É. and Elliott, K.H. (2019) Prey capture and selection throughout the breeding season in a deep-diving generalist seabird, the thick-billed murre. *Journal of Avian Biology* 50, e01930.

Orians, G.H. and Pearson, N.E. (1979) On the theory of central place foraging. *Annual Review of Ecology and Systematics* 157-177.

[박스 6.2] 도시에서 살기

도시화에 따라 도시에 사는 새들의 먹이 구성은 종종 전환되는데, 이때 이 새들은 골칫거리라는 평판을 얻기도 한다. 예를 들어 내 고향에서 어떤 사람들은 부주의한 여행객의 손에서 음식을 빼앗아간다는 이유로 유럽재갈매기(*Larus argentatus*)를 유해동물로 바라본다. 지방 의회는 방문자들에게 유럽재갈매기가 음식을 훔친다고 설명하면서, 이 도둑은 어디에나 있다고 경고한다. 또 우리 모두가 약간이나마 할 수 있는 조치로, 실외에서 음식을 먹을 때 세심한 주의를 기울이며, 유럽재갈매기들이 사람을 먹이 공급자로 바라보도록 부추기지 말라고 당부한다. 이러한 경고에도 불구하고, 감자튀김을 강탈당한 사람 중 다수는 불평을 하면서도 새들에게 음식을 던져준다. 왜냐하면 우리는 모두 먹이 주는 것을 좋아하기 때문이다.

그렇다면 어떤 특징들이 성공적인 도시 조류들을 규정하는가? 파콘도 자비에 팔라시오(Facundo Xavier Palacio)는 도심성 종들과 비도심성 종들을 비교하여 도심 환경에서 번성하는 종들에서 대체로 공통적인 특징이 있음을 보여주었다. 도심성 종들은 비도심성 근연종보다 크고, 다양한 먹이 구성을 가지며, 지상과 공중 모두에서 먹이 활동을 하는 경향이 있었다. 이 같은 특징들은 이 새들이 씨앗, 썩은 고기, 사람이 버린 쓰레기 등 다양한 자원을 이용할 수 있도록 한다. 반대로 비교 대상이 된 비도심성 종들은 숲의 중간층과 수관층에서 더 자주 먹이 활동을 하고, 먹이 구성에 열매가 포함될 가능성이 크며, 또 곤충이나 곡물 특화종인 경우가 많았다. 나는 도심 정원에서도 때때로 특화종들을 만날 수 있는데, 이는 아마 정원에서 이루어지는 먹이주기(bird feeding)가 꽤 구체적인 먹이 구성을 요구하는 종들을 직접 부양하기 때문일 것이다(그림 6.9). 예를 들어 영국에서 황금방울새(*Carduelis carduelis*)는 1990년대 후반 이들이 특히 좋아하는 니거 종자(국화과의 일종인 ramtil의 씨앗)를 사람들이 제공하기 시작하자 정원에 흔히 찾아오는 새가 되었다.

정원 먹이주기는 세계적으로 수십억 달러 규모의 산업이며 영국과 미국에서 전체 가정의 50%가 즐기는 것으로 추산된다. 영국의 주택 보유자들은 1억 9,600만 마리의 새들을 충분히 부양할 수 있는 추가 먹이를 제공한다고 평가되었는데 실제 서식 개체수는 이 수치의 절반 정도였다. 나는 아주 어릴 때부터 우리 집 정원에서 새들에게 먹이를 제공했던 기억이 있다. 본론으로 돌아와 과거 영국 사람들은 대체로 땅콩과 주

그림 6.9 쇠박새가 해바라기씨로 채워진 정원 먹이통을 이용하고 있다. © Margaret Boyd

방에서 나온 음식물 조각을 새들에게 먹여 왔지만, 오늘날 사람들은 엄청나게 다양한 먹이를 제공한다. 특히 특정 종을 정원으로 유인하기 위해 먹이를 '제조'하기도 하며, 놀랍도록 다양한 먹이통(bird feeder)을 통해 먹이를 내놓는다. 유럽과 북아메리카 전역에서 정원 먹이주기는 특히 겨울에(우리는 새들이 자원 부족에 시달리거나 특별히 힘든 기간을 보낸다고 여기는 시기에 이들을 먹이기 마련이다) 지역적인 먹이 풍부도를 바꾸고 있다. 그 결과 조류 군집의 구성과 건강에 중대한 영향을 주고 있으며, 계속 영향을 줄 가능성이 크다.

케이트 플러머(Kate Plummer)와 동료들은 영국조류신탁(British Trust for Ornithology)이 모은 40년 분량의 귀중한 자료를 이용하여 정원 먹이주기에 관해 연구했다. 이 연구자들은 여러 종의 새들이 정원 먹이통을 더 많이 이용하고 있으며, 먹이통에서 제공하는 먹이가 다양해진 결과 오늘날 정원 조류 군집은 과거 어느 때보다 다양하다고 보고했다. 연구 자료에 따르면 영국에서 번식하거나 월동한다고 알려진 조류 종의 절반 이상을 도심 정원에서 만날 수 있었다. 더 나아가 정원 먹이통을 이용하는 도심 조류 개체군은 성장하고 있었지만, 이를 이용하지 않는 종들은 그렇지 않았다. 이는 먹이통을 이용하는 조류 개체군이 종합적인 생존율 증가, 생리적 적합도 증가, 그리고 번식 증가라는 이득을 보았기 때문으로 보인다.

플러머와 동료들은 비도심성 조류를 대상으로 한 관련 연구를 통해 이를 뒷받침하는 실험적 증거 또한 제시했다. 이 연구에서 연구자들은 겨울철 먹이주기를 통한 추가 먹이 제공이 영국 숲에 텃새로 서식하는 푸른박새(Cyanistes caeruleus) 개체군에 미치는 영향을 탐구했다. 먹이주기가 이루어지는 겨울이 되기 전에 푸른박새가 깃갈이 한다는 사실을 이용해 연구팀은 실험을 시작하기에 앞서 깃털의 카르티노이드 농도를 측정하여 새들의 몸 상태를 평가했다. 연구자들은 겨울철 내내 일부 개체군의 새들에게 는 추가적인 먹이를 제공하지 않았으며, 다른 일부에게는 지방이 풍부한 먹이를, 그리고 남은 일부에게는 지방과 비타민 E가 풍부한 먹이를 제공했다. 연구팀은 이어진 번식기에 새의 몸 상태를 평가하고 번식 성공을 기록했다. 연구 결과 지방만 풍부한 먹이 구성은 번식기 몸 상태를 나쁜 쪽으로 유도했다. 반면, 지방이 풍부하고 비타민 E를 추가한 먹이 구성은 매우 나쁜 상태로 월동을 시작한 새들의 월동 생존율과 번식기 몸 상태를 호전시킨 것으로 나타났다. 이 같은 결과는 먹이 제공 그 자체보다는 먹이의 종류가, 또 단순히 제공량보다는 먹이 구성의 균형이 핵심임을 보여준다. 그러므로 우리는 정원에 새들을 위한 먹이를 내놓을 때, 먹이의 질을 조심스럽게 생각해 보아야 한다.

나쁜 먹이 구성은 정원 먹이주기를 통한 추가 먹이 제공의 여러 잠재적인 부작용 중 하나일 뿐이다. 정원에 새가 집중되면서 이 새들이 고양이나 다른 포식자를 마주할 위험도 증가하는데, 고양이는 해마다 수십억 마리의 새들을 죽이는 것으로 추산된다. 또 특히 먹이통의 위생이 불량할 때, 새들이 먹이통으로 집중되는 현상이 질병 전파의 위험을 높일 수 있다는 증거도 있다. 21세기 초반 영국에서는 기생 원생생물인 트리코모나스(Trichomonas gallinae)에 의해 발생하는 질병인 트리코모나스증(trichomonosis)이 유행하여 유럽방울새(Carduelis chloris)와 푸른머리되새(Fringilla coelebs) 개체수가 현저하게 감소했다. 이 질병은 새들이 먹이통에 가까운 거리로 모여 있을 때 집비둘기에서 야생 비둘기와 되새류로 전파되었다고 추정되었다. 정원에서 집비둘기가 뚜렷하게 많아지고 얼마 지나지 않아 질병 발생 사례가 증가했다는 사실이 그 증거로 제시되었다. 이 질병은 새들이 인위적인 방식으로 서로 가깝게 근접하는 먹이통에서 빠르게 확산되었다. 개체군의 약 50%인 250만 마리 정도의 유럽방울새가 이 질병이 유행병 단계로 접어든 2005년부터 2009년 사이에 죽었다고 추산된다. 내 정원에서 유럽방울새는 한때 대수롭지 않게 여기던 종이었으나, 이제는 이들의 출현이 특별히 주목할 만한 일이 되었다.

붐비는 먹이통이 질병을 전파하는 장소라는 강력한 증거는 실험 조건에서 사육종 집양진이(Haemorhous mexicanus)의 먹이행동과 질병 전파 상황을 조심스럽게 모니터링한 샨지 모이어스(Sahnzi Moyers)와 동료들의 연구에 의해서도 제시되었다. 연구자들은 일부 집양진이 개체에게 독성이 적은 세균성 병원체 마이코플라스마 (*Mycoplasma gallisepticum*)를 접종한 후, 이들을 각각 다른 수의 먹이통에 접근할 수 있는 무리에 할당하여 먹이행동 밀도가 서로 다른 상황을 시뮬레이션했다. 실험결과 질병의 전염률은 전체적으로 낮게 나타났지만, 급식 밀도가 높은 무리에서는 뚜렷하게 높게 나타났다. 이 같은 결과는 서로 가깝게 근접하거나 많은 새들이 자주 방문하는 장소에서의 급식이 질병 전염 위험을 상승시킴을 보여준다. 그러므로 새들에게 먹이를 제공할 생각이라면, 반드시 단 한 개가 아닌 여러 개의 먹이통을 설치하고, 이를 주기적으로 청소하라.[49]

참고문헌

Lawson, B., Robinson, R.A., Colvile, K.M. et al. (2012) The emergence and spread of finch trichomonosis in the British Isles. *Philosophical Transactions of the Royal Society B: Biological Sciences* 367, 2852-2863.

Moyers, S.C., Adelman, J.S., Farine, D.R. et al. (2018) Feeder density enhances house finch disease transmission in experimental epidemics. *Philosophical Transactions of the Royal Society B: Biological Sciences* 373, 20170090.

Palacio, F.X. (2020) Urban exploiters have broader dietary niches than urban avoiders. *Ibis* 162, 42-49.

Plummer, K.E., Risely, K., Toms, M.P., and Siriwardena, G.M. (2019) The composition of British bird communities is associated with long-term garden bird feeding. *Nature communications* 10, 2088.

Plummer, K.E., Bearhop, S., Leech, D.I. et al. (2018) Effects of winter food provisioning on the phenotypes of breeding blue tits. *Ecology and evolution* 8, 5059-5068.

---

49 먹이주기 문화가 조류 군집에 미치는 영향에 관한 비판적 논의들도 있다. 예를 들어 먹이주기는 지역적으로 우세한 일반종 텃새와 침입성 외래조류의 개체군 성장에 유리한 환경을 제공하고, 반대로 보전이 필요한 토착종, 특화종 혹은 나그네새에 불리한 환경을 만들어 생물다양성에 부정적인 영향을 준다는 논의들이 있다. 관심 있는 독자들은 Shutt, J.D., & Lees, A.C. (2021). Killing with kindness: Does widespread generalised provisioning of wildlife help or hinder biodiversity conservation efforts? *Biological Conservation* 261, 109295. 와 Galbraith, J.A., Beggs, J.R., Jones, D.N., & Stanley, M.C. (2015). Supplementary feeding restructures urban bird communities. *PNAS* 112(20), E2648-E2657.를 참고하라.

6.3 먹이 활동과 위험

🦅 **날아가기**

다양한 종으로 이루어진 무리는 자원을 나눠 가짐으로써 경쟁을 최소화한다. 331쪽 (7.2.2 생태적 지위 분화)

우리는 지금까지 먹이 활동을 마치 다른 행동과 분리된 것처럼 논의했으나, 실제 자연에서 먹이 활동은 당연히 한 개체가 동시에 수행하는 여러 행동 중 하나일 뿐이다. 새들은 무엇을 먹을지 결정해야 할 뿐만 아니라 언제 먹을지도 결정해야 한다. 이러한 결정에는 3장에서 논의했던 쇠박새와 미주쇠박새[50]처럼, 미래에 먹이가 부족해질 때를 대비하여 먹이가 과잉 공급될 때 이를 저장하는 선택을 포함할 수 있다. 또 먹이 활동을 하지 않을 때의 위험, 즉 굶주림과 먹이 활동을 할 때의 위험 사이에서 저울질하는 선택도 관계가 있을 수 있다. 예를 들어 다수의 새들은 은신 공간에서 멀리 떨어져서 먹이 활동 하는 것을 꺼린다. 박새, 참새 그리고 준코(미주멧새과)는 모두 교란되거나 공격당했을 때 도망칠 은신 공간과 가까운 곳에서 먹이 활동 하는 것을 선호했다. 또 새들이 위험 수준의 변화에 반응하여 행동을 바꾼다는 증거가 있다. 예를 들어 주카 수호넨(Jukka Suhonen)은 나무에서 먹이를 찾는 댕기박새(*Lophophanes cristatus*)를 연구했는데, 이 새들은 상대적으로 포식 위험이 낮을 때 높은 가지와 낮은 가지를 모두 이용했고 나무 줄기에서 가까운 곳과 가지의 바깥쪽 모두에서 먹이 활동을 했다. 하지만 소형 포유류 개체수가 적어서 꼬마올빼미(*Glaucidium passerinum*)가 행동을 바꿔 새를 사냥하자, 댕기박새는 공격당할 확률이 더 낮은 나무줄기 근처에서 집중적으로 먹이 활동을 하는 쪽

---

50 원문에서 진박새(Coal Tit)로 되어 있으나 박스 3.6을 보면 쇠박새와 미주쇠박새이다.

으로 반응했다.

주요 참고문헌

Suhonen, J. (1993) Predation risk influences the use of foraging sites by tits. *Ecology* 74, 1197-1203.

Lima, S.L., Wiebe, K.L. and Dill, L.M. (1987) Protective cover and the use of space by finches: is closer better? *Oikos* 50, 225-230.

Lima, S.L. (1988) Initiation and termination of daily feeding in dark-eyed juncos: influences of predation risk and energy reserves. *Oikos* 53, 3-11.

다른 한편 새들이 위험을 감수하거나, 적어도 그렇게 보이는 상황들도 있다. 예를 들어 스티븐 리마(Stephen Lima)와 동료들은 긴꼬리미주멧새와 노래미주멧새가 안전한 곳으로 도망치는 데 걸리는 시간을 최소화하는 방향으로 행동할 것이라는 전제하에 예상했던 것보다 은신 공간에서 멀리 떨어져 먹이 활동을 한다는 것을 보여주었다. 이는 역설적이게도 은신 공간 또한 위험할 수 있기 때문으로 보인다. 많은 포식자들이 은신 공간에 숨어서 공격하는데, 이 경우 개방된 곳에서 먹이 활동을 하는 것이 이득일 수 있다. 리마의 관찰 결과는 이 미주멧새들이 은신 공간과의 근접성에 따르는 비용과 이익이 절충되는 지점을 선택하여 행동을 최적화함을 보여준다.

또 자원이 드물거나 은신 공간 주변의 경쟁이 심할 때, 서열이 낮은(경쟁력이 낮다고 여겨지는) 새들이 높은 위험을 감수하고 개방된 곳에서 먹이 활동을 하는 것으로 나타났다. 리마는 다른 연구에서 저장하고 있는 에너지(저장 지방)가 가장 적은 검은눈준코가 어두운 새벽 시간대부터 먹이 활동을 시작한다는 점을 보여주었는데, 이 시간에는 포식자들의 위치를 파악하기 어렵고, 야행성과 주행성 포식자가 모두 활동할 수 있기 때문에 위험성이 높다. 충분한 지방을 저장한 새들은 날이 밝을 때까지 더 기다리는 것으로 보였으며, 그 결과 상대적으로 포식자로부터 안전했다.

6.4 포식자 회피

모든 새들에게 일정 수준의 위험은 불가피한 것이며, 야생에서 새들은 생애 주기의 몇몇 단계에서 포식 위험에 노출되기 마련이다. 바로 전 단원에서 우리는 새들이 행동을 조절함으로써 위험에 노출되는 정도를 조절할 수 있다는 것을 살펴보았다. 이 단원에서는 포식자 회피 행동을 더 자세히 살펴보고자 한다.

6.4.1 위장

🖐 **개념정리 위장(Camouflage)**

우리는 새들의 색이 주변 환경과 어우러져 찾기 힘들 때 이들이 위장하고 있다고 생각한다. 하지만 한 동물의 눈에 위장하고 있다고 보이는 새가 다른 동물의 눈에는 그렇지 않게 보일 수 있다는 사실을 기억해야 한다. 새들은 자외선(UV) 반사광을 볼 수 있으므로 우리에게 수수해 보이는 종들이 다른 새들에게는 매우 화사하게 보일 수도 있다.

많은 새들은 눈에 잘 띄지 않는다. 어떤 새들은 단순히 숨거나 눈에 보이지 않기 위해 가만히 있지만, 다른 새들은 위장을 위한 깃을 발달시키는 쪽으로 진화했다. 개인적으로 새들의 위장을 경험할 때 나는 좌절과 감탄을 느꼈다. 나는 숲 수관층의 나뭇잎 속에서 눈에 잘 안 띄는 솔새를 찾거나 갈대숲 가장자리에서 지푸라기 색을 띤 해오라기를 찾는 일이 얼마나 어려운지 단번에 깨달았다. 또 암석 해변에 자갈인 양 웅크리고 있는 흰죽지꼬마물떼새(*Charadrius hiaticula*) 새끼(그림 6.10)를 밟을 뻔한 적이 셀 수도 없다. 하지만 새들이 위장을 통해 호기심 충만한 탐조인의 시선이 아닌 포식자로부터 자신을 보호하는 이득을 얻는다는 증거에는 무엇이 있을까?

그림 6.10 움직이지 않는 흰죽지꼬마물떼새 새끼는 주변의 자갈들과 거의 구별할 수 없다. © Graham Scott

---

주요 참고문헌

Huhta, E., Rytkönen, S. and Solonen, T. (2003) Plumage brightness of prey increases predation risk: an among-species comparison. *Ecology* 84, 1793-1799.

에사 후타(Esa Hutta)와 동료들은 이 질문을 색다른 관점에서 접근했다. 이들은 위장이 포식 위협을 감소시킨다고 증명하는 대신 반대로 밝은 색이 포식 위험을 높인다는 명제가 참임을 입증했다. 연구자들은 포식에 대한 취약성을 평가하기 위해 새매(*Accipiter nisus*)의 둥지를 비롯하여 새매가 30년 넘는 기간 동안 먹이를 다듬는 데 이용했다고 알려진 자리를 조사하여 밝은 깃과 수수한 깃을 가진 참새목 조류 잔해의 상대적 구성 비율을 분석했다. 분석 결과, 예상대로 밝은 깃을 가진 종들이 새매의 먹이 구성의 절대다수를 차지하는 것으로 드러났다. 그러므로 사냥하는 새매들이 밝은 깃을 가진 종들을 수수한 깃을 가진 위장한 종들보다 더 쉽게 잡는다고 볼 수 있다.

고트막(F. Götmark)과 올손(J. Olsson)은 새매와 새매의 먹잇감에 관한 다른 실험을 통해 눈에 잘 띄는 깃에 따르는 비용을 극적으로 보여주었다.

연구자들은 아직 둥지에 있는 어린 노랑배박새의 깃을 조작했다. 노랑배박새의 깃털은 선명한 노란색과 검은색, 흰색, 녹색으로 구성되어 있다. 이렇게 보면 쉽게 눈에 띌 것 같지만, 실제로 빛과 어둠이 뒤섞여 어른거리는 숲의 수관층에서는 상대적으로 눈에 잘 띄지 않는다. 연구팀은 일부 새들의 뺨과 날개, 꼬리의 흰색 깃을 노랗게 칠해 눈에 잘 띄지 않게 조작했다. 다른 새들은 흰색 깃을 붉게 칠해 눈에 더 잘 띄게 만들었다. 연구자들은 모든 새끼들에게 개체 식별을 위한 금속 가락지를 부착했으며 이후 정상적으로 이소하도록 했다.

갓 이소한 노랑배박새의 주요 포식자는 그들의 알 부화 시기가 노랑배박새의 개체수 급증과 일치하는 새매이다. 연구자들은 노랑배박새가 이소한 지 2주 후 금속탐지기를 이용해 새매의 둥지와 먹이 다듬는 자리에서 금속가락지를 수색했다. 이러한 수색 결과(그림 6.11) 붉은 색으로 칠해진 새들이 포식당할 확률은 노란 색으로 칠해진 새들에 비해 38% 더 높게 나타났다. 이러한 연구 결과는 눈에 잘 띄는 색이 포식 위험을 높이고, 눈에 잘 띄지 않는 것(위장)이 위험을 줄인다는 증거를 제시한다.

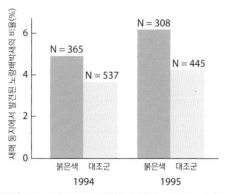

그림 6.11 눈에 잘 띄게 붉은색으로 색칠되거나, 눈에 잘 띄지 않게 노란색으로 색칠된 노랑배박새가 두 해에 걸쳐 새매 둥지에서 회수된 비율. N은 각 해에 각 조건으로 색칠된 박새의 총 개체수를 나타낸다. Götmark, F. and Olsson, J. (1997) Artificial colour mutation: do red-painted great tits experience increased or decreased predation? *Animal Behaviour* 53, 83-91.에서 가져왔으며 Elsevier의 허락을 받았다.

물떼새를 비롯하여 땅에 둥지를 짓는 새들은 대체로 위장에 능숙하며, 알과 움직일 수 있는 새끼도 그렇다(그림 6.10). 하지만 물떼새들은 포식자 회피 행동이라는 측면에서 이례적으로 자기에게 주의를 돌리도록 눈에 잘 띄는 행동과 습성으로 더 잘 알려져 있는데, 이 행동이 처음에는 포식 위협에 직면한 상황에서 역설적으로 보일 수 있다.

물떼새의 둥지는 일반적으로 개방된 땅에 있으며, 이 경계심 많은 새는 아직 거리가 꽤 떨어져 있을 때 위협(일반적으로 여우와 족제비)을 감지할 것이다. 물떼새가 포식자를 감지하면 둥지를 조심스럽게 떠나 약간 떨어져 걷는다. 그리고 이 새는 하나 또는 그 이상의 반포식 전략을 쓸 것이다. 알을 품고 있던 물떼새들은 종종 앉아 포란하는 척하면서 포식자가 자기를 발견하고 쫓아오도록 이끈다. 그리고 물떼새는 불쌍한 포식자가 존재하지 않는 알을 찾는 헛수고를 하도록 내버려 둔 채 안전한 곳으로 날아간다.

또 물떼새가 풀이 길게 자란 곳에 있어 사냥꾼의 눈에 잘 띄지 않는다면 이들은 종종걸음을 치면서 높게 찍찍거리는 소리를 낸 소형 설치류를 효과적으로 흉내 낸다. 포식자들은 보통 이를 쫓는데, 어미 물떼새는 포식자가 둥지나 새끼로부터 충분한 거리까지 멀어지면 안전한 곳으로 날아간다. 그럼에도 포식자가 따라오지 않는 것처럼 보이면 물떼새는 시끄럽게 소리를 내며 그를 향해 뛰어가다가 마지막 순간에 잽싸게 도망치는데, 대개 이때는 제대로 낚인 포식자가 따라오게 된다.

물떼새의 행동 중 특히 유명하며, 내가 수도 없이 속아 넘어갔기에 아주 효과적이라고 확언할 수 있는 또 다른 행동이 있다. 이는 의상행동(broken-winged display)이다. 물떼새는 위험을 발견하면 잘 보이는 위치에 서서 반복적인 삑삑거리는 소리를 내서 자신에게로 주의를 끈다. 동시에 이 새는 한 날개를 내려 부상을 가장하면서 느리게 '절뚝거리기' 시작

그림 6.12 이 깃털 뭉치는 건강한 흰죽지꼬마물떼새 성조로 나를 새끼들로부터 멀리 떨어지도록 하려고 극단적인 부상을 가장하고 있다. 잠시 후 이 새는 나를 조롱한다고 밖에 볼 수 없는 소리를 내면서 날아갔다. © Graham Scott

한다. 손쉬운 목표물을 만난 포식자는 그를 쫓으며, 물떼새는 불규칙한 경로로 둥지나 새끼에게서 멀어진다. 이때 새끼들은 부모의 경계음(alarm call)에 반응하여 웅크리고 움직이지 않는다. 포식자가 흥미를 잃은 것처럼 보이면 물떼새는 어딘가 불편한 것이 분명해 보이는 날개를 퍼덕거리면서 땅바닥에 쓰러져 오히려 자신의 곤경을 과장한다(그림 6.12). 그리고는 포식자가 먹잇감을 잡아챌 수 있을 정도로 가까이 오거나 둥지로부터 충분한 거리만큼 떨어지자마자 조롱하는 듯한 소리를 내며 안전한 곳으로 날아간다.

6.4.3 긴장성 경직

이러한 전략들이 실패해 새끼새가 발견되었을 때, 새끼새 또한 탈출하기 위한 책략을 가지고 있다. 땅에 둥지를 짓는 새들의 새끼새가 포식자에게 발각되었을 때 보여주는 행동은 긴장성 경직(tonic immobility)이라고 불리는 행동이다. 기본적으로 이들은 축 늘어져 죽은 체한다. 새끼새들이 대체로 여러 마리가 무리 지어 발견되기 때문에, 포식자들은 종종 다른 새끼새를 살펴보기 위해 '죽은' 새끼새를 놔두고 간다. 물론 포식자가 나중에 자신의 전리품을 다시 찾으러 왔을 때 이미 새끼새는 도망치고 없다. 이러한 긴장성 경직은 포식자의 눈처럼 앞쪽을 향한 두 눈을 모방한 자극을 통해 인위적으로 유도될 수 있으며, 자극이 제거되지 않는다면 최대 30분까지 유지될 수 있다. 이 시간 동안 새끼새들은 위험이 아직도 있는지 살피기 위해 규칙적으로 한쪽 눈을 살짝 뜬다.

6.4.4 경계음

전부는 아니더라도 거의 모든 종의 새들은 포식자를 발견했을 때 경계음을 낸다. 이러한 경계음과 그 외 다른 경계행동의 기능 중 하나는 포식자에게 그가 발견되었으며 기습이라는 요소를 상실한 공격이 성공할 리 없다고 알리는 것이다. 이렇게 경계음은 포식자를 내쫓는 역할을 할 수 있다. 경계음은 무리의 동료들에게 포식자를 발견했다는 중대한 정보를 알리고 이들이 적절한 반포식 행동을 취하도록 자극하는 기능도 한다. 반포식 행동은 눈에 잘 보이지 않도록 조용히 숨는 행동(특히 새끼새들과 보살핌이 필요한 어린새들), 도망치는 행동 그리고 다소 역설적으로 포식자에게 자신의 존재를 알리고 심지어 공격하는 '공세적 방어(mobbing)'로 나타날 수 있다. 공세적 방어에 관해서는 이 장에서 나중에 다시 살펴볼 것이다.

내가 영국의 숲을 거닐 때 가장 흔히 듣는 소리 중 하나는 높은 음의 '칫' 소리이다. 이 소리는 대개 나의 존재로 인해 교란된 꼬까울새(*Erithacus rubecula*)의 경계음이다. 물론 내가 진짜 위협인 것은 아니지

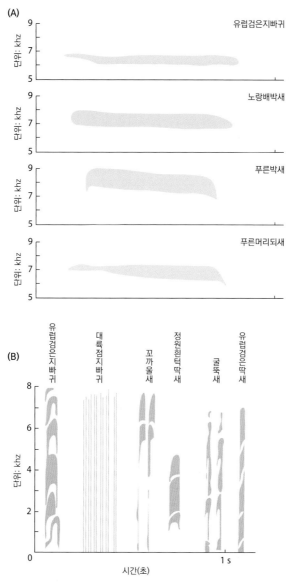

그림 6.13 공존하는 다양한 유럽 삼림성 조류들의 경계음(A)과 공세적 방어 울음(B) 파형도. 경계음이 일반적으로 위치를 정확히 찾아내기 어렵도록 주파수 폭이 좁은 반면, 공세적 방어 울음은 주파수 폭이 넓어 포식자에 의해 쉽게 추적될 수 있다. 또 두 종류의 음성 모두 수렴 진화의 결과라는 사실에도 주목하라. Marler, P. (1959) Developments in the study of animal communication. In *Darwin's Biological Work*. Bell, P.R.(ed.) Cambridge University Press, Cambridge.에서 가져왔다.

만, 꼬까울새는 이 소리를 통해 내가 여기 있으며 삼새적인 위협이라는 정보를 숲의 광범위한 조류 군집에 공유한다. 이렇듯 다양한 종이 정보를 공유할 수 있는 까닭은 전부는 아니더라도 군집을 이루는 대부분의 새들이 매우 비슷한 경계음을 진화시켰기 때문이다(그림 6.13). 새들은 일반적으로 주파수 폭이 꽤 좁고, 상대적으로 길게 끄는 소리를 내 포식자가 위치를 정확히 찾기 매우 어렵게 만든다. 포식자가 위치를 찾을 수 없는 목표물을 공격하는 일은 불가능하기에 이러한 소리는 당연히 새에게 이득이다.

경계음 시스템은 일견 비교적 단순해 보이기도 한다. 하지만 이 시스템이 상당히 정교한 방식으로 작동하기도 한다는 사실이 최근 연구들을 통해 밝혀지고 있다. 예를 들어 크리스토퍼 템플턴(Christopher Templeton)과 동료들은 미주쇠박새(*Poecile atricapillus*)가 포식자의 종류에 따라 다른 경계음을 낸다는 사실을 밝혀냈다. 미주쇠박새(chickadee)는 포식자를 발견했을 때 내는 경계음 혹은 공세적 방어 울음인 칫-아-디-디(chick-a-dee-dee) 소리에 따라 이름 지어졌다. 연구자들은 미주쇠박새를 다양한 잠재적 포식자 모형에 노출시킴으로써 이 새가 포식자의 종류에 따라 경계음을 달리한다는 점을 발견했다. 이들은 기본적으로 포식자의 크기가 작아질수록 마지막 디(dee) 음절을 더 많이 반복하였다(그림 6.14 A)[51]. 연구자들은 더 나아가 다양한 미주쇠박새 경계음을 재생하는 연구를 통해 동종의 개체들이 서로 다른 경계음에 대해 다른 반응을 보인다는 사실을 밝혀냈는데, 이 결과는 새들이 동종의 음성 내용을 듣고 잠재적인 포식자의 위험을 알아차릴 수 있음을 보여준다. 예를 들어 미주쇠박새는 몸 크기가 큰 포식자에 비해서 자신을 공격할 확률이 높은 자그마한 포식자에게 더

---

51 원문에는 몸 크기와 디- 음정 반복의 관계가 반대로 기술되어 있으나, 그림 6.14를 보면 몸 크기가 작아질수록 음정 반복이 많아진다.

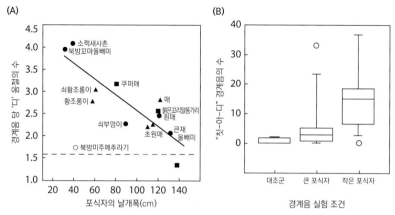

그림 6.14 (A) 경계음의 강도(음성에서 디(dee, D) 음절의 수)는 포식자의 크기가 감소함에 따라 분명히 증가한다. (B)미주쇠박새를 잡아먹는 포식자는 주로 작은 포식자들이다. 미주쇠박새는 작은 포식자로 인한 경계음을 들었을 때 가장 강하게 반응했다. 맹금류의 서로 다른 분류군들은 각각 다른 기호로 표현되었다(●올빼미류; ▲ 매류; ■수리류). 북방미주메추라기(*Colinus virginianus*)(◇)는 실험 절차 상의 대조군으로 이용되었다. 점선은 아무런 자극이 주어지지 않은 대조군 실험에서 디(D)음절이 반복된 평균 횟수이다. Templeton, C.N., Greene, E. and Davis, K. (2005). Allometry of alarm calls: Black-capped chickadees encode information about predator size. *Science* 308, 1934-1937.에서 가져왔으며 AAAS의 허락을 받았다.

강하게 반응했다(그림 6.14 B).

템플턴과 그리니(E. Greene)는 다른 종에 속하는 숲 군집의 구성원들도 미주쇠박새의 경계음이 전달하는 메시지를 해독할 수 있다는 점 또한 보여주었다. 예를 들어 붉은가슴동고비(*Sitta canadensis*)는 이웃한 미주쇠박새의 경계음에서 위협이 있다는 것 이상의 정보를 파악하고 이에 반응한다. 붉은가슴동고비는 자신에게도 큰 포식 위험인 북방꼬마올빼미(*Glaucidium gnoma*[52])에 대한 미주쇠박새의 경계음에 강한 경계행동과 공세적 방어행동을 보이며 반응했다. 하지만 미주쇠박새의 경계음이 붉은가슴동고비를 사냥한다고 알려진 바 없는 호랑부엉이(*Bubo virginianus*)에 반응한 것일 때 이들의 반포식 반응은 훨씬 덜했다.

---

52 현재 독립된 종 *G. californicum*으로 분류한다.

주요 참고문헌

Templeton, C.N. and Greene, E. (2007) Nuthatches eavesdrop on variations in heterospecific chickadee mobbing alarm calls. *Proceedings of the National Academy of Sciences* 104(13), 5479-5482.

Ridley, A.R., Child, M.F. and Bell, M.B. (2007) Interspecific audience effects on the alarm-calling behaviour of a kleptoparasitic bird. *Biology Letters* 3, 589-591.

🦅 개념정리 **파수꾼(Sentinels)**

한 종이나 여러 종으로 구성된 무리에서 종종 파수꾼 역할을 하는 개체들을 관찰할 수 있다. 이 개체들은 무리를 위해 망을 보는 보초병 역할을 하며, 경계하는 데 더 많은 시간을 할애하므로 무리의 동료들보다 먹이를 찾는 데 더 적은 시간을 쓴다.

하지만 다른 새의 경고에 주의를 기울이는 행동에는 때때로 비용이 따른다는 증거가 있다. 제비꼬리바람까마귀(*Dicrurus adsimilis*)는 먹잇감을 공중에서 낚아채 잡곤 하는 충식성 조류이다. 하지만 이 새는 땅에서도 먹잇감을 얻는데, 특히 먹잇감이 땅에서 먹이를 찾는 새들에 의해 교란되었을 때 일종의 절취 기생(kleptoparasitism)으로 먹이를 얻는다. 제비꼬리바람까마귀는 홀로 먹이를 찾을 때 공중 포식자가 가하는 위협에는 경계음을 내 반응하지만, 육상 포식자에 반응해 소리를 내는 경우는 드물다. 그러나 땅에서 먹이를 찾는 알락웃는지빠귀(*Turdoides bicolor*)와 함께 있을 때 이들은 보초병 역할을 자처하며 공중과 육상의 포식자 모두에 반응하여 경계음을 낸다. 웃는지빠귀는 제비꼬리바람까마귀 보초병에 의지해 자신의 경계행동을 줄이고 먹이를 찾는 데 더 많은 시간을 쓸 수 있다는 점과, 포식자가 나타났을 때 바람까마귀가 내는 경계음에 반응해 은신 공간으로 깊이 도망쳐 안전을 찾을 수 있다는 점에서 이득을 얻는다. 물론 제비꼬리바람까마귀가 왜 이러한 노력을 하는 것인지 호기심이 생길 것이다. 아만다 리들리(Amanda Ridley)와 동료들은 몇몇 경우에서 이 새가 이러한 관

계를 자신의 이익을 위해 이용한다는 점을 발견했다. 제비꼬리바람까마귀는 가끔 포식자가 없을 때 거짓 경계음을 내, 알락웃는지빠귀가 도망치며 잡은 먹잇감을 떨어뜨리거나 두고 가도록 만든다. 물론 남은 먹이는 제비꼬리바람까마귀가 빠르게 잡아채간다. 제비꼬리바람까마귀는 이러한 전략을 가끔씩만 이용하며, 알락웃는지빠귀는 제비꼬리바람까마귀의 거짓말에 배짱을 부리며 버틸 수 없기 때문에 이 부정행위가 지속될 수 있다.

6.4.5 공세적 방어

포식자가 소리를 내는 개체의 위치를 알아내기 어렵도록 경계음의 주파수 범위가 진화한 것과 반대로, 공세적 방어 울음은 쉽게 위치를 드러내도록 진화했다(그림 6.13 B). 전략으로서 이 행동은 포식자가 자신이 발견되었으며 사냥 시도가 아마 실패로 돌아가리라는 것을 안다는 점에 의지한다. 공세적 방어는 참새목 조류가 공중의 포식자에 반응할 때 가장 흔히 관찰된다. 공세적 방어는 소리를 내고 포식자에게 뛰어들기를 반복하고, 심지어 직접 부딪히기까지 하는 한 마리의 새로부터 시작할 수 있다. 이러한 행동이 계속되고 다른 새들이 동참하면서 불운한 포식자를 다 같이 괴롭히는 작은 무리가 빠르게 형성된다. 공세적 방어가 성공적인 전략임을 입증하는 수많은 연구가 있다. 또 탐조인 대부분은 아마 공세적 방어의 효과를 현장 경험을 통해 알고 있을 것이다. 실제로 공세적 방어 행동을 알아볼 수 있으면 자칫 지나칠지도 모르는 포식자를 발견하는 데 큰 도움이 된다!

하지만 공세적 방어에는 잠재적인 비용이 따른다. 어떤 새들은 공세적 방어를 하다가 포식자에 너무 가까이 접근해 잡아먹히기도 한다. 이는 새들이 대체로 무리로 협력하면서 공세적 방어를 하는 이유가 될 수 있다. 브라운(Brown)과 호그랜드(Hoogland)는 단독으로 생활하거나 군집으로 생활하는 제비류 종들을 대상으로 비교 연구를 수행했다. 연구 결과 단독으로 공세적 방어를 하는 새들은 무리로 공세적 방어를 하는 새들보다 포식자에 더 가까이 다가가는 더 큰 위험을 감수할 수밖에 없었다(그림 6.15).

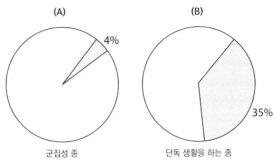

그림 6.15 제비류에서 공세적 방어 중 위험성 높은 행동이 차지하는 비율(칠해진 부분)은 무리의 일원으로 공세적 방어에 참여하는 군집성 종(A)이 단독 생활하는 종(B)보다 적었다. Scott, G.W. (2005) *Essential Animal Behavior*, Blackwell Publishing, Oxford.에서 가져왔으며 이는 Brown, C.R. and Hoogland, J.L. (1986) Risk in mobbing for solitary and colonial swallows. *Animal Behaviour* 34, 1319-1323. 에서 재인용한 것으로 Elsevier의 허락을 받았다.

6.4.6 무리와 집단

새들이 집단적인 공세적 방어로 개체 위험을 줄이고 성공 확률을 높인다는 점은 무리 생활과 집단 번식의 이득 중 하나에 불과하다. 크고 눈에 잘 띄는 무리의 일원이 되면 일견 포식자들에게 더 빤히 노출되리라고 생각할 수도 있다. 하지만 실제로는 숫자에서 오는 안전함이 있다. 바닷새들은 거대한 집단으로 번식하면서 새끼들의 부화 시기를 동기화하여 공세적 방어행동의 효율성을 높일 뿐만 아니라, 단순히 포식자들을 먹이로 뒤덮는다. 알과 새끼새가 너무 많아서 가장 배고픈 포식자 개체군조차도 전체적으로 피식자 개체군에 비교적 적은 영향을 끼친다. 보전주의자들은 이 원리를 이용하여 포식자들의 주의를 보호 대상종으로부터 다른 곳으로 돌리는 전략을 쓰기도 한다(박스 6.3).

전략으로서 이 행동은 희석 효과(dilution effect)로 알려진 현상으로 무리 크기가 커지면서 작동한다. 1마리로 구성된 '무리'의 개체는 100% 사냥꾼의 목표물이 된다. 2마리로 구성된 무리의 개체는 50%의 확률을 가지며, 다른 조건이 모두 동일하다면 100마리로 구성된 무리에 속한 한 개체가 표적이 될 가능성은 단 1%에 불과하다(그림 6.16). 이 같은 현상은 앞서 언급한 큰 바닷새 군집에서 분명히 효과를 발휘한다. 호사오리 (Somateria mollissima)와 같은 해양성 오리 암컷들은 종종 새끼새들이 처음으로 바다에서 시간을 보내는 취약한 며칠동안 큰 탁아소를 형성하기도 하는데, 희석 효과로 이 같은 무리행동을 설명할 수 있다. 이 시기 오리 새

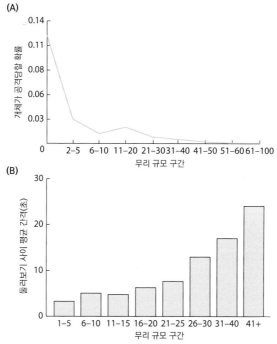

그림 6.16 무리 규모의 증가는 각각의 붉은발도요 개체가 포식자의 목표물이 될 확률의 감소로 귀결되었으며(A), 개체가 경계(둘러보기)하는 사이사이에 먹이를 찾는 시간을 늘릴 수 있도록 한다(B). Cresswell, W. (1994) Flocking is an effective anti-predation strategy in redshanks, *Tringa totanus*. *Animal behaviour* 47, 433-442.에서 가져왔으며 Elsevier의 허락을 받았다.

끼새들은 배고픈 갈매기의 손쉬운 먹잇감이 되지만, 이때 어미와 새끼새가 공격하는 포식자 새를 쫓을 방법은 거의 없다. 대신 이들은 희석 효과에 기대고, 여러 암컷이 협업하여 어미새 한 마리가 혼자서 할 수 있는 것보다 빨리 위험을 파악한다. 어미새는 위험을 파악하면 이에 반응해 잠수하고, 새끼도 잠수하도록 부추긴다.

무리 짓기가 효과적인 반포식 전략이라는 증거는 포식자인 새매, 매와 먹잇감인 붉은발도요(*Tringa totanus*)의 관계를 속속들이 연구한 윌 크레스웰(Will Cresswell)에 의해서도 제시되었다. 크레스웰은 붉은발도요 무리가 클수록 각 개체가 포식자에게 공격당할 확률이 더 낮다고 보고했다(그림 6.16 A). 그가 관찰한 겨울철 붉은발도요 개체군은 매일 두 가지 기본 압력을 받고 있었다. 이들은 잡아먹히지 않아야 하고, 동시에 에너지를 얻어야 한다. 이 둘은 일정 수준에서 부분적으로 조화시키기 어렵다. 붉은발도요는 먹이를 먹을 때 자주 머리를 아래로 내린다. 이 때문에 활발히 먹이 활동 중인 붉은발도요는 다가오는 포식자를 알아채기가 훨씬 어렵다. 하지만 각각의 개체는 무리의 일원으로 합류함으로써 경계행동 사이의 시간 간격을 늘리고 먹이행동 시간을 최대화할 수 있다(그림 6.16 B). 이는 충분히 큰 규모의 무리에서는 확률적으로 언제나 일부 개체가 망을 보고 있을 것이기 때문이다. 이 경계 시스템에는 더 높은 단계의 유연성이 있는데, 포식자가 목격된 직후와 같이 위험이 높다고 평가될 때 무리의 모든 구성원이 경계 수준을 높인다.

[박스 6.3] 피식자를 보호하기 위해 포식자 먹이기

쇠제비갈매기(*Sternula albifrons*)는 영국에서 번식하는 바닷새 중 가장 드문 종의 하나이다. 이 새는 모래 해변에서 해안선 바로 앞까지 집단 번식하는데, 침수와 교란뿐만 아니라 슬프게도 사람에 의해서도 위험에 놓여 있다. 이들의 알과 새끼새는 포식에 특히 취약하다. 이들을 보전하기 위해 강력한 조치가 시행되었다. 헌신적인 봉사자들과 자연보호구역 관리자들은 이 새의 번식 집단을 24시간 내내 관찰했으며, 번식지에 사람과 개, 여우가 접근하지 못하도록 울타리를 설치했다. 하지만 이 모든 노력에도 불구하고 쇠제비갈매기는 공중 포식자, 특히 황조롱이(*Falco tinnunculus*) 같은 맹금류의 위협에 여전히 노출되었다. 그렇다면 무엇을 해야 할까? 바닷새들의 섬에서 집쥐를 제거하는 것처럼 일부 상황에서는 포식자의 개체수를 조절하기도 한다. 하지만 한 종을 보호하기 위해 위기에 처한 다른 종을 죽임으로써 조절하는 것은 일종의 윤리적 딜레마를 초래한다. 혁신적인 해결책 중 하나는 포식자를 먹이는 것이다. 주의를 다른 곳으로 돌리기 위한 먹이 제공은 잘 먹은 포식자가 위협을 덜 가한다는 가정 아래에서 작동한다고 알려져 있다. 하지만 이 조치가 효과가 있는가? 제니퍼 스마트(Jennifer Smart)와 아르준 아마르(Arjun Amar)가 이를 보여주었다.

연구자들은 쇠제비갈매기 집단이 정밀하게 조사되고 있고 황조롱이의 모든 포식

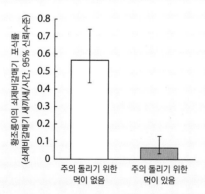

그림 6.17 주의를 돌리기 위한 먹이 제공이 있었을 때(파란색 막대)와 없었을 때(흰 막대) 시간당 황조롱이에 의한 쇠제비갈매기 새끼새 포식률. Smart, J., and Amar, A. (2018) Diversionary feeding as a means of reducing raptor predation at seabird breeding colonies. *Journal for Nature Conservation* 46, 48-55.

시도를 관찰할 수 있다는 사실을 이용했다. 이들은 지역 황조롱이 개체군에 먹이를 제공하지 않았던 연도와 추가 먹이로 동물 번식 프로그램에 사용하고 남은 죽은 병아리와 쥐를 제공했던 연도 사이에 포식자의 성공과 쇠제비갈매기의 성공을 비교했다. 연구 결과(그림 6.17)는 이 보전 전략이 효과적이라고 말해 준다. 황조롱이에게 희생된 쇠제비갈매기 어린새 개체수가 주의를 돌리기 위해 먹이를 제공했던 연도에 확연히 적었음은 물론, 같은 포식자가 사냥한 다른 야생 먹잇감의 수도 적게 나타났다. 연구자들은 이 전략 덕분에 황조롱이의 쇠제비갈매기 새끼새 포식이 연간 275개체에서 약 30개체로 줄었다고 추산했다. 이는 진정한 보전 성공담이다.

당신은 붉은발도요가 포식자를 발견했을 때 경계음을 활용하리라고 기대할 수 있다. 실제로 몇몇 붉은발도요는 경계음을 활용하지만, 다른 붉은발도요들은 그러지 않는다. 이러한 차이를 어떻게 설명할 수 있을까? 크레스웰은 붉은발도요가 경계하는 원인이 불분명할 때보다(한 번씩 아무 일도 없는데 놀라게 하는 경우가 있다) 맹금류의 공격과 같은 확실한 위협에서 벗어날 때 소리를 내는 경우가 더 많다는 사실을 발견했다. 그는 더 나아가 시각적 장애물이 많아 동료 개체를 보기 어려운 곳에서 먹이 활동을 하던 새가 개방된 갯벌에 있던 새보다 도망칠 때 경계음을 더 많이 낸다는 점도 확인했다. 개방된 곳에서 먹이 활동을 하던 새들은 날아갈 때 조용했으며 몸을 숨길 수 있는 곳으로 삐르게 날아갔다. 두 경우 모두 날아가는 행동은 무리 구성원들에게 같은 효과를 내서, 그 공간에 있는 모든 붉은발도요가 하늘로 날아오른다[53]. 그러므로 앞서 제시했듯이 경계음에는 위험에서 함께 탈출하기 위한 협력 기능이 있다. 경계음을 내는 개체는 잠재적으로 자신에게 주의를 돌리고 있지만, 맹금류의 목표물이 될 가능성은 소리를 내지 않는 다른 개체에 비해 높지 않게 나타났다. 그러므로 소리를

---

[53] 잠재적 포식자에 대한 정보가 시각적(비행)으로 제시되기 어려운 조건에서 협력적 방어 신호로 경계음(청각적 신호)이 선택된다고 해석할 수 있다.

내는 행동 자체가 위험성이 높은 전략은 아닌 듯하다. 반대로 새들이 협동 탈출을 할 때 사냥꾼들 눈앞에 수많은 움직이는 목표물이 제시되는데, 포식자가 이 중 하나를 골라 쫓아가기는 거의 불가능하다. 협동 탈출은 이러한 점에서도 효과적인 전략인데, 이러한 현상을 혼동 효과(confusion effect)라고 부른다. 혼동 효과는 무리행동의 또 다른 반포식 이득이다.

월 크레스웰은 이 외에도 조류 포식자와 조류 피식자 상호간의 행동에 관한 중요한 관찰 결과를 많이 남겼다. 관심이 있는 독자들은 시간을 들여 그가 발표한 수많은 논문을 읽어보길 권한다. 하지만 그의 연구 사례 중 내가 특히 흥미롭게 생각하는 것이 있는데, 이 논의를 마무리하기 위해 이를 간단히 언급하고자 한다. 크레스웰이 관찰한 붉은발도요는 서로 다른 두 종의 포식자, 새매와 매의 공격을 받는데, 이들은 먹잇감을 잡을 때 상당히 다른 전략을 쓴다. 새매는 은밀히 접근하여 사냥하는 포식자로, 빽빽한 은신 공간에 숨어 있다가 낮은 높이에서 먹잇감을 덮쳐 깜짝 놀란 먹잇감을 땅에서 낚아채는 수법을 이용하는 경우가 많다. 다른 한편 매는 추격하는 포식자로, 높은 곳에서 먹잇감을 향해 엄청난 속도로 강하(아래로 돌진하는 비행)하여 공중에 있는 먹잇감을 잡는 방법을 선호한다. 크레스웰은 붉은발도요가 이 포식자들에게 서로 다른 방식으로 반응한다는 데 주목했다. 이들은 새매에게 공격당했을 때 그 자리를 벗어나 지그재그 패턴으로 낮게 날면서 탈출한다. 매에게 공격당했을 때는 그 자리에 얼어붙어 몸을 땅에 낮게 웅크린다. 이러한 관찰 결과는 새들이 순식간에 잠재적 위협을 알아보고, 포식자를 인식하며, 그 포식자의 예상 공격 방식을 어림하고, 적절한 회피 행동을 취한다는 점을 보여준다. 이는 매우 인상적인 능력이지만 새들에게 필수적인 것이다. 한 번의 실수가 치명적인 결과를 불러올 수 있기 때문이다.

요약

　새들은 먹이 활동을 할 때 매우 다양한 행동 전략을 사용하며, 이러한 행동은 새로운 먹이 자원을 이용하기 위해 계속 진화하고 있다. 핵심만 말하자면 새들은 최적의 방식으로 먹이를 찾는다. 비슷하게 새들의 반포식 행동은 매우 다양하다. 어떤 종들은 위장에 의존하고, 다른 새들은 서로 협력하여 포식자를 혼란에 빠뜨리기도 한다. 또 어떤 새들은 공세적 방어로 자기를 포식자에게 노출시켜 위험을 감수한다. 먹이를 추가로 제공하는 것은 중요한 보전 전략이 될 수 있지만, 먹이를 제공할 때 적절한 먹이를 골라야 하며, 먹이통 위생을 잘 유지해야 한다.

7장

개체군, 군집 그리고 보전

"스스로 아무리 부정하고 애를 쓰더라도 사람은 자연의 일부이다."

-레이첼 카슨(Rachel Carson, 1962)

새는 지구상 모든 곳에서 관찰할 수 있지만, 가장 무심한 관찰자조차 새들이 균일하게 분포하지 않는다는 사실을 분명히 알고 있을 것이다. 어떤 장소에는 다른 곳보다 더 많은 종의 새가 있다. 더 나아가, 몇몇 종은 매우 넓은 분포권에서 관찰되는 반면, 다른 종들은 종종 특정 유형의 장소나, 심지어 한 곳의 매우 제한된 공간에서만 발견되기도 한다. 이러한 패턴을 설명하고, 꼭 필요한 보전 노력이 성공을 거두기 위해. 우리는 조류 개체군과 군집의 몇몇 특징을 알아야 한다.

7.1 개체군

조류 개체군의 규모는 엄청나게 다양하다. 아프리카에 서식하는 붉은 부리베짜기새(*Quelea quelea*) 개체군은 수백만 마리 규모로 추산되는 반면, 섬 지역 고유종처럼 몇 되지 않는 개체들로만 이루어진 개체군도 있다. 어떤 개체군들은 안정적이고(하지만 연도 단위로 보면 변동을 거듭한다), 다른 일부 개체군들은 성장하고 있지만, 다수의 개체군이 당장 보전에 관심을 두어야 할 정도의 비율로 감소하고 있다. 개체군의 규모와 그 변동에 영향을 미치는 요소들은 수없이 많으며 복합적으로 작용하는 경우가 아주 많다. 또한 군집을 형성하는 각 종의 개체군들은 서로 관계를 맺고 있으며 한 개체군의 변동은 다른 개체군의 변동으로 이어지기도 한다. 그래서 개체군의 변동은 군집과 생태계 네트워크 차원의 영향을 야기한다.

개념정리 **개체군(Population)**
개체군은 서로 상호작용하며, 잠재적으로 교배할 수 있는, 한 종에 속하는 개체들의 집합이다.

7.1.1 개체군 싱징에 영향을 주는 생활사 전략

어떤 종들은 특정한 생활사 전략으로 인해 자연스럽게 개체군 성장 잠재력이 낮다. 성숙이 늦고 한배산란수가 적거나 자주 번식하지 않는 큰 새의 개체군은 일반적으로 느리게 성장한다. 예를 들어 상당한 복원 노력에도 불구하고 캘리포니아콘도르(*Gymnogyps californianus*, 그림 7.1)의 복원은 극도로 오랜 시간이 걸리고 있다. 이 새는 수명이 약 50년에 달하며, 성적으로 성숙하는 데 적어도 6년이 걸린다. 이들이 짝을 찾고 번식을 시작했을 때 자연적인 번식률은 매우 낮았다. 1987년 이 멋진 새는 단 22마

그림 7.1 윙택(wing-tag)을 붙인 캘리포니아콘도르가 보전 성공 스토리의 화신으로써 빅서(Big Sur)[54] 상공을 활공하고 있다. © Peter Dunn

리만이 남았다. 22마리 모두는 포획되어 사육장 번식 프로그램의 대상으로 사육되었다. 결과적으로 이 새들은 야생으로 돌아갔고, 보전 프로그램은 성공을 거두었지만, 전체 개체군 규모는 여전히 작다. 이 종의 개체수는 2017년에 이르러 겨우 463마리까지 늘어났을 뿐이다. 이 중 290마리는 야생에 있으며 나머지는 사육 상태이다.

한편 소형 참새목 조류는 개체군 성장 잠재력이 훨씬 높다. 예를 들어 흰점찌르레기 한 쌍은 생후 1년부터 번식할 수 있으며, 해마다 10마리씩(2회 번식하고, 각 둥지에 5개의 알을 낳을 경우) 여러 해 동안 새끼새를 낳을 수 있다. 이러한 생활사 전략에 힘입어 발생하는 폭발적인 개체군 성장은 한 극적인 사례를 통해 볼 수 있다. 미국의 흰점찌르레기 개체군은 1890년 유진 쉬플렌(Eugene Scheifflen)이 뉴욕 센트럴 파크에 방사한 60~110마리의(추정치에 차이가 있다) 개척자 개체군으로 출발했는데, 2009년 이들은 미국에서 가장 많은 새로 평가되고 있다. 이 종의 개체

---

54 캘리포니아주에 위치한 산맥

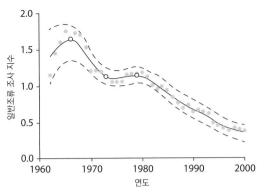

그림 7.2 영국의 흰점찌르레기 개체군은 1960년부터 2000년 사이에 극적으로 감소했다(실선 위아래의 점선은 95% 신뢰수준을 나타낸다). 영국조류신탁 일반조류 조사를 통해 드러난 이러한 감소는 영국 개체군의 50%가 넘는 것이다. Robinson, R.A., Siriwardena, G.M. and Crick, H.Q. (2005) Status and population trends of Starling *Sturnus vulgaris* in Great Britain. *Bird Study* 52, 252-260.에서 가져왔으며 영국조류학신탁의 허락을 받았다.

수는 2억 마리가 넘는다고 추산된다. 흰점찌르레기가 미국을 동에서 서로 개척하는 데 약 50년이 걸렸는데, 그 과정에서 둥지 구멍을 이용하는 데 있어 자생종들과의 경쟁에서 우위를 차지하며 생태적 대혼란을 야기했다. 오늘날 미국에서 흰점찌르레기는 인수공통감염병을 퍼뜨리고 막대한 농업적 손실을 일으키는 유해종으로 인식되고 있다. 이 종의 개체수는 필요한 곳에 독 묻은 미끼로 작용하는 조류특화 살금제(DRC1339)를 사용하는 선택적 제거를 통해 조질되고 있다. 역설직으로 영국에서 흰점찌르레기는 보전에 관심을 두어야 하는 종이다. 영국에서 흰점찌르레기가 희귀한 종은 아니지만 최근 몇 년 동안 개체군이 빠르게 감소하고 있다(그림 7.2). 이는 농업 방식의 변화로 인해 이용 가능한 먹이가 감소하고, 건축물 규제와 표준화로 인해 가정집 지붕에 있는 구멍의 수가 줄어든 결과로 보인다.

개념정리 **인수공통감염병(Zoonose)**

인수공통감염병은 동물에서 사람으로 전염될 가능성이 있는 질병이다. 몇몇 질병은 조류에서 사람으로 직접 전파되는 것으로 알려졌으며, 다른 질병들은 조류가 중간 숙주나 매개체로 개입되어 있다. Abulreesh, H.H., Goulder, R. and Scott, G.W. (2007) Wild birds and human pathogens in the context of ringing and migration. *Ringing & Migration* 23(4), 193-200.을 참고하라.

7.1.2 개체군 변동

내재적인 성장 잠재력에도 불구하고 일부 개체군들은 어떠한 이유로 감소하고 있거나 성장하는 데 제한을 받고 있다. 이 장의 남은 부분은 주로 이러한 개체군의 사례에 초점을 맞출 것이다. 우리는 개체군 성장을 억제하는 다양한 요소에 대해 논의할 것이며, 또 개체군 변동이 조류 군집의 구조에 영향을 미치는 몇 가지 방식에 대해 살펴볼 것이다.

개체군의 성장은 번식 증가와 사망률 감소의 결과이다. 이는 기후 변동, 인간의 개입이나 심지어 다른 종의 불운으로 인해 자원이 더 풍부해졌기 때문일 수 있다. 혹은 포식압의 감소나 보전을 위한 보호 조치 증가의 결과일 수 있다. 반대로 개체군 감소는 포식압이 증가하거나 기생생물 또는 질병이 개체군에 침입하는 등의 이유로 번식이 감소하고 사망률이 높아질 때 발생한다. 이는 다른 종이 도입되거나 분포가 확장되어 이 종과의 경쟁이 증가한 결과일 수도 있다. 혹은 나쁜 날씨나 서식지 상실로 인한 자원 부족으로 개체군 감소가 나타날 수도 있다. 개체군 감소는 단순히 극단적인 기상 이변으로 수많은 새들이 죽어 발생하기도 한다. 박스 7.1은 종 도입과 경쟁 그리고 질병이 조류 개체군에 미치는 영향을 설명한다.

[박스 7.1] 침입종, 병원체 그리고 경쟁

19세기 후반 집참새(*Passer domesticus*)가 미국 내 몇몇 장소에 도입되었다. 오늘날 이 성공적인 잡식성 동물은 미국에서 가장 흔한 새가 되었으며, 다양한 맥락에서 유해종으로 여겨진다. 이 종은 자원 경쟁에서 우위를 차지하여 자생종의 개체군 성장을 저해하는 요인 중 하나가 되었다. 하지만 20세기 후반 상황은 집참새에게 불리하게 돌아가기 시작했는데, 이 종이 다른 침입 외래종인 집양진이(*Carpodacus mexicanus*)에게 입지를 빼앗긴 것이다.

집양진이는 1940년에 미국 서부의 자생지에서 동부 롱아일랜드로 이입되었다. 새로운 동부 개체군은 처음에는 자생력을 갖추는 데 어려움을 겪었지만, 결국 자립 가능한 개체군을 형성하여 동부 여러 주로 빠르게 확산되었다. 집양진이가 확산하면서, 이 종과 집참새가 공존하는 지역에서 집참새의 개체수 감소가 기록되었다. 과연 이는 우연에 불과할까? 이 둘은 모두 씨앗과 식물체를 먹는 종으로 먹이 구성이 비슷하고, 만났을 때 자원을 두고 싸우는 것으로 알려져 있으며, 집양진이가 전통적으로 집참새가 차지했던 곳에서 번식했다는 보고들이 있다. 집양진이가 집참새와의 경쟁에서 우위에 있음은 명백해 보인다.

이러한 가설을 지지하는 증거는 흔치 않은 자연 실험을 통해 제시되었는데, 이는 밀도 의존성 개체군 감소의 원인으로 병원체의 영향을 보여주는 훌륭한 사례이기도 했다. 1990년대 미국 동부 집양진이 개체군은 여전히 빠르게 성장하며 분포권을 확장하고 있었다. 하지만 1993년에서 1994년으로 넘어가는 겨울 메릴랜드주의 탐조인들은 이 집양진이 종에서만 나타난 결막염 사례들을 보고하기 시작했다. '집양진이병(house finch disease)'이라는 별명이 붙은 이 질병의 원인은 과거 가금에만 국한되어 발생하던 세균인 마이코플라스마(*Mycoplasma gallisepticum*, 박스 6.2에서 논의된 것과 같은 병원체이다)로 드러났다. 이어진 연구를 통해 이 질병이 전염성이 높고 병원성도 높다는 사실이 밝혀졌다. 그림 7.3에서 볼 수 있듯 이 질병이 유행한 지 5년 안에 감염이 일어난 개체군에서 최대 60%의 새가 죽었다. 이 질병은 또한 매우 빠르게 확산되어, 1997년까지 텍사스, 미주리 그리고 미네소타주까지 전파되었다.

병원체는 처음에 집양진이를 성공적인 종으로 만든 생태적 특성–다른 개체와의 접촉에 관대하여 크고 밀집된 무리(감염이 일어나는 곳)를 이뤄 먹이 활동을 하는 능력과 빠르게 분산해 새로운 장소를 개척하는 능력(질병의 지리적 확산 촉진)–으로 인해 빠

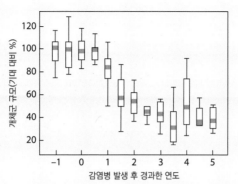

그림 7.3 개체군에 마이코플라스마가 전파된 후 집양진이의 개체수 변화. 이 자료는 개체군 크기 100%(−1년, 병원체 전파 1년 전)에 대한 상대적인 변화를 나타내고 있다. Hochachka, W.M. and Dhondt, A.A. (2000) Density-dependent decline of host abundance resulting from a new infectious disease. *Proceedings of the National Academy of Sciences* 97(10), 5303-5306. 에서 가져왔으며 National Academy of Science, USA의 허락을 받았다.

르게 확산될 수 있었던 것으로 보인다.

집참새는 어떠한가? 집양진이 개체군의 성장에 따라 집참새의 개체수의 감소가 기록되었음을 기억하라. 두 종의 개체군 역학이 집양진이 개체수가 집참새 개체군을 억제하는 방식으로 상호 연관되어 있다면, 우리는 마이코플라스마에 면역이 있는 집참새 개체군이 경쟁압에서 해방되어 원래대로 회복되리라고 기대할 수 있다. 이는 미국의 전문 조류학자와 아마추어 조류학자 군단이 연례 크리스마스 버드카운트(Christmas Bird Count)에서 기록한 자료와 정확히 일치한다(그림 7.4).

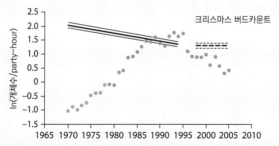

그림 7.4 크리스마스 버드카운트(1970~2005)에서 기록된 집참새(실선과 점선)와 집양진이(점)의 풍부도(로그로 변환됨). 집참새에서 개체군 경향성의 변화(실선에서 점선)는 1993~1994년 마이코플라스마 유행 시작 시기와 일치한다. Cooper, C.B., Hochachka, W.M. and Dhondt, A.A. (2007) Contrasting natural experiments confirm competition between house finches and house sparrows. *Ecology* 88, 864-870.에서 가져왔다.

주요 참고문헌

Newton, I. (2007) Weather-related mass-mortality events in migrants. *Ibis* 149, 453-467.

Kluyver, H.N. (1966) Regulation of a bird population. *Ostrich* 37(sup1), 389-396.

다시 돌아와서, 예를 들어 참새목 조류의 개체군이 매우 추운 겨울을 거치면서 급감하는 일은 드물지 않다. 비슷하게 철새 개체군도 이동 중 혹은 번식지 도착 직후 극단적인 기후 현상으로 인해 극적으로 감소할 수 있다. 이안 뉴턴(Ian Newton)은 이 현상에 관한 리뷰 논문에서 1993년 루이지애나 해변을 휩쓴 단 한 번의 토네이도와 폭풍이 40,000마리가 넘는 철새를 죽음으로 내몰았으며, 유럽에 때아닌 한파가 불어닥쳤을 때 한 지역의 제비류 개체군이 약 90%나 감소했다고 보고한다.

대량 폐사 사건이 반복되지 않는다면, 이러한 격감을 겪은 개체군 규모는 종종 이듬해 반등하기도 한다. 이는 대량 폐사 사건으로 인해 이어지는 봄철 둥지 자리 혹은 영역과 먹이 자원 경쟁이 줄어들어, 이 사건에서 살아남을 만큼 운이 좋았던 새들이 번식을 늘릴 수 있기 때문이다.

이 같은 자연 실험은 통제된 조건에서 재현되었으며 비슷한 결과가 나타났다. 예를 들어 한스 클루이버(Hans Kluijver)는 네덜란드에 위치한 섬에 고립된 노랑배박새 개체군의 번식기 폐사율이 증가한 상황을 시뮬레이션했다. 그는 번식기에 개체군에서 성조와 알, 새끼새를 절반 이상 제거했을 때 이듬해 겨울에 남은 개체군의 생존율이 크게 증가할 수 있음을 보여주었다. 이러한 생존율 변화는 겨울철 먹이 경쟁이 감소했기 때문으로 생각된다. 이 사례에서 노랑배박새 개체군 성장의 제한 요인은 겨울철 먹이 이용 가능성(혹은 월동지 접근성)으로 보인다. 하지만 개체군 성장을 제한하는 요인은 다양하다. 내게 익숙한 스코틀랜드의 푸른박새 개체군에게 겨울철 이용 가능한 먹이 자원은 제한 요인이 아니었다. 이 개체군의 제한 요인은 둥지 자리 경쟁이었으며, 둥지 상자를 많이 설치한 후 이 지역 개체군이 놀랄 만큼 성장했음을 기록할 수 있었다. 박스 5.7에서 얀 콤데어 (Jan Komdeur)와 동료들이 세이셸개개비 개체군의 잠재적 번식 영역의 수를 늘려 이 종의 전 세계 개체수를 증가시킨 사례를 기억할 것이다. 이 장에서 나중에 경쟁과 개체군 조절이 조류 군집의 구조에 미치는 영향에 관해 살펴보면서 이 주제로 다시 돌아올 것이다.

🦅 **날아가기**

번식 공간과 이용 가능한 둥지 자리 및 영역은 번식을 제한하고 혼인관계의 변화를 유도할 수 있다. 262쪽(박스 5.7 둥지의 도우미들)

7.2 군집

잉글랜드 북부의 작은 마을 한 귀퉁이에 있는 우리 집 정원에서 하루 최대 10종, 연간 최대 15종의 새를 기록할 수 있으며, 여기에서 내가 기록했던 가장 큰 규모의 무리는 6마리에서 10마리의 집참새였다. 내 정원은 새가 특별히 많이 찾아오는 곳은 아니지만 이곳에서 관찰되는 특정한 조류 군집이 요구하는 것들을 제공한다. 이 공간은 물(작은 연못), 먹이(씨앗을 제공하고, 들풀을 적당히 내버려두며, 내가 경작하는 식물들은 엄청나게 다양한 곤충을 부양한다) 그리고 번식할 장소(둥지상자를 놓았으며, 새들은 덤불과 나무 위 그리고 우리 집의 처마와 기와 아래에서 둥지를 튼다)를 제공한다. 하지만 나의 정원에는 새들의 삶을 위협하는 요소도 있다. 길고양이들이 자기 몫의 새끼새들을 잡아먹는다는 점에는 의심의 여지가 없다.

집에서 단 3km 떨어진 자연보호구역은 비록 작지만 훨씬 더 많은 새를 부양한다. 역시 마을 한 구석에 있는 이 장소는 가장자리에서 갈대와 골풀이 자라는 개방 수면, 작은 숲, 습초지 그리고 진흙탕의 갑문들로 구성되어 있다. 나는 한 번 방문할 때 보통 30종 이상, 연간 60종 이상의 새를 기록한다. 그리고 그때마다 참새는 20~30마리, 흰점찌르레기는 50~100마리를 보게 된다. 왜 이 두 곳의 조류 군집은 이리도 다른가? 자연보호구역과 내 정원은 본질적으로 같은 자원, 즉 먹이, 물 그리고 둥지 자리를 제공하지만, 당연히 그 규모가 서로 다르다. 자연보호구역에는 잠재적인 먹이로 더 다양한 종류의 씨앗과 열매, 곤충, 소형 포유류, 어류 그리고 양서류가 있다. 여기에는 둥지를 지을 둥지상자, 관목, 교목, 덤불과 개울, 둑이 있고, 갈매기들이 안전하게 앉을 수 있는 섬과 먹이를 찾는 개개비를 위한 진흙과 습초지, 수면성 오리를 위한 얕은 물과 수중 식생, 잠수성 오리와 논병아리를 위한 깊은 물이 있다. 이 자연보호구역은 내 정원보다 크고 생태적으로 더 복잡하다. 이러한 특성 덕분에 이 공간은 더 많은 잠재적 생태 지위(niche)를 제공한다. 그러므로 이 단원에서 살펴보겠지만 더 다양한 종들을 포함하는 군집을 부양할 잠재력이 있다.

조류 종의 개체군(특정 공간에서 생활하고, 상호 교배하는 한 종의 개체들의 집합)은 일반적으로 고립된 채 존재하지 않는다. 이들은 여러 다른 종의 개체군과 어울려 살며 여러 종으로 구성된 군집을 형성한다. 어떤 경우에는 군집을 구성하는 종들이 단순히 같은 곳에 존재할 뿐 서로 관련이 없어 보일 수도 있다. 하지만 종들 간의 관계가 매우 분명한 경우 또한 존재한다. 예를 들어 스칸디나비아 반도의 숲에서 진박새(*Periparus ater*)와 꼬마올빼미(*Glaucidium passernium*)는 같은 조류 군집의 일원이면서, 한 종(진박새)은 다른 종(꼬마올빼미)의 먹이가 된다. 꼬마올빼미는 군집 내에서 북방쇠박새(*Poecile montanus*)와도 같은 관계를 가지며, 이 장에서 나중에 살펴볼 것과 같이 이 두 박새류는 서로 포식·피식 관계는 아니지만, 생태적으로 한 종의 밀도가 다른 종의 개체군에 영향을 주는 방식으로 상호작용한다.

일반적으로 조류 군집은 종 개체수가 많은 흔한 종과 적은 개체수로 분포하는 덜 흔한 종들로 구성된다. 이들 각각은 특정한 생태적 역할을 하며 군집을 한 부분으로 하는 생태계 네트워크의 고유한 일부가 된다. 우리가 이미 살펴봤듯 어떤 종은 다른 종의 먹이가 되고, 일부는 먹이 그물 내에서 조류가 아닌 다른 동물들을 잡아먹을 것이며, 다른 일부는 식물 '포식자'가 되겠지만, 또 일부는 화분매개자와 종자 산포자가 될 것이다.

7.2.1 군집은 역동적이다

비록 내 정원의 조류 군집이 내일도 오늘과 똑같으리라는 나름 긍정적

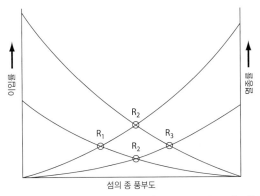

그림 7.5 일정한 규모의 섬에서 서식하는 종의 수(종 풍부도)는 이입률과 멸종률의 균형에 해당한다. 평형점 (존재하는 종의 수)은 섬의 크기와 본토와의 근접성에 따라 달라진다. 그림에서 본토와 멀고 작은 섬은 R1, 작고 본토와 가깝거나 크고 본토에서 먼 섬은 R2, 크고 본토에서 가까운 섬은 R3에 해당하는 종수를 가진다.

인 생각을 하고 있지만, 군집이 고정되어 있다는 생각은 옳지 않다. 50년 전까지 염주비둘기(*Streptopelia decaocto*)는 이 마을에서 관찰된 바 없었다. 이 비둘기는 20세기 동안 북쪽으로 분포권을 확장해 유럽 대부분을 개척했다. 10년 전 이 새는 쿠-쿠- 거리는 소리로 내 아침잠을 깨웠다. 슬프게도 오늘날 이들은 아마 박스 6.2에서 살펴봤던 감염병 트리코모나스증으로 인해 비교적 관찰하기 어려운 종이 되었다.

군집은 새로운 종의 이입과 오래된 종의 멸종에 의해 변화하며, 군집의 안정성은 이입률과 멸종률이 균형을 이룰 때 달성되는 것으로 여겨진다 (그림 7.5).

이 명료한 군집 안정성은 평형 이론(equilibrium theory)이라고 불리는 개념의 기초를 이룬다. 이 이론은 종종 통틀어 섬생물지리학(island biogeography)이라고 정의하는, 섬 생태계에 관한 연구 결과들을 토대로 개발된 일군의 생태학 이론 중 하나이다.

1967년에 발간되어 고전으로 평가받는 로버트 맥아더(Robert MacArthur)와 에드워드 윌슨(Edward Wilson)의 책은 일반적으로 작은 섬

주요 참고문헌

MacArthur, R.H. and Wilson, E.O. (1967) *The theory of island biogeography*. Princeton University Press, Princeton.

Ding, T.S., Yuan, H.W., Geng, S., et al. (2006) Macro-scale bird species richness patterns of the East Asian mainland and islands: Energy, area and isolation. *Journal of Biogeography* 33, 683-693.

보다 큰 섬에 더 많은 종이 서식한다는 섬생물지리학의 또 다른 일반 현상을 기술한다. 이들의 자료는 실제로 섬의 크기가 10배 커질 때마다 종의 수도 열 배 많아지는 관계성을 보여준다. 중쑤(D. Tzung-su)와 동료들은 동아시아 지역에 위치한 섬에서 조류 군집을 연구하여 이 현상을 부분적으로 설명했다. 연구진은 기대한 바와 같이 규모가 더 큰 동아시아 지역 섬에서 더 많은 종의 새가 서식하고 있음을 발견했다. 그러나 종 풍부도가 식생의 생산성 지수로 측정된 서식지의 이질성(heterogeneity)과도 양의 비례 관계에 있음을 보여주었다. 우리는 이 장에서 나중에 종 다양성과 서식지 다양성의 연관성에 관해 다시 논의할 것이다.

중쑤가 연구한 사례에서 바다에 있는 섬은 따지고 보면 바다로 둘러싸인 육지로 볼 수 있다. 동일한 맥락에서 다른 유형의 서식지에 둘러싸인 한 서식지를 섬이라고 할 때, 그 예로 초지의 '바다'에 둘러싸인 숲 파편으로 생각의 범위를 확장할 수 있는데, 그림 7.6에서 볼 수 있듯 이 경우에도 종-면적 관계는 여전히 적용된다. 로빈 웨더레드(Robyn Wethered)와 마이클 로즈(Michael Lawes)는 남아프리카의 파편화된 산간 숲에서 조류 군집을 조사하여 숲 파편의 면적과 이 조각이 부양하는 조류 종의 수에 매우 강한 상관관계가 있음을 발견했다.

섬생물지리학 이론 중 두번째 내용은 섬의 고립에 관한 것이다. 당신은 다른 섬들과 가깝거나 본토(혹은 서식지 섬의 경우 그물망처럼 이어져 있

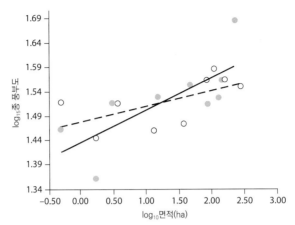

그림 7.6 자연적으로 형성된 산림 파편에 있는 새의 종수는 조각의 면적에 따라 증가했다. 이러한 관계는 자연 산림이 자연 초지에 둘러싸여 있을 때(파란색 표식, 실선)와 인공 조림지를 포함한 다른 서식지들에 둘러싸여 있을 때(흰색 표식, 점선) 모두 유의미한 것으로 드러났다. Wethered, R., & Lawes, M.J. (2003) Matrix effects on bird assemblages in fragmented Afromontane forests in South Africa. *Biological Conservation* 114, 327-340.에서 가져왔으며 Elsevier의 허락을 받았다.

는 유사한 서식지의 한 부분이거나 상당히 연속적인 서식지 영역)에 가까운 섬들에서 새로운 종의 정착 가능성이 높다는 사실을 기억할 것이다(그림 7.5). 이는 섬의 크기에 더해 섬의 연결성 역시 관찰된 종 풍부도를 결정하는 핵심 요소임을 의미한다.

　반 도프(D. van Dorp)와 옵담(P. F. M. Opdam)은 네덜란드에서 산림 조류 군집에 관한 연구를 수행했다. 이들의 언구 결과 조류 군집의 규모를 결정하는 가장 중요한 단일 요소는 숲 조각의 규모로 나타났지만, 서식지 연결성과 조각들의 근접성 또한 중요한 요소로 입증되었다(그림 7.7). 연구가 수행된 1987년 네덜란드 내 숲 면적은 8%에 불과했으며 모든 숲은 농업 경관에 의해 파편화되어 흩어져 있었다. 하지만 네덜란드 내 어떤 지역은 다른 지역보다 작은 숲 조각의 밀도가 높아 숲 파편들이 서로 더 가깝게 자리하고 있었으며, 숲이 우거진 수로를 통해 어느 정도 연결되어 있었다. 반 도프와 옵담은 나무가 자라는 수로로 연결된 유사한 서식지들의

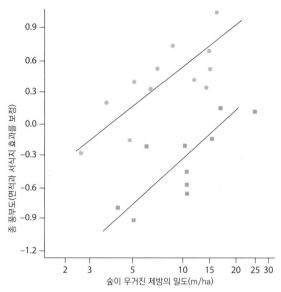

그림 7.7 숲이 우거진 제방의 밀도(서식지 연결성의 척도)는 네덜란드 동부(위쪽 선)와 중·남부(아래쪽 선) 모두에서 종 풍부도의 핵심 결정 요소였다. van Dorp, D. and Opdam, P.F.M. (1987) Effects of patch size, isolation and regional abundance on forest bird communities. *Landscape Ecology* 1, 59-73. 에서 가져왔으며, Springer의 허락을 받았다.

일부인 숲들이 완전히 고립된 숲보다 더 풍부한 조류 군집을 부양한다는 사실을 발견했다.

🪶 **날아가기**

적응 방산은 생태적 지위 분화와 특화를 가능케 한다. 31쪽(1.5 적응 방산과 종분화)

7.2.2 생태적 지위 분화

1장에서 자연선택과 적응 방산을 통해 군집을 구성하는 각각의 종이 생태적으로 특화하면서 종간 경쟁을 피하거나 적어도 경감하여 공존할 수 있음을 살펴보았다. 그 사례로 하구 갯벌에 사는 도요목 섭금류들이 부리 형태를 특화하여 여러 종이 무리로 어울려 먹이 활동을 할 수 있다는 점도 살펴보았다, 또 박스 7.2에서는 하천 조류 군집에서 나타난 생태적 지위 분화에 관해 살펴보고 있다. 갈라파고스 군도에 서식하는 여러 종의 *Geospiza*속 핀치는 부리 형태가 진화함으로써 서로 공존하고 가능한 모든 섭식 기회를 이용할 수 있었다. 이러한 진화는 여러 종의 새들이 한 공간에서 다양한 먹이 활동 기회를 만났을 때 각각 특화하여 서로 다른 먹이 지위를 차지할 수 있기 때문에 가능하다. 이러한 적응 방산이 갈라파고스 핀치 계통에서 폭발적으로 나타날 수 있었던 이유는 이 새들의 조상종이 생태적 지위에 공백이 있는 섬 생태계를 개척했기 때문이다, 생태적 지위의 공백은 앞서 언급한 종과 면적의 관계를 설명하는 근본적인 요소이다. 단순히 말해 더 큰 섬에는 더 많은 잠재적인 생태적 지위가 있기 때문에 더 많은 종을 부양할 수 있다.

[박스 7.2] 하천 군집에서의 생태적 지위 분화

　　빠르게 흐르는 히말라야 계곡에는 다른 어느 수계보다 다양한 하천 특화종이 서식한다고 여겨진다. 하지만 세바스찬 벅톤(Sebastian Buckton)과 스티브 올메로드(Steve Ormerod)의 연구 전까지 어떠한 생태학자도 히말라야 계곡의 새들이 공존하는 기제를 설명하려 하지 않았다. 이 연구지들은 이곳에서 새들의 행동을 자세히 관찰하고 신체 측정치를 비교하는 연구를 수행했다. 이들은 네팔 중부에 위치한 4곳의 계곡에서 점박이제비꼬리딱새(*Enicurus maculatus*), 쇠제비꼬리딱새(*E. scouleri*), 흰머리바위딱새(*Chiamorrornis leucocephalus*[55]), 부채꼬리바위딱새(*Rhyacornis fuliginosus*[56]) 그리고 물까마귀(*Cinclus pallasii*)까지 5종의 충식성 조류를 연구했다. 먼저 각 종에 속하는 개체들을 잡아 측정하고, 분변을 모아 먹이 구성을 알아내고, 먹이를 찾을 때 하천의 미소서식지를 어떻게 이용하는지 기록했다.

55, 56 현재는 *Phoenicurus*속으로 통합하여 분류하고 있다.

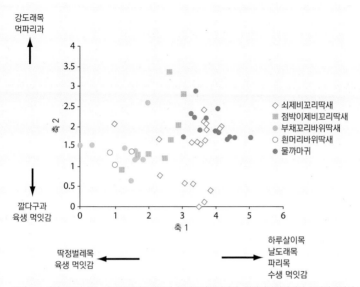

강도래목
먹파리과

깔다구과
육생 먹잇감

딱정벌레목
육생 먹잇감

하루살이목
날도래목
파리목
수생 먹잇감

◇ 쇠제비꼬리딱새
■ 점박이제비꼬리딱새
● 부채꼬리바위딱새
○ 흰머리바위딱새
● 물까마귀

그림 7.8 쇠제비꼬리딱새, 점박이제비꼬리딱새. 부채꼬리바위딱새, 흰머리바위딱새와 물까마귀에서 생태적 지위 분화의 지표로서의 먹잇감 선택. Buckton, S.T. and Ormerod, S.J. (2008) Niche segregation of Himalayan river birds. *Journal of Field Ornithology* 79(2), 176-185.에서 가져왔다.

새들은 먹이를 찾는 데 50%(물까마귀)에서 80%(제비꼬리딱새류)의 시간을 소비했다. 연구자들은 종마다 먹이를 찾는 장소와 방식이 서로 다르며, 이를 통해 먹이 경쟁을 줄인다는 사실을 발견했다. 물까마귀는 수면 아래에서 먹이를 찾는 유일한 종이었으며(전 세계 물까마귀류의 공통적인 행동 특징), 계곡 가장자리와 중앙에서 모두 관찰되었다. 비슷하게 부채꼬리바위딱새도 계곡 가장자리와 중앙에서 모두 먹이를 찾았다. 이들은 주로 마른 바위 위에서 날아올라 먹이를 잡았고, 가끔 그 사이에서 먹이를 잡았다. 반대로 흰머리바위딱새는 계곡 가장자리를 선호했으며, 주로 가장자리의 마른 바위에서 먹이를 찾았다. 이 종이 날아올라 먹이를 잡거나 물이 튀는 곳에서 먹이를 잡는 일은 매우 드물었다. 두 종의 제비꼬리딱새에서도 미소서식지에 기반한 분화가 나타났다. 점박이제비꼬리딱새가 마른 곳과 어질러진 곳을 선호했으며, 쇠제비꼬리딱새는 물이 튀는 곳을 이용하여 젖은 바위와 물에 잠긴 자갈 위에서 먹이를 찾았다. 분변 분석을 통해 이 다섯 종이 미소서식지를 이러한 방법으로 서로 다르게 이용함으로써 경쟁을 피하고 먹이 구성을 일정 수준으로 특화했다는 사실이 밝혀졌다(그림 7.8). 그림 7.8에서 볼 수 있듯 이 새들이 잡은 먹잇감들이 상당 부분 중첩되는 것은 사실이지만, 상대적으로 물에 가까운 두 종인 물까마귀와 부채꼬리바위딱새의 먹이는 가장 적게 중첩되는 것으로 나타났으며, 물에서 더 멀리 떨어져 생활하는 세 종도 분명히 서로 구별되는 먹이 구성을 보인다. 더 나아가 개별 먹잇감의 크기도 추가적으로 먹이 구성의 분화에 기여한다. 예를 들어 물까마귀와 쇠제비꼬리딱새는 모두 하루살이류를 잡아먹지만, 물까마귀가 잡아먹은 먹잇감들이 유의미하게 더 컸다.

그러므로 이 특정 군집을 구성하는 새들이 각각 먹이 활동의 측면들을 어느 정도 특화했기 때문에 공존할 수 있다는 것은 분명하다. 이 특정 사례에서 연구자들이 종간 공격성을 관찰하지 못한 것으로 보아 이 종들의 이용 자원 분화는 극심한 경쟁의 결과로 나타난 것이 아니라, 서로 보완하는 방향으로 진화했을 가능성이 커 보인다.

지금까지 살펴본 생태적 지위는 먹이 활동에 초점을 맞추었으나, 실제로는 더 넓은 의미를 지닌 개념이다. 새는 종마다 기본 지위(fundamental niche)가 있는데, 이는 각 종이 생존 가능한 생태적 공간, 즉 새가 어디에 있는지, 무엇을 하는지, 또 무엇을 먹는지 등으로 정의된다. 하지만 특정 생태계 네트워크와 조류 군집의 맥락에서 우리가 관찰, 논의할 수 있는 생태적 지위는 기본 지위의 부분집합에 불과한데, 이를 실현 지위(realized niche)라고 한다. 이는 기본 지위의 일부로, 새가 실제로 이용한 생태적 지위이다. 실현 지위는 다른 종과 경쟁이 있을 때 그 경쟁하는 종들의 실현 지위 사이로 효과적으로 압축된다.

7.2.3 생태적 지위 변동, 생태적 해방, 경쟁

생태학 이론인 경쟁 배타의 원리(competitive exclusion principle)에 따르면 어떠한 두 종도 동시에 같은 장소에서 같은 생태적 지위를 점유할 수 없다. 그러므로 분포권이 겹치는 종들은 경쟁이나 타협을 통해 각각 더 작은 실현 지위를 점유하도록 진화한다. 이러한 진화의 결과는 군집의 변동이 일어나 경쟁압이 제거되었을 때 가장 분명하게 나타나는데, 이때 각 종은 생태 환경을 넓히고, 실현 지위의 한계 너머로 간다. 이 두 현상이 함께 일어난 사례로 노랑허리미주솔새(*Dendroica coronata*[57])와 검은목미주솔새(*D. virens*[58])가 있는데, 이 두 종이 공존할 때 가문비나무의 서로 다른 부분을 이용해 먹이를 찾는 방식으로 생태적 지위 분화가 나타난다. 노랑허리미주솔새는 주로 바닥부터 약 2m 높이까지의 공간에서 활동하는 반면, 검은목미주솔새는 나무 꼭대기 부근에서 먹이 활동을 한다. 이러한 먹이 활동의 공간적 분화는 또 다른 종의 *Dendroica*속[59] 미주솔새가 같은 나무를 이용하게 될 때 보다 분명하게 나타난다. 이 두 종은 분포권 내 일부 지역에서 함께 서식하지 않는데, 노랑허리미주솔새의 생태적 지위는 검은목미주솔새가 없을 때 확장(때때로 경쟁 해방(competitive release)이라고 불린다)하여 약 30% 더 높은 위치에서도 먹이 활동을 한다. 흥미롭게도 상황이 역전되어 노랑허리미주솔새가 없을 때에는 검은목미주솔새의 생태적 지위 변동이 관찰되지 않는다. 이는 검은목미주솔새가 행동학적으로나 생태적으로 더 우세한 종이며, 이 종의 존재가 노랑허리미주솔새의 실현 지위 폭을 결정한다는 강력한 증거이다.

가문비나무에 서식하는 미주솔새 군집에서 한 종이 다른 종의 먹이행

🕊 날아가기

새들은 먹이 활동을 할 때 경쟁을 줄이기 위해 서로 나뉘어 생활한다. 31쪽(1.5 적응 방산과 종분화)과 284쪽(6.2.1 먹이 활동 영역)

주요 참고문헌

Morse, D.H. (1980) Foraging and coexistence of spruce-woods warblers. *Living Bird* 18, 7-25.

57, 58, 59 현재 *Setophaga*속으로 통합하여 분류하고 있다.

동 기회의 폭을 결정한다는 사실은 조류 군집의 구조화에 경쟁이 미치는 영향을 잘 보여준다. 하지만 군집 구조는 경쟁뿐만 아니라 가중되어 영향을 미치는 다양한 요소에 의해 결정된다. 예를 들어 세실리아 쿨버그(Cecilia Kullberg)와 얀 에크만(Jan Ekman)의 연구는 스칸디나비아 반도에서 발견되는 박새류 군집의 구조가 이용 경쟁(exploitation competition)과 간섭 경쟁(interference competition)이라는 두 종류의 종간 경쟁과 포식자의 행동이 상호작용하여 형성되었다는 점을 밝혀냈다. 이들이 연구한 군집에는 작은 크기의 진박새(*Periparus ater*), 비교적 대형종인 댕기박새(*Lophophanes cristatus*)와 북방쇠박새(*Poecile montanus*) 그리고 박새들의 포식자인 꼬마올빼미(*Glaucidium passerinum*) 네 종이 서식하고 있었다.

주요 참고문헌

Kullberg, C. and Ekman, J. (2000) Does predation maintain tit community diversity? *Oikos* 89, 41-45.

스칸디나비아 반도 전역에서 이 박새들은 같은 지역에 서식하며 *Dendroica*[60] 속 미주솔새들과 비슷한 방식으로 먹이 지위를 나눈다. 소형종인 진박새가 나뭇가지 끝 부근에서 먹이를 찾고, 덩치가 큰 댕기박새와 북방쇠박새는 나무 둥치와 가까운 곳을 이용한다. 하지만 진박새만이 있는 섬에서 이 종의 생태적 지위는 분명히 확장되어 있다.

댕기박새나 북방쇠박새는 진박새만 있는 섬을 가끔 개척하지만, 안정적인 개체군을 형성하는 데 어려움을 겪는 것으로 보인다. 진박새는 북방쇠박새나 댕기박새보다 효과적으로 먹이를 찾으며 먹이 이용 경쟁에서 우위에 있다. 또 진박새는 번식 경쟁이라는 면에서도 대형 박새 두 종보다

---

[60] 현재 *Setophaga* 속으로 분류하고 있다.

우세하다. 댕기박새와 북방쇠박새가 한 번식기에 한 번 둥지를 틀며 한배산란수도 비교적 작은 반면, 진박새는 한배산란수가 큰 데다 2차 번식까지 하기 때문에 번식력이 뛰어나다.

🕊️ **날아가기**

포식자의 존재가 먹이 활동을 바꿀 수 있다. 293쪽(6.3 먹이 활동과 위험)

하지만 섬에 꼬마올빼미가 있으면 상황이 완전히 달라진다. 이때 몸집이 큰 댕기박새와 북방쇠박새는 진박새에 대한 사회적 우세(social dominance)를 행사하며 간섭 경쟁을 통해 더 안전한 나무 둥치 근처 공간을 독점한다. 그 결과 진박새는 나무 바깥쪽의 더 위험한 곳에서 먹이 활동을 할 수밖에 없으며, 이는 꼬마올빼미에 의한 불균형적 포식으로 이어진다. 꼬마올빼미가 진박새 개체군을 제한하기 때문에 먹이 이용 경쟁은 의미를 잃으며 박새 세 종으로 구성된 안정적인 군집이 구성될 수 있다. 이 경우 꼬마올빼미는 분명한 핵심종 포식자로 기능하며 이 종의 활동으로 군집의 다양성이 유지된다.

7.3 멸종과 보전

개체군이 최소 생존가능 규모 이하로 줄어들 때 사실상 멸종하게 된다. 이러한 개체군은 더 이상 생태적 역할을 수행하지 못하며 회복하고 성장할 능력이 없다. 인간의 도움이 없으면(심지어 많은 경우 인간의 도움이 있더라도) 이러한 개체군은 새가 한 마리도 남지 않아 단어의 전통적인 의미로 '절멸'할 때까지 축소한다. 같은 종의 또 다른 개체군이 다른 곳에 살고 있다면 스코틀랜드의 물수리 사례처럼 자연 재정착(re-colonization)이 일어날 가능성이 있다. 이 종은 스코틀랜드에서 1916년 멸종했으나(잉글랜드에서는 1840년에 이미 자취를 감췄다) 1954년 한 쌍이 돌아와 번식했다. 그 이후 많은 기관과 개인의 보전 노력에 힘입어 영국 개체군은 약 150쌍까지 성장했다.

자연 재정착이 이루어지기 어려울 때, 보전 노력의 일환으로 살아있는 개체군의 구성원을 옮겨와 정착하도록 하는 재도입 전략을 쓸 수 있다. 재도입 전략은 스코틀랜드의 물수리가 남쪽으로 빠른 시일 내에 분산하기 어렵다는 점이 확실해졌을 때, 잉글랜드 남부에 물수리를 복원하기 위한 방법으로 활용된 바 있다.

그러나 우리 모두 알고 있듯이, 어떤 종이 도도(*Raphus cucullatus*), 여행비둘기(*Ectopistes migratorius*), 큰바다오리(*Pinguinus impennis*)의 길을 밟아 마지막 개체군의 마지막 개체까지 죽는 지점에 도달하면 멸종하게 되며 영원히 사라진다. 2006년 IUCN은 서기 1500년 이래로 135종의 조류가 절멸했다고 발표했다. 특히 이 시기 동안 멸종률의 상승 속도를 보면 문제가 심각해 보인다(그림 7.9).

규모가 작은 개체군이 멸종에 취약하다는 사실은 자명하지만, 개체수가 적다는 점 자체는 무엇이 그 종을 멸종에 취약하게 만드는지 설명하지 못한다. 잘 알려진 사례로 여행비둘기는 가장 개체수가 많은 종 중 하나였

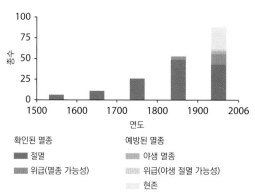

그림 7.9 지난 5세기 동안 절멸되었거나 위급(CR)에 처한 것으로 추산된 조류 종의 수. Rodrigues, A.S. (2006) Are global conservation efforts successful? *Science* 313, 1051-1052.에서 가져왔으며 AAAS 의 허락을 받았다.

지만 순식간에 절멸했다고 알려져 있다. 이 새의 경우 인간의 무분별한 사냥과 지속 가능한 수렵에 대한 노력의 결여가 특정한 위험 요소였다. 어떤 종의 멸종 가능성을 다른 종보다 높게 만드는 여러 가지 요소가 있으며, 이러한 요소들이 동시에 나타나는 상황은 좋지 않다.

매우 좁은 지리적 또는 생태적 분포권을 가진 종은 특히 위험한데, 예를 들면 먼 바다에 있는 섬 한 곳에서만 관찰되는 종이나 극단적인 특화종이 있다. 이들 종에게 서식지 상실은 치명적인 사건이 될 수 있다. 하지만 보전 노력을 통해 이러한 상황에 차이를 만들 수 있다. 우리가 앞서 5장에서 논의했던 사례로, 얀 콤데어(Jan Komdeur)와 동료들이 세이셸개개비 개체군을 다른 섬으로 이식시키는 방법으로 이 종의 전 세계 개체수를 크게 늘렸다는 사실을 떠올려 보라.

주요 참고문헌

Diamond, J.M., Bishop, K.D., and van Balen, S. (1987) Bird survival in an isolated Javan woodland: island or mirror? *Conservation Biology* 1, 132-142.

이 개개비가 처한 위협이 경감되었음에도 불구하고, 이 종과 같이 작은 개체군들은 여전히 취약하다. 개체들이 다른 개체군으로 이동할 여지가 거의 없을 경우에 작은 개체군은 그 자체로 취약한 상태가 된다. 예를 들어 제러드 다이아몬드(Jared Diamond)와 동료들은 자바 보고르 지역에서 당시 50년 동안 비슷한 유형의 다른 서식지와 떨어져 고립되어 있었던 녹지 경관인 '보고르 식물원'에 서식하는 새들을 연구했다. 이들의 연구 결과 이 식물원에서 초기 개체군 규모가 작았던 종들 중 75%가 멸종한 반면, 초기 개체군이 비교적 컸던 종들은 모두 생존했다.

작은 규모의 개체군이나 작은 개척자 개체군으로부터 빠르게 성장한 개체군은 낮은 유전적 다양성이라는 또 다른 문제와 마주한다. 유전적 다양성이 낮은 개체군들은 질병 저항성을 발달시키기 어렵기 때문에 새로운 질병에 더 취약하다. 이런 사례로 집양진이가 마이코플라스마에 취약했던 이유를 설명할 수 있다.

개체군 밀도가 낮거나, 대형 맹금류와 같이 넓은 면적의 영역이 필요한 종들도 취약하다. 이러한 종들은 서식지가 파편화되거나 잠재적인 짝과 만날 기회가 드물어지는 위험에 처할 수 있다. 앞서 우리는 자연적으로 번식력이 낮은 종들이 개체군을 확장시키기 어렵다는 점에 관해 살펴보았다. 마찬가지로 분산 능력이 낮은 종도 위험에 처해 있다. 이들은 그저 확산 능력이 결여되어 있다. 섬에 서식하는 뜸부기류는 이 현상의 훌륭한 사례이다. 이 새들 중 다수는 비행 능력을 잃었다(일부는 물리적인 비행 능력이 있음에도 날지 않는다). 그 대부분은, 전부는 아니지만, 멸종 위험에 놓여 있다.

철새들은 몇몇 서식지와 그 사이 중간 기착지에 의존하므로 서식지 상실에 특히 취약하다. 이들은 종종 지리적 병목 지대로 모여드는데, 이곳에서 포식자의 위협이 집중될 수 있다. 또 북아메리카의 미주솔새와 같은 몇몇 종들은 매우 제한된 월동지를 가진다. 단 한 번의 허리케인이 카리브해의 한 섬을 파괴함으로써 어떤 종이 멸종할 수도 있다. 이 시나리오는 전혀 뜬구름 잡는 이야기가 아니다. 바크만미주솔새(*Vermivora bachmanii*)는 1960년대 쿠바의 숲이 사탕수수 농장을 만들기 위해 벌목된 결과 절멸에 이른 것으로 보인다.

7.3.1 보전은 성공할 수 있다

나는 이 단원 초반에 조류가 처한 멸종 위기의 규모에 관한 애나 로드리게즈(Ana Rodrigues)의 심각한 통계를 인용했다. 하지만 우리는 마지막 희망까지 버리면 안 된다. 이 장 전체와 이 책 곳곳에서 모니터링 활동, 둥지 상자 활용 전략, 서식지 관리, 번식 프로그램, 재도입과 이식, 그리고 다른 현실적인 보전 노력들에 관해 설명했다. 시민 과학자 군단과 같이 새를 사랑하고 동경하는 사람들은 새를 보전하고 또 우리와 새들이 모두 속해 있는 생태계를 보전하기 위해 지구 곳곳에서 나서 기금을 마련하고 실제적인 활동을 수행할 수 있다. 하지만 이것이 효과를 거두고 있을까? 나는 그렇다고 생각한다. 애나 로드리게즈는 시대의 흐름이 바뀌고 있다는 증거를 제시했고(그림 7.10), 내가 경험한 바에 따르면 지역에서 절멸한 것으로 알려졌던 새들이 보전 노력 덕분에 복원되어 우리 곁으로 돌아와 오늘날 영국에서 볼 수 있게 되었다. 나는 가락지를 부착하는 사람이자 탐조인으로서 각 개인이 각자 보전 행동에 쏟은 열정과 헌신을 볼 수 있으며, 학자로서 조류학 분야의 리더들이 일궈내는 우리의 이해가 진전된 것을 알고 있다. 하지만 훌륭한 과학 연구 그 자체로는 보전 활동에 충분하지 않다. 박스 7.3은 보전에 실제로 비용이 필요하며, 효과적인 보전을 위해 과학자들이 필수적으로 지역 사회 및 정부, 비정부 기관들과 협력해야 한다는 사실을 보여준다.

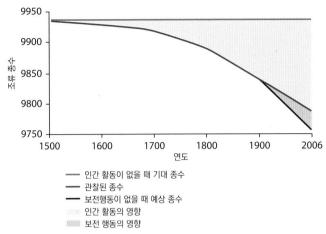

그림 7.10 조류의 멸종을 막기 위한 국제적인 보전 행동들의 영향 추정. 지난 100여 년 동안 보전 노력으로 30종이 넘는 새들을 멸종의 벼랑 끝에서 데려올 수 있었다. Rodrigues, A.S. (2006) Are global conservation efforts successful? *Science* 313, 1051-1052.에서 가져왔으며 AAAS의 허락을 받았다.

[박스 7.3] 보전에 드는 비용은 얼마인가?

정부 기관, 비정부 기구, 재단 그리고 관심 있는 일반 개인들은 매년 보전 프로젝트에 거금을 투자하고 있다. 하지만 실제로 한 종을 멸종으로부터 구하는 데 얼마만큼의 비용이 드는가? 물론 이 질문에 대한 단 하나의 답은 없으며, 당연히 발생하는 비용은 장소와 사례마다 다를 것이다. 하지만 안토니오 바르보사(Antonio Barbosa)와 호세 텔라(José Tella)는 하나의 종, 리어금강앵무(*Anodorhynchus leari*)의 사례에서 이 질문에 답하고자 했다. 리어금강앵무가 브라질 북동부에서 발견되었을 때 이 종은 이미 희귀했으며, 식용으로 사냥당하고, 작물 유해종이라는 이유로 구박을 당하며, 반려동물 거래를 위해 포획되고, 서식지 감소에 시달리고 있었다. 1978년 이 종이 처음으로 독립된 종으로 기재되었을 때 전 세계 개체수는 단 60마리로 추산되었으나, 서식지 내(in-situ), 서식지 외(ex-situ) 보전 노력들이 결합한 결과 최근 이 종의 개체수는 2개 하위 개체군을 포함하여 1,263개체로 추산되었다. 바르보사와 텔라는 이 종의 서식지 내 보전(즉, 야생에서 개체군을 보전하기 위한 직접적인 행동)을 위해 브라질 정부, 주요 NGO 여러 곳과 재정적 후원자들이 투자한 돈의 액수를 알아보기 위한 연구를 수행했다. 이들의 연구 대상에는 서식지 보호와 종 감시 활동에 쓰이는 비용, 지역 주민들의 인식을 증진하기 위한 교육 및 지원에 쓰이는 비용, 다수의 보전 노력들을 조직화하기 위한 관리 비용, 개체군 조사 비용이 포함되었다. 연구자들은 이러한 자료들을 종합하여 1992년에서 2017년까지 25년이 넘는 기간 동안 미화로 약 366만 달러

그림 7.11 탐조인들은 희귀한 리어금강앵무(A; © José L. Tella)를 보기 위해 특별히 브라질 북동부를 찾는다. 탐조인들은 여기서 리커리야자 목재나 잎으로 만든 모형(B; © José L. Tella)이나 바구니(C; © Simone Tenório)를 구매함으로써 지역 경제와 보전 노력에 기여할 수 있다.

(한화 약 48억 2,000만 원)가 투자되었다고 보고했다. 대부분(51%)은 이 종의 보전에 필요한 것들을 알아내기 위한 연구 지원에 사용되었고, 22%는 위기에 처한 개체군을 직접 보호하는 데 쓰였으며, 16%는 사회적 활동에 사용되었다. 나머지 적은 액수는 조사 활동과 관리에 쓰였다.

한편, 리어금강앵무의 지속적인 생존과 희귀한 종이라는 사실이 지역 경제에 돈이 흐르게 한다는 점 또한 중요하다. 4개의 작은 회사가 탐조 여행을 운영하는데 이 회사들은 새를 보기 위해 찾아온 연간 50여 명의 여행객을 안내하여(그림 7.11 A) 매년 미화 약 1,000달러를 지역 사회로 유입시키고 있다. 리어금강앵무와 관련된 수공예품을 만들어 여행객들에게 기념품으로 파는 일(그림 7.11 B, C)은 지역 사회의 추가적인 수입원이 되었다. 공예가 한 명당 이 작업으로 버는 수입이 월 수입의 약 18%를 차지하는 것으로 추산된다. 매년 방문객 수를 늘리고, 이들의 체류 기간을 연장하며, 지역의 다른 고유종들을 관찰할 수 있도록 하는 계획이 마련된다면 생태 관광의 경제적인 이득은 더 증가할 수 있다. 이 새는 다른 금강앵무와 마찬가지로 효과적인 종자 산포자이기 때문에 중요한 생태계서비스를 제공할 수 있다. 리어금강앵무는 리커리야자의 효과적인 종자 산포자이다. 리커리야자는 이 종의 주요 먹이원이자 이 지역의 다른 고유종들이 이용하는 주요 서식지이다. 또 이 야자는 공예가들이 리어금강앵무와 관련된 기념품을 만들 때 사용하는 주 재료이며, 지역민들에게 최대 537가지 방법으로 이용된다. 리어금강앵무는 리커리야자의 재생산을 도움으로써 중요한 보전적, 경제적, 사회적 영향을 주고 있다.

참고문헌

Barbosa, A.E. and Tella, J.L. (2019) How much does it cost to save a species from extinction? Costs and rewards of conserving the Lear's macaw. *Royal Society open science* 6, 190.

7.3.2 조류학자로서 당면한 과제들

이 책에서 조류 보전의 성공담 중 몇 가지를 강조하여 소개했다. 하지만 아직 할 일이 많다. 케네스 로젠버그(Kenneth Rosenberg)와 동료들은 밤에 이동하는 철새들을 감지할 수 있는 143개의 기상 레이더와 표준화된 장기 조사 자료를 종합하여 1970년과 2018년 사이 미국과 캐나다에서 번식하는 조류 73%(529종)의 풍부도 변화를 조사했다. 긍정적인 소식은 번식하는 조류 100종의 개체수가 늘었다는 것이다. 과거보다 더 많은 맹금류, 꿩류, 오리류와 그 밖의 물새들이 살고 있다. 종과 서식지에 기반한 보전 노력과 DDT 사용 금지가 이 새들에 긍정적인 영향을 미쳤을 것으로 추정된다. 몇몇의 외래 도입종이 개체군 축소를 겪고 있다는 사실 역시 긍정적으로 볼 수 있는데, 이는 자생종들과의 경쟁을 경감시킬 수 있기 때문이다. 하지만 전체적인 상황은 매우 암울하며, 이들의 통계는 충격적이게도 이 기간 동안 누적 30억 마리가 넘는 새들이 사라졌음을 보여준다. 그리고 57%에 달하는 303종의 조류에서 뚜렷한 감소가 기록되었다. 일부 분류군은 유난히 극심한 감소에 시달리고 있다. 감소한 조류의 90%가 단 12개 과에서 나타났으며 절반 넘는 감소가 미주멧새류, 개개비류, 지빠귀류에서 발생했다. 모든 서식지가 영향을 받았으나 초지성 조류는 특히 부정적 영향을 받았으며, 초지성 종의 74%가 개체수 감소를 겪고 있었다. 리차드 잉거(Richard Inger)와 동료들은 유럽도 비슷한 상황임을 보고했다. 이들이 연구한 조류 144종의 30년(1980~2009) 동안의 자료에 따르면 북미와 마찬가지로 유럽에서 4억 마리가 넘는 새들이 사라졌으며 농경지와 초지를 이용하는 조류들이 특히 가파른 감소에 시달리고 있다. 이 연구에서도 개체수가 늘어난 몇몇 종들이 있었는데, 연구자들은 이들이 이미 개체군 규모가 작았던 종들인 경향이 있으며 그로 인해 직접적인 보전 노력의 대상이 될 가능성이 컸다는 점을 밝혀냈다.

주요 참고문헌

Carson, R. (1962) *Silent Spring*. Houghton Mifflin, Boston.

Rosenberg, K.V., Dokter, A.M., Blancher, P.J. et al. (2019) Decline of the North American avifauna. *Science* 366(6461), 120-124.

Inger, R., Gregory, R., Duffy, J.P. et al. (2015) Common European birds are declining rapidly while less abundant species' numbers are rising. *Ecology letters* 18, 28-36.

State of Nature Partnership (2019) *State of Nature* 2019 https://nbn.org.uk/stateofnature2019.

영국도 비슷한 상황이다. 영국 자연협동조합사무국(State of Nature Partnership)이 최근 펴낸 심각한 보고서를 보자. 자료가 존재하는 종 중 지난 30년에서 50년 동안 장기적으로 개체수가 증가한 종은 171종이 있었는데, 이들은 대체로 유럽 본토에서 유입되어 정착, 확산된 종과 극히 희귀하여 보전 노력의 혜택을 받은 종에 해당했다. 이러한 증가는 한때 흔하고 어디서나 관찰되었던 종들의 명백한 감소를 가리고 있다. 이 보고서는 약 4,400만 마리의 새들이 영국에서 사라졌다고 추산했다. 앞선 사례들과 마찬가지로 농지성 조류들이 극단적인 감소(54%)를 겪고 있다고 나온다. 그러므로 지금 우리는 농업 그리고 더 나아가 토지 이용 실태에 관해 한 번 더 성찰해 보아야 할 필요가 있다. 이제 레이첼 카슨(Rachel Carson)이 전 세계를 향해 '침묵의 봄'의 위험을 알린 지 거의 50년이 되어간다[61]. 우리는 아직 문제를 해결했다고 할 순 없지만 협력을 통해 문제 해결에 조금씩 가까워지고 있다. 이 사실은 미래 세대에게 새로 가득한 세상을 물려주기 위해, 새 그리고 더 나아가 환경을 사랑하는 우리가 할 수 있는 모든 긍정적인 행동을 계속 배워가야 하는 이유이다.

---

61 『침묵의 봄』은 1962년에 발간되었으며, 이 책 『새의 기원과 진화 그리고 생활사』의 초판본은 2010년에 발간되었다.

요약

　각 조류 종의 생활사 전략들은 자연적이거나 인위적인 수많은 환경 압력과 마찬가지로 개체군 규모에 영향을 준다. 여러 종의 새들로 구성된 군집은 이를 구성하는 종들이 생태적 지위의 분화와 경쟁 회피를 통해 공존함으로써 유지될 수 있다. 전 세계적으로 많은 조류들이 주로 인간 활동의 결과로 인해 위기에 처해 있다. 하지만 우리는 협력을 통해 종을 멸종의 벼랑 끝에서 구해낼 수 있다.

찾아보기

옮긴이의 글

최근 새를 관찰하는 사람들이 눈에 띄게 늘어나고 있습니다. 동시에 저를 포함하여, 새를 단순히 '보는' 것을 넘어, 알고, 기록하고, 공부하고 싶은 학생들과 시민과학자들도 늘어나고 있습니다. 하지만 도감과 에세이는 새를 '알기' 위한 교재로 부족합니다.

그레이엄 스콧의 『새의 기원과 진화 그리고 생활사』는 조류학과 과학교육에 정통한 저자가 새를 탐구하기 시작하는 시민과학자와 학생들을 위해 조류학의 '핵심'만 짧으면서도 밀도 있게 정리한 입문자용 교과서입니다. 중앙도서관 한 구석에서 우연히 만난 이 책은 이듬해 제가 동아리(서울대학교 야생조류연구회) 학술 집행부를 맡으며 자료를 만드는 데 큰 도움이 되었습니다. 크게 부담스럽지 않으면서도 전문적이고 정확한 내용을 담은 이 책이, 새를 본격적으로 공부하고 싶은 여러분들에게 좋은 가이드가 될 것입니다.

끝으로 제가 이 책을 끝까지 번역할 수 있도록 도움을 주신 여러 선생님, 선배, 동료들에게 감사 인사를 전합니다. 생소한 수의학과 고생물학 용어 번역에 도움을 준 적갈색따오기 강주호 선배, 덤불해오라기 이상윤, 붉은부리까마귀 최준석과 초고의 부족한 문장을 다듬어 준 매사촌 이하늘 선배에게 감사합니다. 종합적으로 원고를 검토하며 여러 각도에서 유용한 피드백을 주신 흰목물떼새 김윤전 선배, 수리갈매기 김재승과 인천야생조류연구회 김대환 선생님께 감사드립니다. 마지막으로 부족한 원고를 성심성의껏 감수해 주신 하정문 박사님과 출판을 결정해 주신 지오북의 황영심 대표님과 교정을 보아주신 노환춘 선생님 외 편집자, 디자이너께도 감사드립니다.

관악 학생회관 꼭대기 층, 야생조류연구회 동아리방에서
푸른머리되새 박정우

감수한이의 글

　탐조의 세계에 입문하여 열심히 활동하시는 분들과 이야기를 나누다 보면 자주 받는 질문이 있습니다. "이런 자료는 어디에서 찾을 수 있어요?" "추천할 만한 책이 있을까요?" 제가 탐조를 본격적으로 시작한 10년 전과 비교해 보면, 지금은 동정이나 기본적인 생태정보를 담고 있는 가이드북의 선택지과 훨씬 다양해졌습니다. 그러나 더 많은 정보를 찾고자 하시는 분들에게 있어서 전문적인 정보를 한국어로 접할 수 있는 교과서적인 서적은 여전히 찾아보기 어렵습니다. 영어를 능숙하게 구사할 수 있다면 원서를 구매해서 읽을 수 있지만, 다른 분야에 몸담고 취미로 탐조를 하는 분들께는 언어와 전문 용어의 장벽이 높게만 느껴지는 것 같습니다.

　그래서 처음으로 조류학 원론인 『새의 기원과 진화 그리고 생활사 (Essential Ornithology 2E)』의 감수를 맡게 되었을 때, 마침내 '올 것이 왔다'고 생각했습니다. 이 책은 깊고 어려운 학문적 탐구를 추구하기보다는 다양한 기초 지식을 원하는 독자들에게 필수적인 내용만을 모은 입문서입니다. 솜털로 덮인 공룡의 후예들을 궁금해하는 독자들이 조류학이라는 넓은 세계에서 길을 잃지 않도록, 여정의 첫걸음을 함께 할 든든한 안내자가 되어 줄 것입니다. 마지막으로, 늘 생각만 하고 행동으로 옮기지 못한 사람으로서 어려운 번역 작업을 진행해주신 박정우 선생님과 출판을 맡아 주신 지오북에 무한한 감사의 말씀을 전합니다. 이 책을 접하는 모든 독자들이 즐거운 마음으로 탐독하시길 기원합니다.

조류행동학 박사 하정문

새 관찰자들이 꼭 알아야 할 조류학 입문서
Essential Ornithology 2E

새의 기원과 진화
그리고 생활사

초판 1쇄 인쇄 2024년 12월 20일
초판 1쇄 발행 2024년 12월 30일

지은이 그레이엄 스콧
옮긴이 박정우
감수한이 하정문

펴낸곳 지오북(**GEO**BOOK)
펴낸이 황영심
기획편집 툰드라, 전슬기
책임교정 노환춘
디자인 장영숙

주소 서울특별시 종로구 새문안로5가길 28, 1015호
(적선동, 광화문플래티넘)
Tel_02-732-0337 Fax_02-732-9337
eMail_geobookpub@naver.com
www.geobook.co.kr
cafe.naver.com/geobookpub

출판등록번호 제300-2003-211
출판등록일 2003년 11월 27일

ISBN 978-89-94242-91-0 03490

이 책은 저작권법에 따라 보호받는 저작물입니다.
이 책의 내용과 사진 저작권에 대한 문의는
지오북(**GEO**BOOK)으로 해주십시오.